风电并网电力系统优化调度

Stochastic Optimal Dispatch of Wind Grid-Connected Power Systems

黎静华　著

科学出版社

北京

内 容 简 介

本书系统地介绍含风电电力系统随机优化调度问题与方法。全书共 6 章。第 1 章介绍考虑风电随机特性的电力系统规划运行特点与框架,包括风电电力系统优化规划与运行的研究范畴,以及协调调度的运行框架。第 2 章阐述考虑风电随机特性的电力系统优化问题的数学模型以及解算模型的数学方法,包括场景分析方法、机会约束分析方法和鲁棒优化方法。第 3~6 章分别介绍风电电力系统电网规划问题、机组组合/经济调度问题、最优旋转备用问题、风险评估问题及风电的接纳问题,包括问题的数学模型、模型的求解方法以及实例仿真分析等内容。

本书作为风电优化运行方向的教材和参考书,可供电气工程专业科研人员、高等院校教师和高年级学生参考。

图书在版编目(CIP)数据

风电并网电力系统优化调度 = Stochastic Optimal Dispatch of Wind Grid-Connected Power Systems / 黎静华著. —北京:科学出版社,2020.9

ISBN 978-7-03-065880-7

Ⅰ.①风… Ⅱ.①黎… Ⅲ.①风力发电系统-电力系统调度 Ⅳ.①TM614

中国版本图书馆CIP数据核字(2020)第154619号

责任编辑:范运年 霍明亮 / 责任校对:王萌萌
责任印制:吴兆东 / 封面设计:蓝正设计

科学出版社 出版
北京东黄城根北街 16 号
邮政编码:100717
http://www.sciencep.com
北京凌奇印刷有限责任公司 印刷
科学出版社发行 各地新华书店经销
*
2020 年 9 月第 一 版 开本:720×1000 1/16
2023 年 2 月第三次印刷 印张:17 1/4
字数:350 000
定价:148.00 元
(如有印装质量问题,我社负责调换)

前　言

随着大规模风力发电并网，风电的随机特性给电力系统优化规划和运行带来挑战，传统的电力系统优化理论与方法难以适应。为此，需要研究适用于考虑风电随机特性的电力系统优化理论和方法。本书从解决"大规模风电的不确定性、预测不准确性"的问题出发，针对电源-负荷随机耦合下，电力系统规划与运行的特点进行分析，提出多组随机因素作用下电力系统规划运行的框架，介绍处理随机因素的不确定性优化理论与关键技术。对电网规划、机组组合/经济调度、最优旋转备用、风险评估、可接纳风电能力评估等多个电力系统运行的基础性问题进行介绍，包括这些问题的数学模型和解算方法。同时，本书提供丰富的算例，为从事电力系统规划和运行的研究人员、技术人员提供参考。

本书重点针对考虑风电随机特性的电力系统优化问题进行研究，包括以下研究工作：

第 1 章介绍含风电并网电力系统优化规划和运行的特点和框架。该章详细阐述风电并网下，电力系统优化规划运行的研究范围，介绍适应风电并网的电力系统优化调度运行的框架。

第 2 章介绍含风电并网电力系统优化一般模型与方法，包括电网规划问题、机组组合问题、经济调度问题、最优旋转备用问题、电力系统风险评估问题、可接纳风电容量评估问题。

第 3 章介绍含风电并网电力系统电网规划模型与方法。建立了考虑风电随机特性的输电网优化规划模型，并分别采用极限场景法、矩匹配分析方法生成场景，推导基于场景的鲁棒输电网规划求解过程，最后对不同场景下的规划结果进行对比和分析。

第 4 章介绍含风电电力系统机组组合/经济调度模型与方法。分别介绍考虑风电随机特性的电力系统机组组合 Wait-and-See 模型与方法、考虑风电随机特性的电力系统机组组合 Here-and-Now 模型与方法及计及机组调节能力的含风电电力系统经济调度模型与方法。

第 5 章介绍含风电电力系统风险评估模型与方法。介绍计及风电随机特性的电力系统运行风险模型、风险评估指标的计算、风险评估流程及风险评估等级的评判，并对含风电电力系统风险评估算例进行分析。

第 6 章介绍电力系统接纳风电能力的评估方法。该章介绍电力系统接纳风电的评估指标、风电接纳能力的评估模型及两种提高风电消纳能力的储能辅助调峰和源–荷互动调峰方案。

本书是本人在风电领域近十年研究成果的总结，重点研究了考虑风电随机特性电力系统优化规划与运行。书中部分内容来源于博士后期间的研究成果，特别要感谢博士后导师程时杰院士和文劲宇教授，他们在我学术成长道路上给予了大量的帮助、支持和鼓励。感谢广西大学智能调度与控制课题组全体成员的大力支持和帮助，感谢广西大学电气工程学院提供的工作环境。本书的研究得到了国家自然科学基金项目 (51377027)、中国博士后自然科学基金项目 (2012M511613)、中国博士后自然科学基金特别资助项目 (2013T60717)、国家重点研发计划项目 (2016YFB0900101) 的支持。此外，还参阅了国内外著作和文献资料，在此对这些作者表示衷心感谢。

由于作者水平有限，书中难免有不当之处，欢迎广大读者给予指正。

黎静华

2020.1.20.于广西大学

目　　录

前言
第1章　考虑风电随机特性的电力系统规划运行框架·············1
　　1.1　概述···1
　　1.2　含随机风电电力系统优化规划与运行研究体系··········2
　　　　1.2.1　风电特性分析与预测研究·····················2
　　　　1.2.2　含随机风电电力系统的中长期规划研究···········3
　　　　1.2.3　含随机风电电力系统的运行调度研究············3
　　　　1.2.4　含风电电力系统辅助服务评估与决策研究·········4
　　1.3　含随机风电电力系统鲁棒优化调度运行设计···········5
　　　　1.3.1　电力系统日前/日内/实时多时间尺度协调运行框架···5
　　　　1.3.2　含随机风电电力系统鲁棒调度运行框架···········7
　　　　1.3.3　鲁棒调度模式的实现过程·····················11
　　1.4　本章小结··14
　　参考文献··14
第2章　考虑风电随机特性的优化理论与方法················16
　　2.1　考虑风电随机特性的优化问题·····················16
　　　　2.1.1　含风电电力系统电网规划问题················16
　　　　2.1.2　含风电电力系统机组组合/经济调度模型·········18
　　　　2.1.3　含风电电力系统最优旋转备用配置问题···········21
　　　　2.1.4　含风电电力系统风险评估问题·················22
　　　　2.1.5　电力系统可接纳风电容量的评估···············23
　　　　2.1.6　大规模风电并网电力系统优化规划和运行的基本问题···24
　　2.2　场景分析方法····································26
　　　　2.2.1　基于Wasserstein距离的风电功率场景生成方法·····27
　　　　2.2.2　基于Copula函数的风电功率场景生成方法·········32
　　　　2.2.3　基于双向优化的风电功率场景生成方法···········34
　　　　2.2.4　基于矩匹配的风电功率场景生成方法············43
　　2.3　机会约束分析方法································44
　　2.4　鲁棒优化分析方法································45
　　　　2.4.1　不确定参数对称的线性鲁棒优化模型············45
　　　　2.4.2　不确定参数不对称的线性鲁棒优化模型···········48

　　　2.4.3　基于区间分段的鲁棒优化模型 ……………………………………… 50
　2.5　本章小结 …………………………………………………………………… 52
　参考文献 ………………………………………………………………………… 53
第3章　含风电电力系统电网规划问题 ……………………………………………… 59
　3.1　概述 ………………………………………………………………………… 59
　3.2　考虑风电随机特性的输电网规划模型 …………………………………… 60
　　　3.2.1　考虑风电随机特性的输电网规划模型 …………………………… 60
　　　3.2.2　基于场景的鲁棒输电网规划优化模型 …………………………… 62
　3.3　基于极限场景的鲁棒电网规划方法 ……………………………………… 64
　　　3.3.1　基于极限场景的电网规划鲁棒优化方法 ………………………… 64
　　　3.3.2　基于外逼近方法的电网规划模型的求解 ………………………… 70
　　　3.3.3　算例分析 …………………………………………………………… 72
　3.4　基于矩匹配生成风电功率场景的鲁棒电网规划方法 …………………… 75
　　　3.4.1　基于矩匹配方法的风电功率场景的生成 ………………………… 75
　　　3.4.2　矩匹配方法生成风电功率场景的验证 …………………………… 79
　　　3.4.3　基于矩匹配生成风电功率场景的电网规划仿真分析 …………… 81
　3.5　本章小结 …………………………………………………………………… 92
　参考文献 ………………………………………………………………………… 92
第4章　含风电电力系统机组组合/经济调度问题 ………………………………… 94
　4.1　概述 ………………………………………………………………………… 94
　4.2　考虑风电随机特性的电力系统机组组合 Wait-and-See
　　　　模型与方法研究 ……………………………………………………… 94
　　　4.2.1　电力系统机组组合 Wait-and-See 数学模型 …………………… 94
　　　4.2.2　基于场景缩减技术的 Wait-and-See 机组组合问题的求解分析 …… 100
　　　4.2.3　算例分析 …………………………………………………………… 107
　4.3　考虑风电随机性的机组组合 Here-and-Now 机会约束模型与
　　　　方法研究 ……………………………………………………………… 119
　　　4.3.1　机会约束模型简介 ………………………………………………… 119
　　　4.3.2　含机会约束的机组组合数学模型 ………………………………… 120
　　　4.3.3　基于 p-有效点理论机会约束机组组合问题的求解分析 ……… 122
　4.4　考虑调度计划调节量和弃风量的电力系统经济调度问题研究 ……… 138
　　　4.4.1　考虑调度计划调节量和弃风量的电力系统经济调度模型 …… 138
　　　4.4.2　日风电场景的预测方法 …………………………………………… 141
　　　4.4.3　算例分析 …………………………………………………………… 141
　4.5　本章小结 …………………………………………………………………… 151

参考文献 151

第5章　含风电电力系统风险评估问题 153
5.1　概述 153
5.2　计及风电随机特性的电力系统运行风险评估模型 153
5.2.1　考虑风电和负荷随机特性的电力系统运行风险评估模型 153
5.2.2　风电功率预测误差概率模型建立 156
5.2.3　负荷的预测误差概率模型建立 163
5.2.4　系统其他组成部分的概率模型建立 165
5.3　电力系统运行风险评估的指标计算 165
5.3.1　含风电的电力系统事故后果严重程度计算 165
5.3.2　电力系统风险评估指标的建立 168
5.3.3　基于交流潮流模型的风险评估指标的计算 174
5.4　计及风电随机特性的运行风险评估方法 178
5.4.1　计及风电随机特性的运行风险整体评估流程 178
5.4.2　非序贯蒙特卡罗抽样模拟法 179
5.4.3　风险等级的评判 181
5.5　电力系统运行风险评估的仿真方案设置与对比分析 183
5.5.1　仿真方案介绍 183
5.5.2　分别基于直流潮流模型和交流潮流模型的风险指标计算 183
5.5.3　考虑不同风电功率预测误差分布的风险评估对比分析 186
5.5.4　不同风电接入情景下的风险评估对比分析 188
5.6　本章小结 197
参考文献 198

第6章　电力系统接纳风电能力的评估问题 200
6.1　概述 200
6.2　计及充裕性指标的电网接纳风电能力评估 200
6.2.1　含风电的电力系统的充裕性指标的计算 200
6.2.2　电力系统可接纳风电容量评估 218
6.3　兼顾技术性和经济性的储能辅助调峰的组合方案优化制定 231
6.3.1　组合调峰方案的优化制定实用方法 231
6.3.2　储能辅助常规调峰手段的组合方案的设置 232
6.3.3　组合调峰方案的评估模型 233
6.3.4　算例分析 237
6.4　提高风电消纳能力的源荷互动调峰模式研究 241
6.4.1　考虑风电随机特性的源荷互动调峰模型 241
6.4.2　基于场景分析方法的源荷互动调峰模型的求解 248

　　6.4.3　源荷互动调峰模型的仿真分析 ·· 252

6.5　本章小结 ·· 265

参考文献 ··· 265

第1章　考虑风电随机特性的电力系统规划运行框架

1.1　概　　述

与传统的电力系统优化规划与运行框架相比，考虑风电随机特性的电力系统的优化规划与运行将发生根本性的改变。分析风电的随机特性，建立与之相适应的电力系统优化规划与运行框架，并基于此开展系统的研究工作，对完善电力系统优化理论和方法具有重要意义。

传统的电力系统调度采用日前调度计划和自动发电控制(automatic generation control，AGC)两级模式。也就是根据负荷预测的结果，制定日前调度计划，在实时运行中由 AGC 平衡预测误差，从而实现系统的功率平衡。传统的两级调度模式，对于含"可靠稳定的电源、较为准确的负荷预测"的系统是可行的。目前短期负荷预测的精度比较高，一般在96%甚至98%以上。然而，对风电日前预测精度较低，误差一般为25%~40%，甚至更大，日前预测与实际运行偏差很大。因此，仅靠日前调度计划和自动发电控制相结合的传统模式，调度员的工作强度非常大，无法满足大规模风电并网情况下系统的安全性和可靠性要求。为此，文献[1]提出了一种含日前/日内/实时/AGC 的多时间尺度协调的调度模式和框架，实时跟踪负荷及风电的变化，逐级降低由于风电并网带来电网运行不确定性，有效提高系统接纳风电的能力，该模式已经得到了广泛的认同和使用。

文献[1]所提的日前/日内/实时/AGC 的多时间尺度协调的调度框架为含风电的电力系统功率平衡提供了很好的思路。但是，真正实现含大规模风电电力系统的安全经济优化规划与运行，仍有许多具体的问题和细节需要研究、解决和完善。为此，本章更进一步地对考虑风电随机特性的电力系统优化规划和运行的框架进行完善，建立含风电电力系统的优化规划与运行的研究框架，提出一种含风电的电力系统鲁棒运行的设想和思路，为电力系统优化规划和运行提供参考。

1.2 含随机风电电力系统优化规划与运行研究体系

含随机风电电力系统的规划与运行的研究主要包括如图 1-1 所示的几个模块内容。

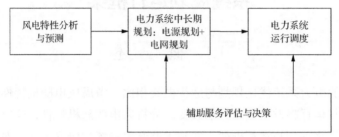

图 1-1 含随机风电电力系统规划与运行研究模块

借鉴传统的电力系统优化规划与运行模块,将含随机风电电力系统规划与运行研究分为风电特性分析与预测、电力系统中长期规划、电力系统运行调度和辅助服务评估与决策 4 个模块。按照时间尺度的不同,辅助服务评估与决策可以分为规划层面的评估和运行层面的评估两部分。下面分别对各部分具体包含的研究内容进行阐述。

1.2.1 风电特性分析与预测研究

风电特性分析与预测研究模块主要包含风电功率及负荷的特性分析、风电功率的逆向生成和风电功率预测三个方面,具体研究内容如图 1-2 所示。

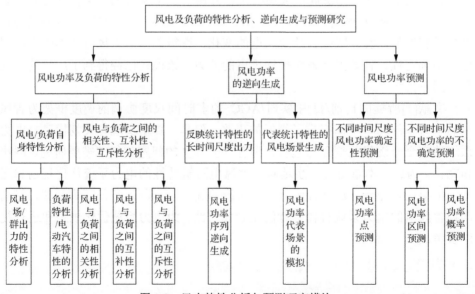

图 1-2 风电特性分析与预测研究模块

(1)风电功率及负荷的特性分析。主要包括风电功率/负荷自身特性分析,风电与负荷之间的相关性、互补性和互斥性分析。

(2)风电功率的逆向生成。主要是指生成能满足上述随机特性的风电功率序列和风电功率代表场景的模拟,为电力系统规划和运行提供准确的基础数据。

(3)风电功率预测。主要包括不同时间尺度的风电功率确定性预测与不确定性预测。确定性预测主要是指风电功率点预测,不确定性预测包括风电功率区间预测和概率预测,为电力系统规划和运行提供准确的数据。

1.2.2　含随机风电电力系统的中长期规划研究

含随机风电电力系统的中长期规划研究模块主要包含电源规划、电网规划和可靠性/风险评估三个模块,具体研究内容如图 1-3 所示。

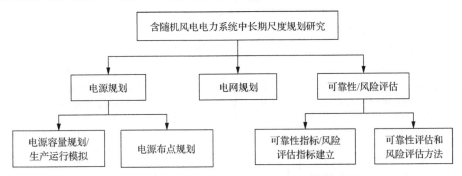

图 1-3　含随机风电电力系统中长期规划研究模块

(1)电源规划。电源规划包括电源容量规划和电源布点规划。电源容量规划主要包括风电置信度容量、储能容量配置和灵活性电源容量的配置。电源布点规划主要是指电源接入点的优化。

(2)电网规划。研究适合风电接入的坚强电力网架架构。

(3)可靠性/风险评估。主要包括含随机风电电力系统可靠性和风险评估模型与方法的研究。

1.2.3　含随机风电电力系统的运行调度研究

含随机风电电力系统运行调度的研究主要包含不同时间尺度(日前/日内/实时)调度模型的建立、含随机因素的电力系统多种电源优化调度计算方法以及不同时间尺度的协调调度控制技术与方法等三个方面的研究,具体研究内容如图 1-4 所示。

(1)不同时间尺度(日前/日内/实时)调度模型的建立。主要研究如何将含随机风电电力系统优化调度的目标和运行限制采用数学函数进行表征,从而在模型中体现和考虑风电的随机特性。

(2)含随机因素的电力系统多种电源优化调度计算方法的研究。基于随机规划理论,结合电力系统的运行特点,研究电力系统优化调度模型的高效解算方法。

(3)不同时间尺度的协调调度控制技术与方法。研究不同时间尺度或不同运行工况下,电力系统的调度计划的平稳转换和协调机制,达到在调整量最小的前提下,有效地应对风电的波动性和不确定性。

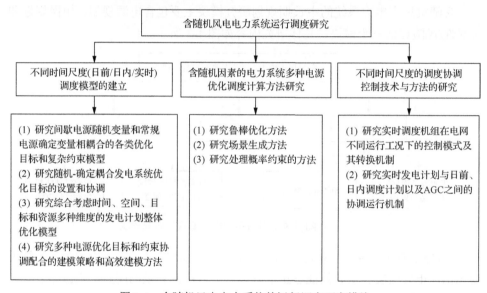

图 1-4　含随机风电电力系统的运行调度研究模块

1.2.4　含风电电力系统辅助服务评估与决策研究

含风电电力系统辅助服务评估与决策研究主要包含辅助服务决策模型的建立和辅助服务决策模型的求解方法的研究两个方面,如图 1-5 所示。本书所研究的辅助服务主要包括备用容量、储能运行容量、调峰容量、调频容量、可接纳风电容量等评估模型。

可见,大规模风电并网后,赋予了电力系统优化规划和运行许多新的研究内容,许多问题有待研究和解决。本书着重针对电力系统调度运行,提出一种含随机风电电力系统的鲁棒优化调度运行框架。该调度运行框架,同样可以推广应用于其他可再生能源并网系统的优化调度与运行。

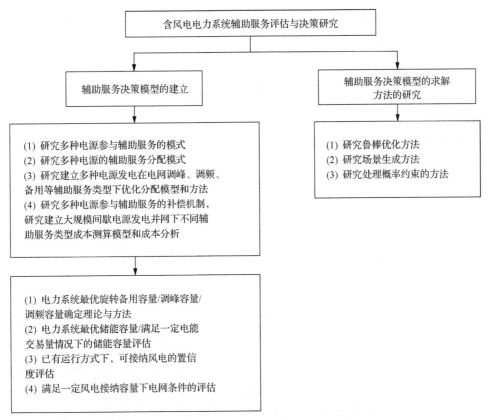

图 1-5　含风电电力系统辅助服务评估与决策研究模块

1.3　含随机风电电力系统鲁棒优化调度运行设计

1.3.1　电力系统日前/日内/实时多时间尺度协调运行框架

1. 传统的日前/日内/实时多时间尺度协调运行工作过程

日前/日内/实时多时间尺度协调运行的工作过程如图 1-6 所示。

下面以 t_1 时刻(黑色实心点所在时刻)为例,对日前调度计划到实时功率平衡整个过程进行说明。

日前调度计划:基于日前的短期负荷预测与风电功率预测结果,以系统运行成本最小为目标,以系统安全稳定为约束,在各机组的运行限制内,建立日前最优调度计划制定模型。假设 t_1 时刻,日前计划负荷与实际负荷的偏差为 $\Delta \tilde{P}_{\Sigma}^{D}$。

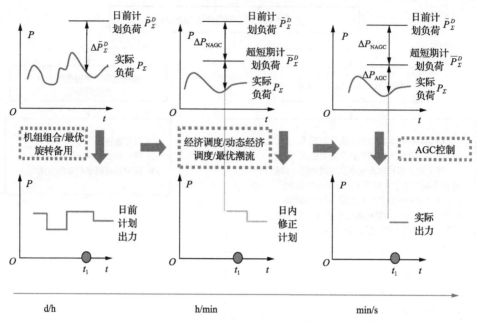

图 1-6　传统的日前/日内/实时多时间尺度协调运行的工作过程

日内滚动计划：基于日内的扩展短期/超短期负荷预测和风电功率的预测结果，以系统运行成本最小为目标，以系统安全稳定运行为约束，在各机组的运行限制内，建立日内最优调度计划制定模型。按设定的时间多次滚动地进行优化，修正日前的调度计划。假设 t_1 时刻的前 5min，日内计划负荷与实际负荷的偏差由日前的 $\Delta \tilde{P}_{\Sigma}^{D}$ 修正为 $\Delta \bar{P}_{\Sigma}^{D}$。

AGC：日内的预测偏差，主要通过 AGC 机组来平衡。在 t_1 时刻，预测偏差 $\Delta \bar{P}_{\Sigma}^{D}$ 通过 AGC 进行实时平衡。

至此，实现了任意时刻 t_1 的功率平衡。

传统的日前/日内/实时调度涉及的优化模块主要有机组组合、最优旋转备用容量、动态经济调度、最优潮流。这些优化模块本质上属于确定性规划问题，调度计划中未考虑到随机因素。在实际运行中，通过存储大量的备用容量或不得不采用弃风应对可再生能源的随机波动，备用不足或备用过剩的现象时有发生，电力系统的安全可靠运行难以保证。

2. 传统多时间尺度协调运行框架的不足分析

传统的电力系统的调度方法和框架难以满足含风电电力系统的要求，主要体现在：

（1）目前的调度计划仍然按照"满足预测负荷"的原则来制定，虽然通过滚动的方法可以在一定程度上缓解了因预测不准确带来的潮流大幅度调整，但其适应性仍然不理想，未能从根本上将风电预测的不准确性纳入调度计划进行优化计算，风电的不确定性使得调度运行人员工作压力很大。

（2）电力系统的安全运行区域未知，调度人员工作被动。目前依赖于经验设定一定比例的旋转备用容量应对风电的波动性和不确定性，对于系统运行的安全裕度和边界未知，未能计算出电力系统的运行边界，调度人员不能主动地调控系统，只能被动应对。

针对此，1.3.2 节提出一种应对含随机风电电力系统不确定因素的鲁棒调度框架。通过计算给出应对一定风电变化范围内的电力系统鲁棒的运行边界以及鲁棒运行计划，调度人员可掌握电力系统的运行状态，摆脱对随机风电束手无策的困境，实现对含有大规模风电电力系统的主动调控。同时，随着时间尺度的不断变小，通过各级之间的协调，不断修正和准确地定位鲁棒调度计划和鲁棒运行区域，在应对风电随机波动、保证安全稳定运行的同时，实现资源的优化配置，达到各种电源的最优效率运行。

1.3.2　含随机风电电力系统鲁棒调度运行框架

1. 含随机风电电力系统鲁棒调度运行的特点

针对传统的多时间尺度协调调度在含随机风电电力系统中应用存在的不足，本章提出一种新的电力系统鲁棒调度运行的框架，如图 1-7 所示。

图 1-7 表示从日前的调度计划（空心小圆圈）到实际运行点（实心小圆圈）的功率平衡过程，与传统的多时间尺度协调调度模式（图 1-6）相比，图 1-7 所示的调度模式引入了以下几个新的元素。

鲁棒的运行域：调度计划能应对的风电不确定性的区域范围，如图 1-7 中被填充的区域所示。在调度计划的制定过程中，考虑了风电的不确定性，所制定的调度计划可以应对不超出该区域的所有场景。该区域的范围可根据需要进行设置，从而可改变鲁棒区域的大小，所制定的调度计划具有预定的适应性、灵活性和鲁棒性。

安全运行的边界：系统当前运行状态中的备用容量、调峰容量等能应对的边界，包括安全运行的上界和安全运行的下界。运行的边界主要是指净负荷的波动极限。当净负荷的波动接近边界时，调度人员可及时地做出调整以应对突然的变化，做到有界可依，避免被动应对。

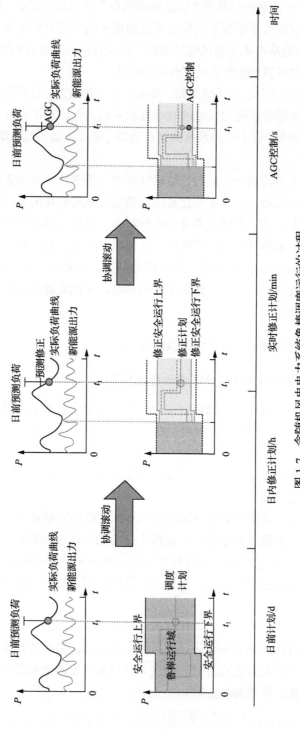

图 1-7 含随机风电电力系统鲁棒调度运行的过程

鲁棒运行域的协调：随着时间尺度的不断逼近，预测精度的不断提高，各级之间的协调不再仅是调度计划的修正和协调，而是同时修正鲁棒计划（图1-7中空心小圆圈）和鲁棒运行区域，充分利用"时间尺度越短，预测精度越高"的优势，实现以最小的代价换取系统最安全的运行，达到安全性和经济性的最佳协调。

启动时序：含随机风电电力系统的启动时序可分为定时滚动启动和触发启动，如图1-8所示。正常情况下按定时滚动启动。当系统运行接近安全边界时，自动执行触发启动，重新计算系统的安全运行裕度，调整系统运行状态。

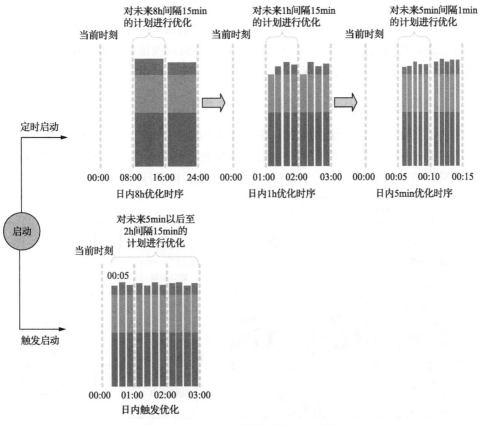

图1-8　含风电电力系统的启动时序图

图1-8中，定时滚动分为提前8h、提前1h和提前5min的优化。当系统运行接近边界时，触发启动对未来2h间隔15min的调度计划进行重新计算。双重的启动时序，保证电力系统的安全稳定运行。

与图1-6的调度模式相比，图1-7具有以下优点。

(1)图 1-7 所示的调度计划为鲁棒调度计划。根据日前/日内/实时预测的净负荷和风电出力的变化区间,建立能适应于该区间内变化的鲁棒调度计划优化模型,解算出鲁棒的开停机方式,如图 1-7 所示的调度计划/修正计划。鲁棒调度计划与传统的仅能应对某一预测场景的调度计划相比,具有更好的鲁棒性和灵活性。避免了传统的确定性优化中,调度计划不能适应风电功率的变化,导致机组频繁启动或不能及时启动带来的功率不平衡等问题。

(2)图 1-7 所示的调度计划提供了鲁棒运行域。计算鲁棒的开机方式下系统所需要的正、负备用容量,获得可以应对风电功率的范围以及波动的范围。并基于此,组成鲁棒运行域,如图 1-7 所示的实心填充部分。当风电随机变化导致系统运行接近边界时,则提前预警,事先制定出应对措施。运行人员可以根据当前的运行状态,判断系统运行的安全裕度,提前做出应对的措施,显著减轻了实时调度的压力,可以及时主动地应对风电的变化,实现主动调控风电。

2. 含风电电力系统鲁棒调度运行包含的模块

为了实现 1.3.2 节所述的功能,含随机风电的电力系统调度应包含如图 1-9 所示的功能模块,图中 WT 表示风电机组,ES 表示储能系统,G 表示传统机组,C 表示机组的控制单元。以下对图 1-9 所示的功能模块进行详细说明。

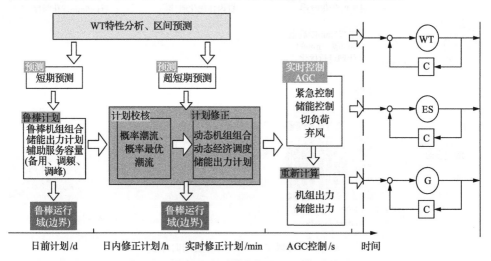

图 1-9 含风电电力系统鲁棒调度的功能模块

(1)风电特性分析/概率预测:预测风电出力,预测风电出力出现在某个区间的置信度和置信区间。

(2)日前模块。

①鲁棒机组组合计划:将风电作为随机变量,在预测/估计的风电变化范围内

(预定的置信区间)进行鲁棒优化,得到一个以最小代价应对风电随机波动性的鲁棒调度计划。鲁棒计划与传统的仅能应对某一预测场景的调度计划相比,具有更好的鲁棒性和灵活性。从理论上给出了应对随机变量的调度计划,可降低应对风电变化的盲目性。

②备用容量确定:将风电和负荷作为随机变量,建立最优旋转备用随机模型。采用随机规划/鲁棒优化进行求解,确定应对风电和负荷随机特性所需的最优旋转备用容量,可有效地解决旋转备用容量确定过程中鲁棒性和经济性的博弈问题。

③储能出力计划:建立考虑储能功率/容量、储能充放电次数限制的多源互补优化调度模块,制定考虑储能运行特性的调度计划,可实现风电并网系统的"削峰填谷"。

④鲁棒运行域:鲁棒运行域的上限、下限是根据风电随机波动或预测不确定区间的上限、下限场景计算得到的。

(3)日内模块。与日前模块相似,按照超短期预测值,滚动修正机组的出力计划、储能的最优出力计划和鲁棒运行域。此外,在该模块增加了概率潮流/最优潮流优化模块。

概率潮流/最优潮流:计算由于随机电源和负荷波动造成系统运行状态越限的概率,揭示系统运行状况、存在问题和薄弱环节,可以发现系统运行点的安全裕度和隐患,及时采取应对措施。

(4)AGC 控制模块。基于 AGC 控制实现功率的自动平衡,当 AGC 不能满足机组功率平衡时,启动紧急控制、储能控制、切负荷和弃风以实现功率平衡,避免事故的发生。

1.3.3　鲁棒调度模式的实现过程

本节所提的鲁棒调度模式的具体实施过程为短期负荷、风电区间预测→鲁棒调度计划制定→鲁棒运行域计算→超短期负荷、新能源区间预测→鲁棒调度计划修正→鲁棒运行域修正(边界)→实时 AGC→输出调度指令,如图 1-10 所示。所涉及的主要计算模块如下。

1. 风电特性分析/概率预测

基于风电的特性,对风电功率进行预测,预测给定置信度下的风电功率区间。例如,文献[2]提到的风电功率波动性分析,文献[3]提到的风电功率相关特性分析。

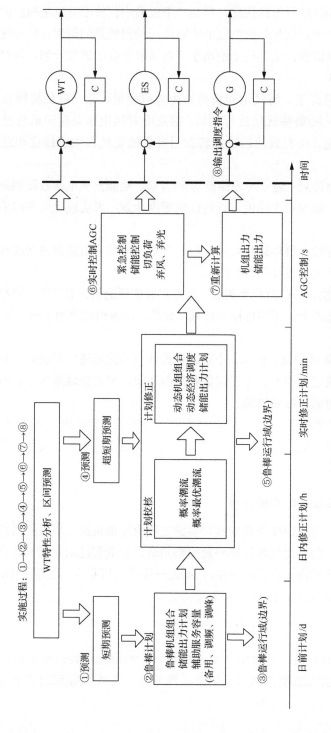

图1-10 多时间尺度鲁棒有功调度实施过程

2. 鲁棒调度计划制定

鲁棒调度计划制定的模型与方法已有不少研究报道[4-6]。式(1-1)为一种基于风电功率场景的鲁棒调度计划制定模型。该模型采用离散的场景代表风电功率的随机特性，所得的调度计划可以满足所有代表场景的变化。模型中，不含难以处理的概率性约束，计算简单、实用。

$$\begin{cases} \min E\{f(\boldsymbol{u}, \boldsymbol{P}^G, \boldsymbol{P}^{W_s}, \boldsymbol{x})\}\sqrt{b^2 - 4ac} \\ \text{s.t. } h(\boldsymbol{u}, \boldsymbol{P}^G, \boldsymbol{P}^{W_s}, \boldsymbol{x}) = 0 \\ \quad g(\boldsymbol{u}, \boldsymbol{P}^G, \boldsymbol{P}^{W_s}, \boldsymbol{x}) \geqslant 0 \\ \quad \boldsymbol{u} \in \Omega_u, \boldsymbol{P}^G \in \Omega_{p^G}, \boldsymbol{x} \in \Omega_x, \qquad s = 1, 2, \cdots, S \end{cases} \tag{1-1}$$

式中，$\boldsymbol{u}$ 为机组的启停计划向量；$\boldsymbol{P}^G$ 为常规机组的出力向量，包括参与调频机组和非调频机组；$\boldsymbol{P}^{W_s}$ 为风电功率的场景向量；$\boldsymbol{x}$ 为包括系统网络节点有功、无功、电压幅值和相位在内的变量所组成的向量；h 为系统功率平衡等式约束向量；g 为包含旋转备用、支路潮流限制在内的不等式约束向量；f 为系统运行成本函数；E 为均值函数；Ω_u、Ω_{p^G}、Ω_x 分别为变量的可行域。

计算过程中，首先根据预测得到的风电功率区间，参照文献[7]的场景生成方法，生成代表风电功率特性的 S 个场景；然后，将所生成的场景代入式(1-1)进行计算，得到的机组启停计划 $\boldsymbol{u}$ 和机组出力 $\boldsymbol{P}^G$ 则为能应对所有代表场景的鲁棒的计划。

3. 鲁棒运行域计算

根据上面得到的鲁棒调度计划 $\boldsymbol{u}$, $\boldsymbol{P}^G$ 可按式(1-2)～式(1-5)分别计算得到系统在调度周期内所具有的正、负旋转备用容量 Res^+、Res^-；调峰容量 Peak 和调频容量 Fre。

$$\text{Res}^+ = \sum \boldsymbol{u}(\overline{\boldsymbol{P}}^G - \boldsymbol{P}^G) \tag{1-2}$$

$$\text{Res}^- = \sum \boldsymbol{u}(\boldsymbol{P}^G - \underline{\boldsymbol{P}}^G) \tag{1-3}$$

$$\text{Peak} = \sum \boldsymbol{u}(\overline{\boldsymbol{P}}^{\text{Peak}} - \underline{\boldsymbol{P}}^{\text{Peak}}) \tag{1-4}$$

$$\text{Fre} = \sum \boldsymbol{u}(\overline{\boldsymbol{P}}^{\text{Fre}} - \underline{\boldsymbol{P}}^{\text{Fre}}) \tag{1-5}$$

式中，$\overline{\boldsymbol{P}}^G$、$\underline{\boldsymbol{P}}^G$ 分别为机组出力的上限、下限向量；$\overline{\boldsymbol{P}}^{\text{Peak}}$、$\underline{\boldsymbol{P}}^{\text{Peak}}$ 分别为参与调峰机组出力的上限、下限向量；$\overline{\boldsymbol{P}}^{\text{Fre}}$、$\underline{\boldsymbol{P}}^{\text{Fre}}$ 分别为参与调频机组出力的上限、

下限向量。

根据式(1-2)和式(1-3)，得到风电和负荷(以净负荷表示)鲁棒运行的上边界值 Netload$^+$ 和下边界值 Netload$^-$。

$$\text{Netload}^+ = \text{Res}^+ + \left(\sum \boldsymbol{P}^{W,\text{pre}} + P^{D,\text{pre}} \right) \tag{1-6}$$

$$\text{Netload}^- = \left(\sum \boldsymbol{P}^{W,\text{pre}} + P^{D,\text{pre}} \right) - \text{Res}^- \tag{1-7}$$

式中，$\boldsymbol{P}^{W,\text{pre}}$、$P^{D,\text{pre}}$ 分别为风电和负荷的预测值。

基于所得的旋转备用容量、调峰容量、调频容量和可接纳的净负荷，可形成安全运行的鲁棒区域 B，如式(1-8)所示。

$$B = \text{Res} \bigcup \text{Peak} \bigcup \text{Fre} \bigcup \text{Netload} \tag{1-8}$$

4. 鲁棒调度计划/运行域修正

根据负荷和风电的超短期预测结果，以日前 $\boldsymbol{u}$，$\boldsymbol{P}^G$ 作为初始值，按照式(1-1)～式(1-8)进行计算，重新修正鲁棒调度计划和鲁棒运行区域。此外，在实际运行中，需要动态地计算概率潮流/概率最优潮流。计算由于风电功率和负荷波动造成系统运行状态越限的概率，暴露系统运行状况、存在问题和薄弱环节，以便及时做出正确的决策。

5. AGC/紧急控制

利用 AGC 实现系统功率的实时平衡。当 AGC 机组不能满足系统功率平衡时，则启动紧急控制、储能控制、切负荷和弃风，避免事故的发生。

1.4　本章小结

本章基于风电功率随机波动性和难以预测性的特点，考虑其对电力系统规划与运行的影响，建立了一个含随机风电电力系统的优化规划和运行的研究体系。着重针对含随机风电电力系统的优化运行调度，构建了一个电力系统鲁棒优化运行的框架，为含随机风电电力系统的优化规划和运行研究提供参考。

参 考 文 献

[1] 张伯明, 吴文传, 郑太一, 等. 消纳大规模风电的多时间尺度协调的有功调度系统设计[J]. 电力系统自动化, 2011, 35(1): 1-6.

[2] 林卫星, 文劲宇, 艾小猛, 等. 风电功率波动特性的概率分布研究[J]. 中国电机工程学报, 2012, 32(1): 38-46.

[3] 黎静华, 文劲宇, 程时杰, 等. 考虑多风电场出力Copula相关关系的场景生成方法[J]. 中国电机工程学报, 2013, 33(16): 30-36.

[4] 杨明, 韩学山, 王士柏, 等. 不确定运行条件下电力系统鲁棒调度的基础研究[J]. 中国电机工程学报, 2011, 31(增刊): 100-107.

[5] 梅生伟, 郭文涛, 王莹莹, 等. 一类电力系统鲁棒优化问题的博弈模型及应用实例[J]. 中国电机工程学报, 2013, 33(19): 47-56.

[6] 李斯, 周任军, 童小娇, 等. 基于盒式集合鲁棒优化的风电并网最大装机容量[J]. 电网技术, 2011, 35(12): 208-213.

[7] 黎静华, 孙海顺, 文劲宇, 等. 生成风电功率时间序列场景的双向优化技术[J]. 中国电机工程学报, 2014, 34(16): 2544-2551.

第2章　考虑风电随机特性的优化理论与方法

2.1　考虑风电随机特性的优化问题

2.1.1　含风电电力系统电网规划问题

近年来，随着大规模风电的并网，如何制定适应风电随机变化的电力系统网络架构的规划方案，是实现风电大规模并网的难点之一。受风速的影响，风电功率具有随机性和波动性，使得电网规划模型的不确定性增强，问题的复杂度增加。建立并求解考虑风电随机特性的电网规划模型，是解决上述问题的关键技术。

含风电电网规划模型包含了风电随机变量，属于随机规划模型。针对目前处理风电随机特性的不同方法，可将含风电电网规划模型分为两种，一种是将风电作为随机变量的模型，另一种是利用风电场景取代风电随机变量的模型。

1. 将风电作为随机变量的模型

将风电作为随机变量的模型通常分为两种，分别为期望值模型和机会约束规划模型。

(1)期望值模型。期望值模型是指在期望约束条件下，使期望收益达到最大或期望损失达到最小的优化方法。基于期望值规划理论，文献[1]建立了以线路的投资、架设成本及运行成本与平均网损功率之和的期望值最小为目标函数的电网规划模型，文献[2]则运用期望值理论建立了以架设成本和切负荷的期望值最小为目标函数的电网规划模型。

(2)机会约束规划模型。机会约束规划由 Charnes 和 Cooper 于 1959 年提出[3]，它的主要思想是在一定的概率意义下使目标达到最优。机会约束规划根据事先给定的置信水平，把机会约束转化为确定性等价类，然后采用传统的优化方法对确定性等价类模型进行求解[4]。但是，考虑风电的电网规划问题具有多变量、多约束和含有混合离散变量等特点，较为复杂，对这类较为复杂的机会约束规划问题，很难转化为确定性等价问题。

文献[5]～[7]根据风电功率的概率分布函数的解基于机会约束的电网规划模型，考虑电网规划中负荷和风电的随机特性，计算复杂，计算量大。文献[8]并不将输电系统的机会约束规划模型直接转化为确定性模型，而是采用蒙特卡罗方法抽样检验候选的规划方案是否满足机会约束，基于此对方案进行取舍。该方法需要不断尝试，其准确性严重受到抽样样本数目的影响。

目前，将风电作为随机变量进行建模的做法受到一个共同的限制：需要假设不确定因素服从一个确定性的概率分布函数。实际上，很难确定风电的概率分布函数，甚至可能某些风电场风电功率根本不服从任何已知的概率分布函数。

2. 利用风电场景取代风电随机变量的模型

利用风电场景进行建模相对比较简单。其重点和难点是如何生成能够反映风电随机特性的确定性场景。文献[9]基于对风电场输出功率的分析，将未来电网假设为六种场景，采用场景的方法描述风电功率和负荷的不确定性，得到不同决策偏好下的规划方案，但对于场景及场景发生概率的确定具有较强的主观性，所采用的场景难以反映风电的随机特性。文献[10]则基于风电功率为 0 和额定值两种情况，采用田口直交表得到极限场景，建立了一种能同时满足风电和负荷极限场景的鲁棒电网规划模型。文献[11]采用多场景方法求得未来多种可能负荷场景下的电网最优规划方案，确定每种场景下线路的架设方案，形成一种具有较好适应性的电网灵活规划方案。文献[12]通过分析经济性规律，设定节点注入功率和线路造价的对应场景及场景发生的概率，计算得到各个场景的最优方案，再对各最优方案进行比较分析，并选出最终方案。

利用风电的场景是一种处理风电随机性的方法，其本质是，首先分析未来环境中各种不确定因素可能发生的情况，列举不确定因素的可能取值，然后将这些取值进行排列组合，得到多个未来可能发生的情景，称这些情景为场景。场景法的实质是根据实际情况或者经验推测，通过对随机变量或者不确定性变量进行赋值，将不确定性规划问题转化为确定性规划问题进行求解。利用场景法处理随机变量，避免了复杂问题的建模，但是，其选取场景时主观性较强，极端场景难以准确选择。如何合理地分析、预测和模拟场景是场景生成法的难点和关键。

目前，常用的场景生成方法主要有蒙特卡罗模拟法[13]、近似蒙特卡罗模拟法[14,15]、最优场景法[16,17]、基于 Copula 场景生成法[18]和矩匹配方法(moment matching method，MM)[19-21]等。与其他场景生成方法相比，矩匹配方法对原始风电功率数据的概率分布没有要求，不需要事先求得风电功率变量的边缘分布函数，便于生成多个风电场的风电功率场景。矩匹配方法的主要思想是生成与原始数据的给定矩(通常为前四阶矩：期望、标准差、偏度和峰度)和相关矩阵相吻合的指定数目的场景。该方法简单易行，能得到反映多元风电功率变量统计特性的场景。

此外，除了上述两种建模方法，为了提高电网规划的鲁棒性，文献[22]利用鲁棒线性理论研究考虑风电和负荷不确定性的电网规划问题，得到适应风电所有可能取值下的鲁棒电网优化规划，但其要求模型线性化，鲁棒对等模型转换困难。

综上，目前考虑风电的电网规划存在以下两个问题。

(1)规划方案不够鲁棒。究其原因，主要是所选取的场景值未能很好地代表随机变化的风电功率可能发生的情况。因此，该问题也可归结为场景生成不够准确，造成规划方案往往难以覆盖某些运行方式[10]。

(2)模型求解方法较复杂。已有研究中，对于考虑风电的电网规划模型的求解，主要采用智能优化方法。尽管智能优化算法解算模型比较容易实现，但是计算结果不稳定。也有采用数学优化或者将智能优化算法与数学优化算法结合对模型进行求解，但计算量往往过大，不易于求解。

2.1.2　含风电电力系统机组组合/经济调度模型

1. 机组组合问题模型

含风电电力系统机组组合模型主要包括确定性模型和不确定性模型两类。

1) 确定性模型

确定性模型的建模思想：增加额外的旋转备用容量[23-27]来应对风电功率的预测误差。目前常用的一种配置备用容量的方法是采用负荷的一定比例[28]作为备用容量。或者采用风电预测误差概率分布的分位数[29]来确定备用容量。文献[23]和[24]根据风电预测误差的概率分布，按照预先设定的置信度水平确定系统应对风电功率不确定性的旋转备用容量。

确定性模型简单且易于求解，但是却容易导致旋转备用过剩或不足的现象。当应对风电预测误差的备用需求选取过大时，旋转备用费用增加，这对经济性是不利的；当应对风电预测误差的备用需求选取过小时，将无法应对不确定因素带来的误差，甚至有可能引发电力系统运行的安全问题。

2) 不确定性模型

确定性建模思想难以准确地考虑电力系统中随机变化的因素，建模思想由确定性建模转向不确定性建模将成为必然。国内外学者已针对风电并网电力系统不确定性建模开展了深入的研究工作。不确定建模包括基于模糊理论的不确定模型和基于随机规划的不确定模型。其中，应用最为广泛的是基于随机规划的不确定模型[30](简称随机规划模型)。随机规划模型的重要分支是基于场景的不确定模型和机会约束模型[31]，这两种模型已广泛地应用于电力系统机组组合问题中。

(1)基于场景分析的不确定模型。基于场景的不确定模型的基本思想是在大量的历史风电功率数据的基础上生成一定数量的代表性风电场景及场景的概率来描述风电功率的随机特性。采用风电场景代替机组组合、经济调度模型中的风电随机变量，进而将不确定性规划问题转换为确定性规划问题进行求解[32]。

国内学者对生成风电场景的方法做了深入研究。文献[33]提出一种将多变量的场景树问题分解为单变量的场景集生成问题，并通过仿真迭代，验证了方法的有效性。文献[34]提出一种基于启发式思想的场景生成方法，它的核心思想是基于前推回代法生成最优场景树集。文献[35]使用 Kantorovich 距离来描述原始风电场景离散概率分布与生成风电场景离散概率分布之间的概率距离，目的是在不影响风电统计特性的近似精度前提下，尽可能地缩减风电场景的数量，显著地降低了计算量。文献[36]将场景缩减的方法应用到风电并网系统的机组组合问题中，建立了基于场景的不确定模型。文献[37]构建了风速的马尔可夫模型，并基于场景方法描述了风电的不确定性，建立了基于场景法的不确定模型。文献[38]将风电功率的预测误差描述为正态分布，通过离散化风电功率正态分布曲线的方式获得风电功率的各个场景值及其对应概率。文献[39]采用改进的随机样本模拟技术，即通过蒙特卡罗方法生成随机变量的经验分布函数，进而生成风电场景。

基于场景分析的不确定模型的难点是场景数量和场景质量的协调。当场景数量越大时，场景的质量越好，得到的结果越准确。但是当场景数量太大时，严重影响模型计算速度，有时甚至得不到结果。

(2)机会约束模型。在应对风电随机变化特性的众多处理方法中，应用最为广泛的是机会约束模型[30]。考虑到随机变量出现最不理想情况时导致所做决策可能不满足约束条件，那么在一定程度上可以允许所做决策不满足约束条件。但是，所做决策应该使约束条件成立的概率不低于某一置信水平[31]，用概率的形式描述包含随机变量的约束条件满足的程度，也就是机会约束。

文献[39]提出了包含风电利用率、风电发电总量在内的机会约束条件，构建了含风电并网的双层规划问题，最后采用平均抽样算法将机会约束转化为确定性约束。文献[40]将风电可信度指标作为机会约束考虑到模型中，并提出三种确保系统安全性的策略。文献[41]为确保风能的有效利用，以最大化效益为目标构建了考虑市场价格及风电功率两种不确定因素的机会约束随机规划模型。文献[42]提出了在给定置信度水平下，保证约束在最紧急情况时能够满足要求的机会约束条件，并引入可靠性约束构建了含风电的机会约束机组组合模型。文献[43]为满足环保和节能的需求，提出了一种包含常规机组、灵活机组及风电机组的机会约束机组组合模型，引入机组组合风险约束，通过机会约束的形式充分地考虑了各种随机因素的影响。

采用随机规划处理风电的随机性，相比于确定性建模，能够更好地反映风电功率的随机特性。同时，能够获得更好的目标值，从统计意义上保证了电力系统的经济性和安全性。

2. 机组组合问题的求解方法

1) 传统优化算法

求解机组组合问题的传统优化算法包括优先顺序法、Benders 协调分解法、混合整数规划法、拉格朗日松弛法、分支定界法以及内点法等。传统的机组组合问题是一个 NP-难问题，当大规模风电并网后，其随机变化使得机组组合问题的模型更为复杂，求解更加困难。传统的优化算法难以直接求解含随机风电的机组组合问题。因此，需要对传统的方法进行改进。

文献[44]和[45]将序列运算理论应用到旋转备用容量即机会约束条件的优化问题中，以数字信号处理电力系统中的随机变量，在对不确定性变量进行建模后，直接参与模型的求解。文献[46]采用拉格朗日对偶松弛算法框架构建含风电优化调度模型，并采用迭代步长自适应修正法及逆推回代动态规划法对主子问题进行求解。文献[47]采用 Benders 分解法将考虑了快速响应火电机组不确定性和系统调度水平不确定性的规划模型分解为主问题与两个子问题，并通过可靠性纽带将主子问题联系起来求解。文献[48]建立了含风电与储能系统的混合整数优化模型，采用分支定界的思想，将整数变量松弛为实数变量。文献[49]将分支定界法与内点法相结合求解上述模型，并提出了相关搜索策略提高分支定界的搜索效率，得到了较好的结果。文献[50]采用混合整数线性规划对机组组合模型进行求解，结果表明此方法适合大规模风电并网电力系统机组组合问题。文献[51]在区间数理论的基础上建立含风电的随机规划模型，然后采用区间混合整数规划算法，用区间函数来表示不确定因素，将待求解的最优模型划分为两个确定性混合整数规划子问题，由两个子问题的解可以构建出最优化模型区间解的值。文献[52]为应对风电的不确定性，采用鲁棒优化的方法，形成了混合整数规划模型，并将模型分解为上下两层规划问题，通过采用了 Benders 分解法对模型进行求解。

2) 智能优化算法

(1) 粒子群优化算法。粒子群优化 (particle swarm optimization，PSO) 算法的基本思路是从随机初始解出发，通过粒子群前进的大小和方向，综合计算和评价粒子个体及全局的适应度函数，得到最优解[53]。PSO 算法实现简单，计算效率高，在含风电并网的机组组合问题中得到了广泛应用。文献[54]采用二进制 PSO 算法对模糊机会约束规划问题进行求解，得到机组开停机计划。文献[37]采用离散 PSO 算法求解外层机组启停优化问题，采用微增率准则求解内层机组间出力功率经济分配问题，通过两个问题的交替迭代，求解含风电场机组组合的两层优化问题。文献[55]分别采用离散 PSO 算法及随机模拟的改进 PSO 算法求解双层机组组合子问题。

(2) 遗传算法。遗传算法 (genetic algorithm，GA) 是模拟达尔文生物进化论的一种算法，其搜索过程模拟生物的进行过程，采用适者生存，不适者淘汰的理论[53]。文献[56]在将模型转化为非线性规划问题后，采用遗传算法对模型进行了求解。文献[57]结合点估计与遗传算法，首先用点估计对模型进行处理，然后采用遗传算法对模型进行求解。文献[58]基于风电功率神经网络预测风电区间，抽样生成场景值用于含风电机组组合模型中，最后用遗传算法对模型进行求解。文献[59]采用改进的遗传算法和二进制粒子群算法的结合，对含大规模可再生能源并网的不确定性问题进行求解。

(3) 差分进化算法。差分进化算法是一种基于生物群体智能的算法，是一个通过群体间的合作与竞争寻优的过程[60]。文献[61]在采用层次分析法的基础上，提出改进的差分进化算法，将正交初始化技术应用于差分进化算法，缩减了试验次数。文献[62]采用量子计算与差分进化算法结合，提出一种量子差分进化算法，相对于传统算法，量子差分进化算法提高了鲁棒性和全局搜索能力。文献[63]采用自适应混合差分进化算法求解水火电系统短期发电计划优化问题。

(4) 生物地理学算法。生物地理学算法是 Simon 在 2008 年提出的一种模拟生物地理学栖息地之间的物种迁移等过程的启发式算法，通过迁移算子、变异算子以及清除算子之间的相互操作达到寻优的一个过程[64]。文献[65]提出基于模糊支配的生物地理学优化算法求解双目标优化调度模型，算例分析中通过与其他智能算法比较，体现了该算法的合理性和优越性。文献[33]采用余弦迁移模型和混合迁移算子代替传统迁移算子、基于柯西分布的变异算子代替传统变异算子等技术，对风电并网的多目标发电模型进行求解，算例结果证明了改进生物地理学算法的可行性和有效性。

智能算法与传统算法相比，其全局搜索能力、算法鲁棒性更强，并且所有的智能算法都可以用于并行计算，显著地提高了搜索效率和求解速度。

2.1.3　含风电电力系统最优旋转备用配置问题

旋转备用的合理制定，是电力系统安全经济运行的重要保障。旋转备用配置过高，系统运行的经济性下降；配置过低，系统运行的安全性和可靠性难以保证。传统的电力系统中，通常按照系统负荷的一定比例 (如系统负荷的 10%) 或采用系统最大机组容量作为系统预留的旋转备用，这对于保证短期负荷预测精度较高的传统电力系统 (一般为 96% 以上)[66]的安全可靠运行是可行的，但是这种旋转备用的配置方法不够经济。

为了协调经济性与可靠性,不少学者对电力系统的旋转备用进行优化配置[67-72]。在优化的过程中,考虑电力市场的经济因素,如考虑备用容量费用和切负荷赔偿费用[67]、旋转备用损失期望值[68]、利润最大化的竞标电量和竞标价格[71]以及辅助服务机制[72]等,这些研究为旋转备用的优化提供了很好的研究思路,但是其没有考虑风电的随机特性,不能直接应用于含大规模风电的电力系统旋转备用制定。

随着大规模风电的并网,制定电力系统的旋转备用计划成为调度运行工作的重点和难点。风电具有随机波动性,导致其难以准确预测,目前短期风电功率预测精度不高[73],传统的按给定比例或高比例配置的方法不能适用。在考虑风电功率随机特性的基础上,充分地利用其他电源的调节能力,实现资源的优势互补[74-80]则是一种经济有效的手段。

文献[74]和[75]针对含大规模风电的电力系统,研究了满足系统可靠性指标所需的旋转备用容量。文献[76]和[77]建立含机会约束的最优旋转备用模型,获得在给定置信度水平下,系统应对风电预测、负荷预测不准确所需的旋转备用容量或计划。机会约束是考虑风电或负荷随机性的一类常见的模型,但是其向确定性约束转化的过程复杂,精确求解的难度较大。文献[78]利用盒式鲁棒集合表示风电扰动的随机性,计算得到系统考虑风电扰动所需的旋转备用。该方法可以得到适应于风电扰动范围内任意变化的鲁棒解,但是其仅适用于线性的规划模型,且不易处理等式约束。文献[79]提出一种基于复杂预想场景下电力系统旋转备用优化模型,方法简单实用,但是其得到的是与各场景一一对应的方案,系统运行人员面临方案的选择困难,且每种方案仅适应于某个场景,当实际运行情况偏离该场景时,调整范围较大甚至不能调整。文献[80]基于场景建立了一种两阶段的鲁棒调度模型,优化得到满足极限场景的旋转备用容量,该文献以满足风电均值的功率平衡制定次日调度计划,以此为基准配置能满足极限场景的旋转备用容量。在实际运行中,可以通过调整调度计划满足可能发生的风电场景,但对调整量的范围没有限定,调度计划限定为满足风电均值,灵活性受限。

2.1.4 含风电电力系统风险评估问题

近期,随着风电等可再生能源接入电力系统,电力系统运行增加了新的不确定性因素,风险评估的研究有了新的进展。文献[81]和[82]考虑了风机组成结构,采用随机潮流的方法建立节点电压越限风险指标和支路潮流越限风险指标,但是不能计算切负荷风险指标。文献[83]和[84]利用遗传算法对发输电系统规划进行风险评估,计算了负荷削减概率、期望失负荷量、期望负荷削减频率、负荷削减平均持续时间等指标。文献[85]首先模拟生成长期风速序列,得到风机输出功率,之后基于直流潮流的最优切负荷模型计算了发电系统经济损失期望值和输电系统经济损失期望值两个风险指标。相似地，文献[86]基于效用理论建立事故后果严重程度评价模型，计算了线路有功功率越限风险和低电压风险指标。

然而，文献[81]～[86]主要从长期规划的角度开展风险评估工作。风险评估模型和算法的研究时间尺度长达数十年，可靠性参数是长期统计的平均值，这不适用于短时间尺度的调度运行场景的运行风险评估。运行风险研究时间尺度较短，一般是一小时、一天、一周，运行风险评估的目的是为运行调度人员提供决策依据，运行风险评估更加重视运行中电压偏移、线路有功功率越限、期望失负荷等情况。

文献[87]着重于风电场的可靠性建模，用时间序列法模拟产生短期风速序列，由风速计算风机输出功率，并计及风机的随机停运和尾流效应，之后将风机输出功率接入电力系统，计算切负荷风险指标、低电压风险指标和线路有功功率越限风险指标。文献[88]同时评估了风电场接入后系统的可靠性和运行风险，可靠性评估采用了失负荷概率、电量不足期望值、缺电频率和风电场可中断能量效益的评估指标，而运行风险采用了切负荷风险和越限风险指标。文献[89]建立了线路过负荷的概率模型，使用点估计的方法计算了线路有功功率越限风险指标，但是没有考虑其他风险指标。文献[90]和[91]考虑风电接入系统，建立了风电功率波动模型，计及风电功率正向波动和负向波动，计算了失负荷风险和弃风风险指标。近年来，含风电的风险评估在风电随机性方面，开始日益关注风电功率预测误差。文献[92]考虑了风电功率预测误差和负荷预测误差的概率分布，在此基础上求风电接入后的频率越限风险和线路有功功率越限风险指标。文献[93]考虑了风电功率预测误差和负荷预测误差，以此反映风电和负荷的不确定性，并应用运行风险理论评估不同风电渗透率下系统的短期运行风险状况。文献[94]用贝塔分布模拟风电功率短期预测误差，选取直流潮流的最优切负荷模型计算最优切负荷量，应用交流潮流方法得到节点电压值，基于此，计算了切负荷风险指标和低电压风险指标。

由文献[87]～[94]可知：

(1)运行风险在风电功率随机性方面，从单独考虑风电功率不确定性发展到计及风电预测误差的不确定性。

(2)运行风险评估指标没有统一规范。目前使用到的指标主要有切负荷风险指标、电压越限风险指标、线路有功功率越限风险指标和考虑各个风险指标权重的综合风险指标。现有研究只计算了其中某个或某些指标，根据某个或某些指标进行系统的风险评估，缺乏统一的规范。

2.1.5　电力系统可接纳风电容量的评估

风电能否并网以及风电并网后系统能接纳多少风电，是目前风电规模化发展的瓶颈，也是电力系统调度与规划部门关注的焦点问题之一。

现有研究中，关于系统接纳风电能力评估的研究主要可以归纳为以下三个方面：①影响风电接纳能力的因素分析；②提高风电接纳能力的方法研究；③系统风电接纳能力的评估。文献[95]～[98]采用优化建模的方法，在计及潮流约束和安全运行约束的前提下，对系统风电接纳能力进行评估。文献[99]～[101]从日调度运行的角度，对风电接纳能力进行了评估，所得评估结果不计及系统的长期运行特性。文献[102]采用电力平衡方法确定系统最大接纳风电的能力，该方法仅考虑最严重情况下的功率平衡情况，计算结果过于保守。文献[103]从调峰的角度出发，将系统最大的调峰裕度作为电网接纳风电的能力，该方法根据经验选取峰谷差系数、风电可用系数等，计算结果的主观性较强。文献[104]提出了一套基于电源结构、负荷特性和调峰能力的风电接纳能力的评估体系。然而，该体系仅基于发电充裕性指标对电网接纳风电能力进行评估，未计及系统的调峰充裕性，可能会导致评估结果偏乐观。

综上，现有的研究中，尚未充分利用对风电功率统计特性，仅凭经验、某一种极限场景或单一指标对系统接纳风电能力进行评估，所得结果难以准确地反映系统的实际接纳能力。

2.1.6　大规模风电并网电力系统优化规划和运行的基本问题

从数学上看，电力系统的优化问题是一个带约束的优化问题，主要由优化变量、约束条件和目标函数三部分组成。下面分别介绍传统电力系统和含风电并网的电力系统两者优化问题的区别。

1. 传统电力系统优化问题

传统电力系统优化问题的优化变量主要包括控制变量和状态变量两部分[3]。控制变量是指可以控制的自变量，通常包括机组有功出力、各发电机/同步补偿机无功出力(或机端电压)；移相器抽头位置、可调变压器抽头位置、并联电抗器/电容器容量；在某些紧急情况下，水电机组快速启动，某些负荷的卸载也可以作为控制的手段。状态变量是控制变量的因变量，通常包括各节点电压和各支路功率等。

传统电力系统优化问题的约束条件主要有等式约束和不等式约束[105]。

(1)各节点有功功率和无功功率平衡约束。

(2)各发电机有功出力上、下界约束。

(3)各发电机/同步补偿机无功出力上、下界约束。

(4)并联电抗器/电容器容量约束。

(5)移相器抽头位置约束。

(6)可调变压器抽头位置约束。

(7)各节点电压幅值上下界约束。

(8)各支路传输功率约束。

传统电力系统优化问题的目标函数一般包含[105]：

(1)系统运行成本最小。一般表示为火电机组燃料费用最小，包括机组启停机成本。

(2)有功传输损耗最小。以有功传输损耗最小为目标函数，在减少系统有功损耗的同时，改善电压质量。

对于传统的电力系统，其变量主要由火电机组、核电机组以及水电机组等可控的确定型变量组成，属于确定性优化问题，数学模型可写成如下形式：

$$\begin{cases} \min f(x_G) \\ \text{s.t.} \quad h(x_G)=0 \\ \qquad g(x_G) \leqslant 0 \end{cases} \tag{2-1}$$

式中，x_G 为普通变量。对于模型(2-1)，可以采用非线性规划法、二次规划法、线性规划法、混合规划法、现代内点法和人工智能方法等成熟的优化算法进行求解。

2. 含风电并网电力系统优化问题

含风电并网电力系统，其优化的变量除了传统的控制变量和状态变量，还包括有风电功率等不可控的随机变量，这使得电力系统的优化问题从确定规划问题转换为不确定规划问题。

含风电并网电力系统优化模型的约束条件在传统模型约束的基础上，增加了表征风电随机特征的概率函数约束和均值函数约束。此外，还可能包含刻画随机变量特性(如出力特性、波动特性、相关特性)的概率分布等约束。

含风电并网电力系统的目标函数将更加灵活多样，除了系统运行成本最小、有功传输损耗最小等传统目标函数，还有考虑环境因素的目标函数。由于风电功率随机变量的出现，目标函数还可以是系统运行成本均值最小、有功传输损耗均值最小等形式。

综上，新型电力系统优化问题的数学模型可写为如下形式：

$$\begin{cases} \min E(f(x_G, x_W)) \\ \text{s.t.} \quad h(x_G, x_W)=0 \\ \qquad g_1(x_G, x_W) \leqslant 0 \\ \qquad \Pr\{g_2(x_G, x_W)\} \geqslant \alpha \\ \qquad E\{g_2(x_G, x_W)\} \leqslant \beta \\ \qquad x_W \text{或} T(x_W) \text{服从某一分布} \end{cases} \tag{2-2}$$

式中，x_G 为普通变量；x_W 为随机变量；$T(x_W)$ 为随机变量的某种特征函数；$\Pr$ 为概率函数。对于随机规划模型(2-2)的求解，目前数学上主要有蒙特卡罗、场景法、概率/均值函数解析转换等方法。但上述数学方法对求解问题的性质有要求，例如，假设随机变量服从某种常见的分布，但实际中，风电功率难以服从常见的分布，这就需要对实际电力系统优化问题或数学方法加以改进，使之相适应。

综上，与传统的电力系统相比，含大规模风电的电力系统优化问题的特点如表 2-1 所示。

表 2-1　传统电力系统优化问题与含风电电力系统优化问题对比

比较对象	传统电力系统优化问题	含风电电力系统优化问题
基本问题	确定性规划问题	不确定性规划问题
随机变量	弱随机性	强随机性
约束条件	确定函数形式	确定函数约束、均值约束、概率约束
目标函数	确定函数形式	确定函数形式或均值函数形式、概率函数形式
求解方法	常规优化计算方法	随机规划计算方法

从表 2-1 的对比可见，风电并网后，电力系统优化问题的数学本质发生了根本变化，如何处理优化模型中的随机变量成为求解问题的关键。下面分别针对场景分析方法、机会约束分析方法和鲁棒优化方法三种方法进行介绍。

2.2　场景分析方法

用离散的概率分布 $\{(\zeta_i, \tilde{P}_i), \ i=1,2,\cdots,S\}$ 取代随机变量的不确定性，称为场景的模拟，其中，ζ_i 称为场景，$\tilde{P}_i$ 为该场景对应的概率。如图 2-1 所示，场景的产生一般包括两个步骤：第一，通过概率统计方法(如蒙特卡罗模拟)获得随机变量的概率分布。第二，采用近似的方法，在尽可能地减小信息损失前提下，将随机变量的原概率分布离散化。

图 2-1　场景模拟的基本过程

场景模型与原模型的区别在于采用离散概率分布 $\tilde{P}$ 取代原概率分布 P。图 2-2 为采用均匀分布将原概率分布 P 进行离散化。图 2-2 中，曲线代替原概率密度分布，矩形条代表场景，矩形条的高度代表场景对应的概率，从图 2-2 中可以看出，原概率分布 P 被划分为 5 个场景，即 $\tilde{P}=\{(-2,0.2),(-1,0.2),(0,0.2),(1,0.2),(2,0.2)\}$。

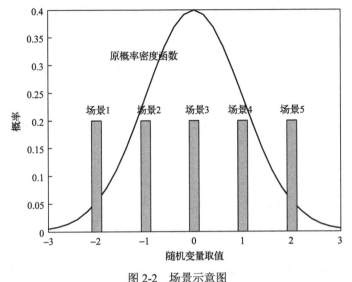

图 2-2　场景示意图

基于场景分析方法制定调度计划方法的基本思路如下所示。首先，生成反映风电随机特征的代表场景；然后，基于所生成的代表场景，制定出满足所有可能场景的调度计划。由于所得计划是满足所有场景，从这个角度来讲，也可认为所制定的计划具有一定鲁棒性。

从上述的基本思路可见，场景的生成对调度计划的制定具有决定性影响。一般来说，所生成的场景数目越多，场景的统计特性就越接近于真实的统计特性。但是，场景数目过多，调度计划制定的计算量增加。反之，场景数目越少，计算量就越少，但是计算精度难以保证。因此，研究风电功率场景的生成方法至关重要。

本节介绍 4 种场景生成方法。2.2.1 节介绍一种单风电场场景生成的方法——基于 Wasserstein 距离的风电功率场景生成方法。2.2.2 节介绍考虑多风电场相关性的场景生成方法——基于 Copula 函数的风电功率场景生成方法。2.2.3 节介绍考虑多时段的场景生成方法——基于双向优化的风电功率场景生成方法。2.2.4 节介绍矩匹配的风电功率场景生成方法。

2.2.1　基于 Wasserstein 距离的风电功率场景生成方法

1. Wasserstein 距离指标

场景模拟的精度取决于生成场景与风电实际发生情景的误差。文献[106]指出，场景模拟的精度取决于概率分布 P 与 $\tilde{P}$ 的距离 $d(P,\tilde{P})$，距离函数 d 的定义至关重要，场景的精度很大程度依赖于距离函数 d 的定义。本节采用目前被证明优于其他距离函数的 Wasserstein 距离指标。

Wasserstein 距离[106]是定义在概率测度空间上的二阶矩,是 Wasserstein 于 1969 年在研究随机场过程中提出的, 记为 $d_{W,r}$, 其计算公式为

$$d_{W,r}(P_1,P_2;d)^r = \inf \iint d(x_1,x_2)^r \Pi(x_1,x_2)\mathrm{d}x_1\mathrm{d}x_2 \tag{2-3}$$

式中, x_1 、 x_2 为随机变量, $\Pi(x_1,x_2)$ 为联合概率密度函数, 其边缘分布函数为 $P_1 = \int \Pi(x_1,x_2)\mathrm{d}x_2$, $P_2 = \int \Pi(x_1,x_2)\mathrm{d}x_1$; $d(x_1,x_2)$ 为所定义的距离测度。在 $\mathbf{R}^M$ 空间中, 具有 l 范数的距离定义为

$$d_l(u,v) = \left(\sum_{m=1}^{M} |u_m - v_m|^l \right)^{1/l} , \quad 1 \leqslant l < \infty \tag{2-4}$$

当 $l = \infty$ 时, $d_l(u,v) = \max_{1 \leqslant m \leqslant M} |u_m - v_m|$ 。

因此, Wasserstein 距离函数不是某一定义距离函数本身, 而是所定义距离函数的 r 次方。简洁起见, 以下将 $d_{W,r}(P_1,P_2;d)^r$ 用 $d_r(P_1,P_2)^r$ 代替。

2. 最优场景

场景模拟的基本思想:假设在 $\mathbf{R}^M$ 上的概率测度 P 已知, 求基于点集 S 的一个概率测度 $\tilde{P}$, 使距离 $d(P,\tilde{P})$ 较小。注意, 这里表述为较小而不是最小, 因为多数问题为非凸规划, 具有多个最优解。

若记 P_S 为概率测度 $\tilde{P} = \sum_{s=1}^{S} p_s \delta_{z_s}$ 的集合。 z_s 为场景, δ_{z_s} 称为在场景 z_s 上的点质量, P_S 为场景 z_s 的概率。

令 $\tilde{P} \in P_S$, 且 $\tilde{P}$ 使 $d(P,\tilde{P})$ 接近于 $\min\{d(P,Q):Q \in P_S\}$, 则称 $\tilde{P}$ 为 P 的最优场景。

由上面可知, 求解最优场景即寻找使误差 $q_{S,d}(P) = \inf\{d(P,Q):|Q \in P_S\}$ 最小的离散化集合 $Q_{S,d}(P)$, $Q_{S,d}(P) = \arg\min\{d(P,Q):Q \in P_S\}$ 。

综上, 生成 $\mathbf{R}^M$ 上的概率测度 P 的最优场景主要分为两步:寻找概率测度 P 的最优分位点或场景 $z_s(s=1,2,\cdots,S)$; 求解场景 z_s 概率 $p_s(s=1,2,\cdots,S)$, 使 Wasserstein 距离 $d_r\left(P, \sum_{s=1}^{S} p_s \delta_{z_s} \right)$ 最小。

3. 渐进最优场景

假设 $X \sim P$, $\tilde{X} \in \{z_1,z_2,\cdots,z_S\}$, 定义基于 Wasserstein 距离的误差函数 $D_{d_r}(z)$:

$$D_{d_r}(z) := \inf\{E[d(X,\ \tilde{X})^r] : X \sim P, \tilde{X} \in \{z_1, z_2, \cdots, z_S\}\}$$

$$= \int_S \min d(x, z_s)^r \, dP(x) \tag{2-5}$$

按最优场景定义，通过求解式 (2-6) 即可获得最优分位点 $z = (z_1, z_2, \cdots, z_S)$。

$$q_{S,d_r}(P) = \min\{[D_{d_r}(z)] : z = (z_1, z_2, \cdots, z_S)\} \tag{2-6}$$

通常 $z \mapsto D_{d_r}(z)$ 为非凸问题，存在多个局部最优解，且在多数情况下，其最优解难以用解析形式表示。基于此，本节采用渐进的求解策略，其基本思想是产生一个序列 (P_S^+)，使 $d(P,\ P_S^+) / q_{S,\ d_r}(P) \xrightarrow{S \to \infty} 1$。求解该序列可得如下结论[106]。

对单维随机变量，可通过求解式 (2-7) 得到最优分位点 $z_s (s = 1, 2, \cdots, S)$：

$$\int_{-\infty}^{z_s} g^{\frac{1}{1+r}}(x) dx = \frac{2s-1}{2S} \int_{-\infty}^{\infty} g^{\frac{1}{1+r}}(x) dx \tag{2-7}$$

对应分位点 z_s 的概率 p_s，按式 (2-8) 计算（其中 $z_0 = -\infty$，$z_{S+1} = +\infty$）：

$$p_s := \int_{\frac{z_{s-1}+z_s}{2}}^{\frac{z_s+z_{s+1}}{2}} g(x) dx \tag{2-8}$$

通过求解式 (2-7) 和式 (2-8) 可获得 $X \sim P$ 的最优场景 $\tilde{X} \sim \tilde{P}$，称 $\tilde{X} \sim \tilde{P}$ 为 $X \sim P$ 的最优渐近场景。最优场景 $\tilde{X} \sim \tilde{P}$ 如表 2-2 所示。

表 2-2　最优场景

$\tilde{X}$	z_1	z_2	...	z_s	...	z_S
$\tilde{P}$	p_1	p_2	...	p_s	...	p_S

图 2-3 直观地显示各分位点 (场景) 对应的概率。如 $z_1 = -2$，其概率 p_1 为 P 的概率密度函数在区间 $[-2.5, -1.5]$ 的积分。由图 2-3 可知，$p_1 + p_2 + p_3 + p_4 + p_5 \neq 1$，其剩余量为 e_1 和 e_2 部分。因此，为使 $\sum_{s=1}^{S} p_s = 1$，本节对式 (2-8) 进行修正，得到式 (2-9)。

$$\begin{cases} p_s := \int_{\frac{z_{s-1}+z_s}{2}}^{\frac{z_s+z_{s+1}}{2}} g(x) dx, \, s = 2, \cdots, S-1 \\[2mm] p_0 := \int_{z_0}^{\frac{z_s+z_{s+1}}{2}} g(x) dx \\[2mm] p_S := \int_{\frac{z_{s-1}+z_s}{2}}^{z_{S+1}} g(x) dx \end{cases} \tag{2-9}$$

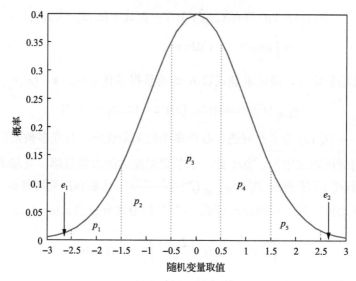

图 2-3　分位点(场景)对应的概率

4. 渐近最优场景的求解步骤

(1)设定参数初值：切入风速 v_{in} 、切出风速额定风速 v_{out} 、额定风速 v_n 、概率分布比例因子 c 、额定风功率 P_{Wn} 、概率分布形状因子 k 、场景数目 S 和 Wasserstein 距离函数的指数 r 。

(2)由式(2-7)可以计算得到 S 个最优分位点 z_s ， $s=1,2,\cdots,S$ 。

(3)由式(2-9)进一步计算对应 S 个最优分位点概率 p_s ， $s=1,2,\cdots,S$ 。

5. 风电功率的最优场景求解算例

为了使读者更易理解上述求解方法，下面举例进行说明。并通过与 Kantorovich 距离、Kolmogorov 距离和等距离取景三种方法相比，验证本节采用 Wasserstein 距离的性能。其中，等距离取景的场景取为 $z_s=(P_W / P_{Wn})*s$ ，对应的概率 p_s 按式(2-9)计算。风电机组参数如表 2-3 所示。

表 2-3　风电机组参数

c	v_{in}	v_{out}	v_n	k
15	5	45	15	2

假设在区间 $0<P_W<P_{Wn}$ （相当于上面的 $0<\omega<\omega_n$ ）上取场景数 $S=4$ ，加上 $P_W=0$ 和 $P_W=P_{Wn}$ 两个场景，共 6 个场景。通过求解可得如表 2-4 所示的结果。

表 2-4　生成场景的对比

Kantorovich 距离	z_s	0	0.0831	0.2745	0.5103	0.8138	1
	p_s	0.1053	0.0800	0.1129	0.1532	0.1808	0.3678
Wasserstein 距离	z_s	**0**	**0.0798**	**0.2657**	**0.4989**	**0.8073**	**1**
	p_s	**0.1053**	**0.0771**	**0.1103**	**0.1537**	**0.1859**	**0.3678**
Kolmogorov 距离	z_s	0	0.2	0.4	0.6	0.8	1
	p_s	0.1053	0.0997	0.1113	0.1139	0.1088	0.3678
等距离取景	z_s	0	0.2	0.4	0.6	0.8	1
	p_s	0.1053	0.1317	0.1317	0.1317	0.1317	0.3678

根据表 2-4 做出如图 2-4 所示的风功率的场景模拟对比图。从图 2-4 中可以看出，Kantorovich 距离和 Wasserstein 距离方法明显优于 Kolmogorov 距离和等距离取景方法。因为在原概率大的地方如在[0.6，0.8]区间附近，Kantorovich 距离和 Wasserstein 距离模拟的场景的概率也明显增大。且本节采用的 Wasserstein 距离方法优于 Kantorovich 距离方法，在图 2-4 中可以分辨出 Wasserstein 距离方法模拟的场景在原概率分布高的地方高于 Kantorovich 距离方法。如对应第 5 个场景，Wasserstein 距离为 (0.8073，0.1895) 而 Kantorovich 距离为 (0.8138，0.1808)。可见，Wasserstein 距离更能反映原概率分布，其在概率测度空间上与原概率分布距离更小。这对电力系统运行具有重要意义，因为只有精确地模拟风功率的分布、准确预测其可能发生的场景，方能控制和平抑风功率变化，实现大规模风电并网的安全稳定运行。

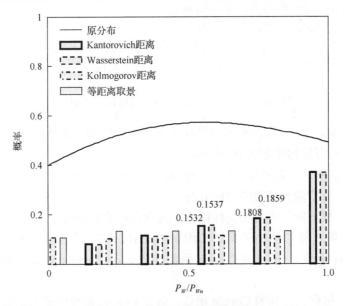

图 2-4　风功率的场景模拟对比图

2.2.2　基于 Copula 函数的风电功率场景生成方法

1. Copula 函数

Copula 函数具有宽泛的适用范围[107,108]，主要体现在：①若对变量进行严格单调增变化，由 Copula 函数导出的相关性测度的值不会改变；②利用 Copula 函数，可以描述随机变量间的非线性相关性，捕捉到变量之间非线性、非对称性以及尾部相关关系；③可以将随机变量的边缘分布函数和它们之间的相关结构分开研究。下面给出 Copula 的相关概念和定理。

Copula 函数是一种将多个随机变量联合分布函数与它们各自的边缘分布函数连接在一起的函数，可理解为连接函数[109]。多元 Copula 函数的定义如下所示。

定义 2-1　N 元 Copula 函数是指具有以下性质的函数 $C(u_1,u_2,\cdots,u_N)$。

定义 I^N 为 $[0,1]^N$；$C(u_1,u_2,\cdots,u_N)$ 有零基面 (grounded) 且是 N 维递增 (N-increasing) 的；$C(u_1,u_2,\cdots,u_N)$ 的边缘分布为 $C_n(u_n)$，$n=1,2,\cdots,N$，且满足

$$C_n(u_n) = C(1,\cdots,1,u_n,1,\cdots,1) = u_n \tag{2-10}$$

式中，$u_n \in [0,1], n=1,2,\cdots,N$。显然，若边缘分布函数 $F_1(x_1),F_2(x_2),\cdots,F_N(x_N)$ 均是连续的一元分布函数，令 $u_n = F_n(x_n)$，$n=1,2,\cdots,N$，则 $C(u_1,u_2,\cdots,u_N)$ 是一个服从边缘 $[0,1]$ 均匀分布的多元分布函数。

多元分布的 Sklar[110]定理如下所示。

定理 2-1　令 $F(x_1,x_2,\cdots,x_N)$ 为具有边缘分布 $F_1(x_1),F_2(x_2),\cdots,F_N(x_N)$ 的联合分布函数，则必定存在一个 Copula 函数 $C(F_1(x_1),F_2(x_2),\cdots,F_N(x_N))$，满足

$$F(x_1,x_2,\cdots,x_N) = C(F_1(x_1),F_2(x_2),\cdots,F_N(x_N)) \tag{2-11}$$

式中，$F(x_1,x_2,\cdots,x_N)$ 代表随机变量 $x_1,x_2,\cdots,x_N$ 的联合分布函数。

Copula 模型的构建方法如下所示。

结合上述相关定义定理，得到 Copula 函数的构建步骤如下所示。

步骤 1：确定随机变量的边缘分布。

步骤 2：根据随机变量相关性特点，选取合适的 Copula 函数，以便能较好地描述随机变量之间的相关关系。常用的 Copula 函数[111]主要有正态 Copula 函数、t-Copula 函数、Gumbel Copula 函数、Clayton Copula 函数和 Frank Copula 函数等。

步骤 3：根据已选择的 Copula 函数，估计 Copula 模型中的未知参数，本节采用极大似然方法对 Copula 模型进行参数估计。

2. 基于 Copula 函数的场景模拟

由定理 2-1 可知

$$F(x_1, x_2, \cdots, x_N) = C(F_1(x_1), F_2(x_2), \cdots, F_N(x_N)) \tag{2-12}$$

令 $u_i = F_i(x_i)$，式 (2-12) 变为 $C(F_1(x_1), F_2(x_2), \cdots, F_N(x_N)) = C(u_1, u_2, \cdots, u_N)$。

假设离散化 Copula 函数得到某一场景的分位点为 $(u_1^s, u_2^s, \cdots, u_N^s)$，由于 $u_i = F_i(x_i)$，则可通过边缘分布函数的逆运算 $x_i = F_i^{-1}(u_i)$ 得到对应于原联合分布函数场景 $(x_1^s, x_2^s, \cdots, x_N^s)$。

3. 基于 Copula 函数生成场景的步骤

基于 Copula 函数产生场景的基本思想：首先，产生随机变量的边缘分布函数，由此构建多元 Copula 函数；其次，离散化 Copula 函数，将所得到的 Copula 函数离散场景，通过边缘分布函数的逆运算，得到原联合分布函数场景。具体步骤如下所示。

(1) 产生满足 Copula 函数分布的 $N \times M$ 维数据样本，N 为样本总数，M 为随机变量维数。

(2) 确定场景数目 S，采用 k-均值聚类[112]方法将 $N \times M$ 维数据样本分为 S 类，将各类中心(该类中所有样本的均值) $\boldsymbol{u}^s = (u_1^s, u_2^s, \cdots, u_d^s)$ 作为场景的分位点；统计落在该类中的样本占样本总数的比例，将其作为各类的概率值 p_s ($s = 1, 2, \cdots, S$)，从而保证各类中心点的估计相对于整个样本空间是无偏的。

(3) 采用式 $x_i^s = F_i^{-1}(u_i^s)$ 将 $\boldsymbol{u}^s = (u_1^s, u_2^s, \cdots, u_d^s)$ ($s = 1, 2, \cdots, S$) 转换为原联合分布函数场景，即可获得所需场景的分位点，各分位点对应的概率为 p_s ($s = 1, 2, \cdots, S$)。

4. 基于 Copula 函数生成风电功率场景算例

以德克萨斯州相邻两个风电场出力(用 W1 和 W2 表示)为例进行研究，风电场的地理信息为表 2-5 的 WF1 和 WF2。

表 2-5　风电场的基本地理信息

风场	位置	海拔/m	风密度/(W/m²)	风速/(m/s)	容量/MW
WF1	(31.19N，102.24W)	850	401.3	7.6	30
WF2	(31.19N，102.21W)	874	419	7.8	31.3
WF3	(31.23N，102.21W)	949	427.8	8.1	33.6

采用表 2-5 所给的风电场数据，产生满足其 Copula 函数分布的 100000 个数

据样本，利用 k-均值聚类方法[112]生成如表 2-6 所示的 6 个场景。

表 2-6　生成的场景

对象	场景	场景 1	场景 2	场景 3	场景 4	场景 5	场景 6
Copula 函数	U	0.0863	0.2519	0.4294	0.5820	0.7473	0.9134
	V	0.0863	0.2542	0.4175	0.5833	0.7466	0.9134
	概率	0.1671	0.1660	0.1641	0.1680	0.1653	0.1695
风功率	W1	0	1.1717	3.7916	8.9799	15.7376	26.2518
	W2	0	1.5758	4.3962	9.1488	16.0232	26.6483
	概率	0.1671	0.1660	0.1641	0.1680	0.1653	0.1695

由表 2-6 看出，聚类产生的各个场景概率较为均匀(在 0.167 附近)，场景的发生概率之间不存在悬殊的差异。根据表 2-6 所得风功率场景信息，调度可提前制定出应对风电波动方案，从而保证电力系统的安全稳定运行。

2.2.3　基于双向优化的风电功率场景生成方法

1. 双向场景优化生成的基本思路

已知历史日风电功率序列为 $P_{W,i,t}$，其中 $i=1,2,\cdots,S_W$，$t=1,2,\cdots,T$，S_W 为风电功率序列的样本数(天数)，T 为时段数。生成反映日风电功率序列随机变化规律的双向优化示意图如图 2-5 所示。

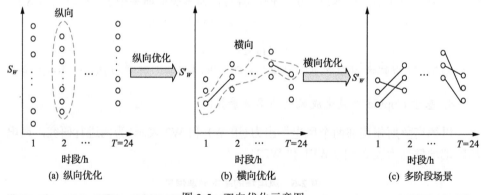

图 2-5　双向优化示意图

图 2-5 (a) 为历史日风电功率序列 $P_{W,i,t}$ 的散点示意图，横轴表示时段，每日为 24 个时段，纵轴表示风电功率数值。首先，基于历史的散点图，从纵轴方向对原始样本点(场景)进行消减优化，生成反映单时段统计规律的场景(称为代表场景)，结果如图 2-5 (b) 所示，图 2-5 (b) 显示每个时段均生成了 3 个代表场景。然后，从横轴方向进行优化，选择并连接每个时段的场景，形成从 $t=1$ 到 $t=T$ 的路径，即

可得到日风电功率序列场景，结果如图 2-5(c) 所示。

该场景的生成方法经过了纵向和横向两个方向的优化，因而称为双向优化技术。在纵轴优化方向，采用最优消减技术；在横轴优化方向，采用禁忌搜索优化算法。

2. 基于消减技术的纵向场景优化

记第 $t(t=1, 2, \cdots, T)$ 个时段的原始风电功率样本(场景) $P_{W,t}$ 为 (ζ_t^s, p_t^s)，其中 $s=1, 2, \cdots, S_t$，ζ_t^s 为风电功率的某一个场景，p_t^s 为对应这个场景的概率，S_t 为场景的总数目。本节将历史日中各时刻的风电功率作为原始样本，并认为原始样本的概率均等，即取 $p_t^s = 1/S_t$，S_t 则为历史样本中的总天数。

参照文献[35]，采用如下最优消减技术产生各时段最优代表场景 $Q_{W,t}(\tilde{\zeta}_t^i, p_t^i)$，其中 $i=1, 2, \cdots, \tilde{S}_t$，使 $Q_{W,t}$ 与 $P_{W,t}$ 的距离最小。该方法的基本思想：循环计算每个时段各场景之间的距离，并逐次删除与其他场景距离之和最小的场景，直到保留场景的总数达到预设值。代表场景的数目可通过综合实际问题的需要、计算量限制和计算精度等三方面因素进行设置。一般地，代表场景数越多，模拟的精度就越高，计算量则越大。可以通过反复的计算，选择一个符合要求的代表场景总数。

每个时段 t 的计算步骤如下所示。

初始化，设置 $Q_{W,t}$ 的场景数目为 $\tilde{S}_t$，被删除的场景集合初值为 $J_{W,t}=[\ ]$，保留场景集合初值为 $B_{W,t}=[1, 2, \cdots, S_t]$，$J_{W,t}$ 和 $B_{W,t}$ 中放置场景的序号。

步骤 1：计算 $P_{W,t}$ 中两两场景的距离，形成距离矩阵 $C_t=[c_t^{i,j}]_{S_t \times S_t}$，其中 $c_t^{i,j}=|\zeta_t^i - \zeta_t^j|$，$i=1, 2, \cdots, S_t$，$j=1, 2, \cdots, S_t$。

步骤 2：计算 $c_t^{l,l} = \min\limits_{j \neq l} c_t^{l,j}$ 和 $z_t^l = p_t^l c_t^{l,l}$，其中 $l=1, 2, \cdots, S_t$。

步骤 3：选择 $l^* = \min\limits_{l \in \{1,2,\cdots,S_t\}} z_t^l$。

步骤 4：更新删除场景集合 $J_{W,t} = J_{W,t} \bigcup [l^*]$，更新保留场景集合 $B_{W,t} = [B_{W,t}] \setminus [l^*]$。

步骤 5：判断 $B_{W,t}$ 中场景的数目是否等于 $\tilde{S}_t$，若是，退出程序，输出最优近似场景的序号 $B_{W,t}$，否则，继续以下步骤。

步骤 6：计算 $(c_t^{k,l})^* = \min\limits_{j \notin J_{W,t} \bigcup \{l\}} c_t^{k,j}$，$l \notin J_{W,t}$，$k \in J_{W,t} \bigcup \{l\}$，并定义 $z_t^l :=$

$$\sum_{k \in J_{W,t} \bigcup \{l\}} p_t^l (c_t^{k,l})^*, \quad l \notin J_{W,t}。$$

步骤 7：选择 $l^* = \min\limits_{l \notin J_{W,t}} z_t^l$，按步骤 4 进行更新。

重复步骤 4 和步骤 5，最终输出的集合 $B_{W,t}$ 为最优代表场景集合的序号。即第 t 时段的最优代表场景集合 $Q_{W,t} = P_{W,t}(B_{W,t})$。$Q_{W,t}$ 内场景 $\tilde{\zeta}_t^j$，$j \in B_{W,t}$ 的概率 q_t^j 定义为

$$q_t^j := p_t^j + \sum_{i \in J_{W,t}(j)} p_t^i \tag{2-13}$$

式中，$J_{W,t}(j) := \{i \in J_{W,t} : j = j(i)\}$；$j(i) = \min\limits_{j \in B_{W,t}} c(\zeta_t^i, \tilde{\zeta}_t^j), \forall i \in J_{W,t}$，且 $c(\zeta_t^i, \tilde{\zeta}_t^j) = |\zeta_t^i - \tilde{\zeta}_t^j|$。

式 (2-13) 可解释为将所删除场景的概率加上与之最接近的保留场景概率之和作为保留场景的概率 q_t^j。

3. 基于禁忌搜索算法的横向场景序列生成

根据上述步骤得到每个时段 t 的代表场景 $(\tilde{\zeta}_t^i, q_t^i)$ 后，从每个时段中各选择一个场景，连接在一起，可形成一个风电功率序列。然而，可选择的连接方式数量仍然非常巨大，假设每个时段生成 3 个代表场景，$T=24$，则可生成 $3^{24}=2.824 \times 10^{11}$ 个场景。因此，需要研究如何生成少量的序列代表场景，使其能较好地反映全部原始风电功率序列的变化规律。

下面采用禁忌搜索算法[113]生成风电功率序列场景。与 PSO 算法等元启发式算法相比，禁忌搜索算法能通过禁忌表，有效地跳出局部最优解，实现更大区域的搜索，从而获得更全面代表风电功率特性的场景。通过迭代搜索，去除相近的序列场景，保留差别较大的序列场景，从而使得生成的风电功率序列代表场景与风电功率序列的原始真实场景的距离尽可能的小。为了应用禁忌搜索方法，结合该问题，对如下参数进行设置。

(1) 初始解：根据各个时段场景 $(\tilde{\zeta}_t^i, q_t^i)$，随机产生 $\tilde{S} < (\tilde{S}_t)^T$（$(\tilde{S}_t)^T$ 表示 $\tilde{S}_t$ 的 T 次方）个长度为 T 的序列场景 $(\tilde{\zeta}_s = (\tilde{\zeta}_1^i, \tilde{\zeta}_2^j, \cdots, \tilde{\zeta}_T^k)_s, q_s)$，$i, j, k \in \{1, 2, \cdots, \tilde{S}_t\}$，$s = 1, 2, \cdots, \tilde{S}$ 组成初始解，初始解场景的概率 q_s 计算如下：

$$q_s' = q_1^i \times q_2^j \times \cdots \times q_T^k, \quad q_s = q_s' / \sum_{s=1}^{\tilde{S}} q_s' \tag{2-14}$$

从而保证初始解内的所有场景的概率满足 $\sum_{s=1}^{\tilde{S}} q_s = 1$。

(2) 适应度函数：选取当前最优解内各场景的距离之和作为适应度函数，即

$$f = \left(\sum_{i=1}^{\tilde{S}_Q} \tilde{q}_i \sum_{j=1}^{\tilde{S}_Q} C_T(\tilde{\zeta}_i, \tilde{\zeta}_j) \right) \Big/ (\tilde{S}_Q \times \tilde{S}_Q) \tag{2-15}$$

式中，$\tilde{S}_Q$ 为当前最优解的场景个数；$\tilde{q}_i$ 为场景 $\tilde{\zeta}_i$ 的概率；C_T 定义为

$$C_T(\tilde{\zeta}_i, \tilde{\zeta}_j) = \sum_{t=1}^{T} |\tilde{\zeta}_i - \tilde{\zeta}_j| \tag{2-16}$$

　　适应度函数是当前最优代表场景集合内两两场景距离加权之和的均值（$\tilde{S}_Q \times \tilde{S}_Q$ 为两两场景组合的总数），场景 $\tilde{\zeta}_i$ 的概率 $\tilde{q}_i$ 作为权值。搜索过程中，选取适应度函数大的场景集合作为最优解，目的是尽量保留差异大的场景，剔除相近的场景，从而使所得场景更全面地反映风电功率可能发生的情况。

　　(3) 邻域结构：当前最优解的邻域构造方法：①随机抽取所有场景的 $n(1 \leqslant n \leqslant T)$ 个时段，其中 n 为预设值；②随机改变此 n 个时段的取值作为邻域场景。改变 n 的取值可以得到不同的解邻域。

　　(4) 禁忌条件：将在当前迭代 k_{iter} 之前已出现过的所有解加入禁忌表，迭代过程中已出现过的场景将被禁忌。

　　(5) 终止准则：当相邻两次迭代的适应度函数之差 $|f_{k_{\text{iter}}+1} - f_{k_{\text{iter}}}| \leqslant \varepsilon$ 时，ε 为终止条件，一般取 $\varepsilon = 10^{-4}$，迭代终止。

　　禁忌搜索算法求解多个时段序列最优场景的步骤如下。

　　初始化：给定最优场景解 Q 的场景个数为 $\tilde{S}$，产生初始解 Q_0，置禁忌表为空，按式 (2-13) 计算 Q_0 的适应度函数 f_0，设置迭代次数 $k_{\text{iter}} = 0$，设置 ε 的初始值。

　　步骤 1：按上述邻域生成的方法，产生第 k_{iter} 次迭代解的 N 个邻域解，N 可依据具体问题进行选择，本节选取 $N = [T^2]$，[] 表示取整。按照式 (2-14) 计算邻域中各场景的概率，邻域解中所有场景均不满足禁忌条件。

　　步骤 2：计算第 k_{iter} 次迭代的当前解和其邻域解的适应度函数。

　　步骤 3：取 $f_{k_{\text{iter}}}^{\text{opt}} = \max\{f_{\text{当前解}}, f_{\text{所有邻域解}}\}$ 作为第 k_{iter} 次迭代最优解的适应度函数，其对应的最优解记为 $Q_{k_{\text{iter}}}^{\text{opt}}$。

　　步骤 4：计算 $|f_{k_{\text{iter}}-1}^{\text{opt}} - f_{k_{\text{iter}}}^{\text{opt}}|$，判断算法终止条件是否满足，若满足终止条件，则停止算法并输出优化结果 $Q^{\text{opt}} = Q_{k_{\text{iter}}}^{\text{opt}}$；否则，$k_{\text{iter}} = k_{\text{iter}} + 1$，除最优解外，将当前解和邻域解的所有场景加入禁忌表中，转步骤 1。

　　可见，算法通过对邻域进行迭代搜索，不断选择集合内各场景的区别较大的邻域解作为最优解，直到满足终止条件。搜索过程等效于去除相近的场景，而保留差别较大的场景，从而使得到的风电功率序列场景尽可能全面地表征出实际风

电功率序列的随机规律。

4. 基于双向优化生成风电功率场景算例

1) 单时段风电功率场景生成算例

风电功率历史样本(场景)来源于爱尔兰国家电网公司 2010 年 10 月 1 日～2011 年 9 月 30 日的风电出力预测值和实际值[114]，采样间隔为 1h，以 1 天的 24 个采样点作为一个风电功率序列，共得到 365 个风电功率序列和风电功率预测误差序列。基于这些序列，采用双向优化方法生成反映风电随机规律的场景，并对所得场景的有效性进行检验。

历史的 365 个样本(场景)，最终被消减为 5 个场景。图 2-6、图 2-7 分别为消减后所得到的单个时段风电功率预测误差的场景和对应场景概率的示意图。图 2-6 中每个矩形条的长度代表相应场景的取值，各场景的概率对应于图 2-7 矩形条的长度。由图 2-6、图 2-7 可知，5 个场景的概率之和等于 1。

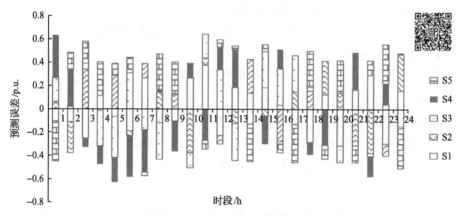

图 2-6　各时段约简场景(彩图扫二维码)

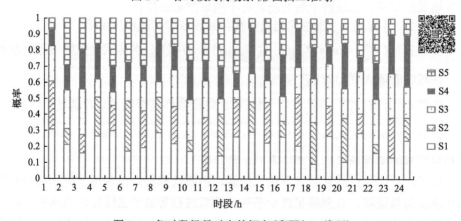

图 2-7　各时段场景对应的概率(彩图扫二维码)

一般采用均值(mean)、方差(variance)、偏态(skewness)和峰度(kurtosis)四个指标衡量随机变量的数字统计特征，指标的定义和含义可参考文献[18]。图 2-8 为 24 个时段的近似场景(5 个)与原场景(365 个)的 4 个数字特征指标的百分比堆积柱形图。图 2-8 中，实心柱和空心柱分别代表原场景和约简场景所占的比例，中间曲线的波动代表了两者的差异程度，波动越大，差异越大，若波动为零(水平线)，则表示两者所占的比例相等。从图 2-8 中可以看出，各个时段的近似场景与原场景的数字特征差异并不大，特别是方差接近相等，一定程度说明所生成的近似场景能较好地反映原场景的统计特征。

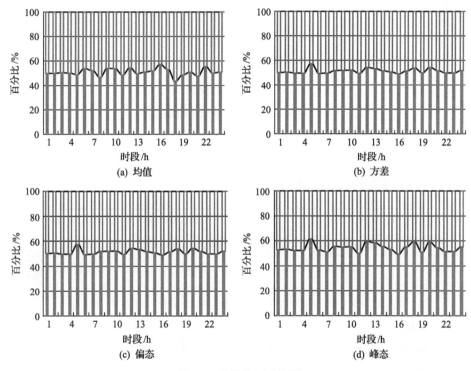

图 2-8　统计特征对比图

2) 日风电功率序列场景的生成算例

基于每个时段产生的 5 个场景，采用禁忌搜索算法分别产生总数为 50、100 和 500 的风电功率序列代表场景集合，即分别产生 50、100 和 500 个场景表征风电功率序列的随机规律。

图 2-9 给出了适应度函数变化曲线。从适应度函数的定义(式(2-15))可以知道：场景数目越多，场景间的距离越小，其适应度函数则越小。为了能在同一张图上显示，场景数目为 100 和 500 的适应度函数分别被放大了 2 倍和 10 倍。从图 2-9 中可见，迭代的目标是寻找使适应度函数增大的场景集合，适应度函数最

终趋于稳定。图 2-10 为生成的总数为 100 的预测误差序列场景,图 2-11 为相对应的概率。

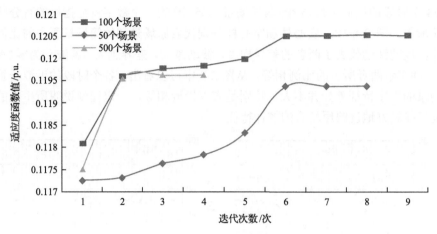

图 2-9　适应度函数变化曲线

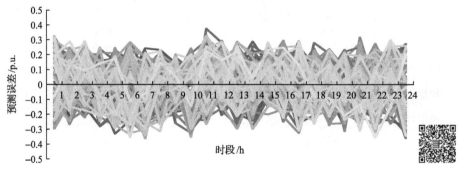

图 2-10　风电功率预测误差序列场景(100 个场景)(彩图扫二维码)

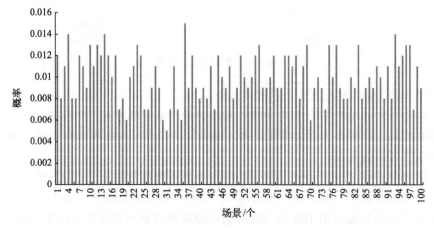

图 2-11　风电功率预测误差序列场景概率(100 个场景)

通过风电功率与误差序列的转化，将所生成的预测误差场景和爱尔兰风电场 2011 年 10 月 3 日的风电功率预测值转换得到 2011 年 10 月 3 日可能发生的风电功率序列场景，如图 2-12 所示。

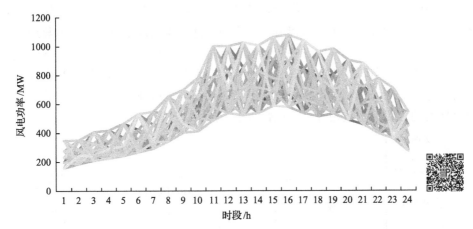

图 2-12　风电功率序列场景(2011 年 10 月 3 日，100 个场景)(彩图扫二维码)

下面进一步对本节所提方法进行验证。

(1)验证方法。参照文献[115]，从稳定性和准确性两个方面验证所得日风电功率序列场景的有效性。具体验证方法如下：①生成 L 个风电功率序列场景的集合 $\tilde{\zeta}_l = \{\tilde{\zeta}_{l,t,s}\}_{t=1,2,\cdots,T;s=1,2,\cdots,S_l}$，$l=1,2,\cdots,L$，$S_l$ 为场景集合 $\tilde{\zeta}_l$ 中场景的数目；②选择一个优化问题进行验证，将所产生的 L 个场景集合代入该问题中，计算得到 L 个目标函数；③按式(2-17)计算各个目标函数之间的差别 e_s，e_s 能够反映场景生成方法的稳定程度：e_s 越小，说明场景生成方法稳定性越高，反之亦然；④按式(2-18)计算场景集合 $\tilde{\zeta}_l$ 与真实场景 $\tilde{\zeta}^*$ 目标函数的差别 e_a，e_a 能够反映场景生成方法的准确程度：e_a 越小，说明场景生成方法准确程度越高，反之亦然。

$$e_s = \min_x F(x_m^*; \tilde{\zeta}_m) - \min_x F(x_l^*; \tilde{\zeta}_l), \quad m,l \in 1,2,\cdots,L \tag{2-17}$$

$$e_a = \min_x F(x_l^*; \tilde{\zeta}_l) - \min_x F(x^*; \tilde{\zeta}^*) \tag{2-18}$$

式中，F 为验证问题的目标函数；x_m^* 和 x_l^* 分别为采用场景集合 $\tilde{\zeta}_m$ 和 $\tilde{\zeta}_l$ 表征随机变量的分布时，问题的最优解；$\tilde{\zeta}^*$ 为参考场景集合，即认为其反映随机变量的真实分布；x^* 则对应于当采用场景 $\tilde{\zeta}^*$ 表征随机变量分布时，问题的最优解。

(2)验证结果。以所生成的爱尔兰风电场 2011 年 10 月 3 日的风电功率序列场景作为验证数据，采用文献[17]的最优潮流模型和 IEEE-30 节点系统数据作为验证的优化问题。按式(2-17)和式(2-18)的定义，计算不同场景集合下，24 个时段的目标函数均值的差异，对所提算法的稳定性和准确性进行验证。

①稳定性验证结果。采用双向优化方法和蒙特卡罗随机抽样方法分别产生 20($L=20$)个数目为 50、100 和 500 的场景集合，计算得到目标函数均值对比如图 2-13 所示。从图 2-13 中可以看出，本节方法产生的场景集合目标函数均值的变化范围均小于随机抽样的方法；场景数目越多，其稳定性越好，即目标函数所落的范围缩小，当场景数目等于 500 时，目标函数所落的范围最小。从图 2-13 中也可以看出，当场景个数为 500 时，其稳定性还不是最理想的，最理想的情况应该是所有的点目标函数相等，即重叠为 1 个点。

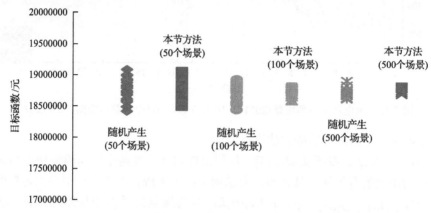

图 2-13　稳定性验证结果

②准确性测试结果。为了进行准确性验证，生成 10000 个场景序列作为风电功率序列的真实分布，其对应目标函数均值为 18975243 元。计算场景数目为 50 个、100 个和 500 个时的目标函数与真实目标函数的偏差，结果如表 2-7 所示。表 2-7 对比了所提场景生成方法与随机生成场景方法的正确性测试结果。与真值相比，随着场景数目增加，双向优化方法引入的误差递减。而随机生成方法的偏差忽大忽小，说明其稳定性不如本节方法。

表 2-7　准确性测试结果

场景数目/个	目标函数均值/元		偏差/%	
	本节方法	随机抽样	本节方法	随机抽样
50	18775101	18751759	1.054	1.178
100	18780621	18719538	1.025	1.347
500	18793920	18727330	0.964	1.324
365	18770463		1.079	
10000(真值)	18975243		0	

　　此外,表 2-7 给出了历史风电功率序列(365 个)的目标函数值作为对比,其与真值的误差(1.079%)大于采用 50 个场景时产生的误差(1.054%),说明历史风电功率序列并不能完全反映风电功率序列的随机变化规律,且其精度不及采用双向优化方法产生的数目仅为 50 个的场景。

2.2.4　基于矩匹配的风电功率场景生成方法

　　矩匹配法生成场景的主要思想是生成与原始数据的指定矩(通常为前四阶矩:期望、标准差、偏度和峰度)和相关矩阵相近似的少量场景。矩匹配方法比较简单,容易实现,能得到反映多元随机变量统计特性的少数场景。

　　矩匹配方法是场景生成的一种常用方法。通常,选取的矩的阶数越高,计算越精确,但同时计算量也越大。研究表明,选取前四阶矩得到的计算精度已经能够满足要求,且计算量相对较少。因此,本节采用前四阶矩(期望、标准差、偏度、峰度)和相关矩阵[27]作为匹配项。以 3 个变量为例,矩匹配方法基本思想示意图如图 2-14 所示。

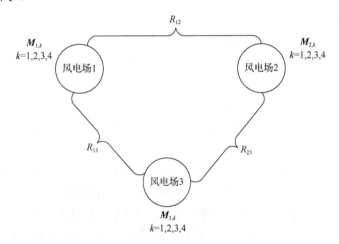

图 2-14　矩匹配方法基本思想示意图

　　图 2-14 中,$M_{1,k}$、$M_{2,k}$ 和 $M_{3,k}$ 分别表示 3 个风电场原始风电功率序列的 k 阶矩,$k=1,2,3,4$；R_{12}、R_{23} 和 R_{13} 表示 3 个风电场之间的相关系数,采用的矩匹配方法的目的是生成代表 3 个风电场功率序列的少量场景,这些场景既能满足 $M_{1,k}$、$M_{2,k}$ 和 $M_{3,k}$,又能满足风电场之间的相关系数 R_{12}、R_{23} 和 R_{13}。

　　矩匹配方法中的相关矩阵 R,需要满足两个条件。第一个条件是,R 应为对角线元素均为 1 的对称半正定矩阵。判断 R 是否满足该条件,只需要在计算前对矩阵 R 进行 Cholesky 分解即可,如不能进行 Cholesky 分解,说明 R 不是半正定矩阵。若 R 不是半正定矩阵，则需要检查数据重新分析。或者，可以采用文献[116]和文献[117]中所提方法，找到一个在某种程度上满足要求的相关矩阵 R。

2.3　机会约束分析方法

采用机会约束对随机变量进行建模，是目前广泛应用的一种方法[80]，其主要是将风电等随机变量以概率函数的形式在模型中体现，基本思想是采用"该约束可以被满足的概率大于给定阈值"的概率函数形式表示含有风电出力的约束。模型的一般数学表达式为

$$\begin{cases} \min f(x) \\ \text{s.t.} \quad \Pr\{g(x,\xi) \leqslant 0\} \geqslant \alpha \end{cases} \tag{2-19}$$

式中，$f(x)$ 为目标函数；x 为决策变量；ξ 为参数向量；$g(x,\xi) \leqslant 0$ 为含有随机变量的函数；α 为置信度水平；$\Pr\{\} \geqslant \alpha$ 表示事件成立的概率。机会约束模型可以较为准确地反映风电功率的随机特性，降低风电功率的随机性给系统造成的不良影响，然而，概率函数的解算是难点。在现有研究中，决策者通常将风电功率近似为某一概率分布来考虑。由于近似的概率分布与实际的概率分布存在较大的偏差，对实际中的调度往往帮助不大。

将机会约束转换为确定性约束是求解含机会约束这一类不确定性规划问题的难点和重点。电力系统通常采用两种方法处理机会约束。

(1)模拟-近似机会约束函数[118-120]。第一类模拟-近似法是利用蒙特卡罗方法/时间序列法对随机变量根据其概率分布进行抽样，模拟概率函数的输入与输出数据，并以此为样本近似概率约束函数；第二类模拟-近似法基于历史样本或蒙特卡罗方法/时间序列法生成大量样本，然后利用消减技术，生成少量样本或极限样本，并利用所得场景作为模型中的随机变量的取值，实现随机模型到确定性模型的转换。如何生成能反映随机变量概率分布的少量样本是此类方法的难点和关键。模拟-近似法一般与智能算法(神经网络、遗传算法)结合使用，这种方法简单易于实现，被广为使用。但其计算量大，拟合精度不高，所得确定性函数与原机会约束函数存在转换误差。

较为常用的模拟-近似方法为抽样平均逼近(sample average approximation，SAA)，其基本思想是在经验分布条件下，使用蒙特卡罗模拟技术得到随机变量的近似概率分布，进而求解目标函数[121]。文献[121]通过 SAA 算法解决了含风电场的机组组合问题，但此方法仅解决了非联合机会约束问题，而且通过多次

实验表明所得到的机会约束的近似确定约束并不相同，这也导致了目标函数的求解存在误差。

文献[122]中提出了一种解决联合机会约束的 SAA 模型，其主要思想是将具有 $g_i(x_i,\xi_i) \leqslant 0(\,i=1,2,\cdots,N)$ 联合机会约束 $\Pr\{g_1(x_1,\xi_1) \leqslant 0,\cdots,g_N(x_N,\xi_N) \leqslant 0\} \geqslant \alpha$ 等价变换为 $\Pr\{\max[g_1(x_1,\xi_1),\cdots,g_N(x_N,\xi_N)] \leqslant 0\} \geqslant \alpha$。然而当抽样数量增多时，该模型的求解速度并不高效，反之，抽样数量减少将会增加目标结果的不确定性。

(2) 解析法[123]将机会约束转化为确定性等价保留来求解。早期利用解析法求解概率备用约束是基于负荷预测误差服从正态分布的情况。当风电引入后，预测误差不一定服从正态分布[124]，且对含不止一个随机变量(风功率预测误差、负荷预测误差)的机会约束，往往认为难以处理而放弃使用解析法。

本书第 4 章介绍一种高效精确的 p-有效点方法，该方法以解析的方式解决了考虑风电随机特性的机会约束机组组合问题。该解析方法避免了对随机变量概率分布函数的假设，基于随机变量的全体历史样本方便快速地得到了将机会约束转换为确定性约束的关键点。为了求解联合机会约束，文献[125]将 p-有效点理论进行了扩展，实现了对含多随机变量的联合机会约束的求解，实验表明，该方法相比 SAA 方法能够更容易地解决联合机会约束。

2.4　鲁棒优化分析方法

自 1973 年 Soyster 提出了线性鲁棒优化方法以来[126]，经过 40 多年的发展，鲁棒优化理论成了继随机优化理论、模糊优化理论后又一解决含不确定参数优化问题的较为成熟的理论。而线性鲁棒优化理论是鲁棒优化理论中发展最为成熟的，本节主要介绍一些与本节相关的线性鲁棒优化理论。包括不确定参数对称的线性鲁棒优化模型、不确定参数不对称的线性鲁棒优化模型和基于区间分段的鲁棒优化模型。

2.4.1　不确定参数对称的线性鲁棒优化模型

电力系统优化调度运行中，有一类模型常常可表达为如式(2-20)所示：

$$\begin{cases} \min \boldsymbol{c}^{\mathrm{T}}\boldsymbol{x} \\ \text{s.t.} \quad \boldsymbol{A}\boldsymbol{x} \leqslant \boldsymbol{b} \\ \qquad \boldsymbol{l} \leqslant \boldsymbol{x} \leqslant \boldsymbol{u} \end{cases} \tag{2-20}$$

现假设式(2-20)中 A 含有波动范围对称的不确定参数 $a_{ij} \in [\overline{a}_{ij} - \hat{a}_{ij}, \overline{a}_{ij} + \hat{a}_{ij}]$，其中 $\overline{a}_{ij}$ 为不确定参数 a_{ij} 的正常值，$\hat{a}_{ij}$ 为不确定参数 a_{ij} 的波动范围；J_i 表示 A 中第 i 行不确定参数的指标集，$|J_i|$ 为集合 J_i 中元素的个数，即 A 中第 i 行不确定参数的个数。对于所有的不确定参数 a_{ij} 无论其在给定范围内取何值，解都满足约束条件，则称该解为鲁棒可行解；若该可行解还是使得目标函数为最小的解，则称该解为鲁棒最优解。由于对于任意的 x，总有

$$\sum_j a_{ij} x_j \leqslant \sum_j \overline{a}_{ij} x_j + \sum_{j \in J_i} \hat{a}_{ij} |x_j| \tag{2-21}$$

则式(2-20)的鲁棒优化对等模型可写为

$$\begin{cases} \min \boldsymbol{c}^{\mathrm{T}} \boldsymbol{x} \\ \text{s.t.} \quad \sum_j \overline{a}_{ij} x_j + \sum_{j \in J_i} \hat{a}_{ij} |x_j| \leqslant b_i, \quad \forall i \\ \boldsymbol{l} \leqslant \boldsymbol{x} \leqslant \boldsymbol{u} \end{cases} \tag{2-22}$$

式(2-22)又可等价为线性模型，如式(2-23)所示：

$$\begin{cases} \min \boldsymbol{c}^{\mathrm{T}} \boldsymbol{x} \\ \text{s.t.} \quad \sum_j \overline{a}_{ij} x_j + \sum_{j \in J_i} \hat{a}_{ij} y_j \leqslant b_i, \quad \forall i \\ \quad -y_j \leqslant x_j \leqslant y_j, \qquad \forall j \\ \quad y_j \geqslant 0, \qquad\qquad\quad \forall j \\ \quad \boldsymbol{l} \leqslant \boldsymbol{x} \leqslant \boldsymbol{u} \end{cases} \tag{2-23}$$

此模型即 Soyster 线性鲁棒优化模型[126]，该模型考虑不确定参数的所有取值，因此结果最为鲁棒，也最为保守。

为了调节上述解的鲁棒性，Bertsimas 和 Sim 在文献[127]引入参数 Γ_i，Γ_i 的取值范围为 $[0, |J_i|]$，其表示 A 中第 i 行 $|J_i|$ 个不确定参数中有 $\lfloor \Gamma_i \rfloor$ 个可以在其给定区间范围内任意取值（$\lfloor \Gamma_i \rfloor$ 为 Γ_i 的整数部分），在剩余的 $|J_i| - \lfloor \Gamma_i \rfloor$ 个不确定参数中有 1 个不确定参数 a_{it_i} 的取值范围为 $[\overline{a}_{it_i} - (\Gamma_i - \lfloor \Gamma_i \rfloor) \hat{a}_{it_i}, \ \overline{a}_{it_i} + (\Gamma_i - \lfloor \Gamma_i \rfloor) \hat{a}_{it_i}]$，其余不确定参数则都取其正常值。在此设定条件下，式(2-20)问题可以转化为求解如式(2-24)所示的优化问题：

$$\min \ \boldsymbol{c}^{\mathrm{T}}\boldsymbol{x}$$

$$\text{s.t.} \quad \sum_j \overline{a}_{ij}x_j + \max_{\{S_i\cup\{t_i\}|S_i\subseteq J_i,|S_i|=\lfloor \Gamma_i \rfloor,t_i\in J_i\setminus S_i\}} \left\{ \sum_{j\in S_i} \hat{a}_{ij}\,|\,x_j\,| + (\Gamma_i - \lfloor \Gamma_i \rfloor)\hat{a}_{it_i}\,|\,x_{t_i}\,| \right\} \leqslant b_i, \ \forall i$$

$$\boldsymbol{l} \leqslant \boldsymbol{x} \leqslant \boldsymbol{u}$$

$$(2\text{-}24)$$

记 $\beta_i(\boldsymbol{x},\Gamma_i) = \max\limits_{\{S_i\cup\{t_i\}|S_i\subseteq J_i,|S_i|=\lfloor \Gamma_i \rfloor,t_i\in J_i\setminus S_i\}} \left\{ \sum\limits_{j\in S_i} \hat{a}_{ij}\,|\,x_j\,| + (\Gamma_i - \lfloor \Gamma_i \rfloor)\hat{a}_{it_i}\,|\,x_{t_i}\,| \right\}$，则对

于给定的解 $\boldsymbol{x}^*$，$\beta_i(\boldsymbol{x}^*,\Gamma_i)$ 等于求解如式 (2-25) 所示的优化问题的目标函数值:

$$\begin{cases} \max \ \sum\limits_{j\in J_i} \hat{a}_{ij}\,|\,x_j^*\,|\,z_{ij} \\ \text{s.t.} \quad \sum\limits_{j\in J_i} z_{ij} \leqslant \Gamma_i \\ \quad\quad 0 \leqslant z_{ij} \leqslant 1, \quad \forall j\in J_i \end{cases} \quad (2\text{-}25)$$

考虑式 (2-25) 的对偶问题如式 (2-26) 所示:

$$\begin{cases} \min \ \sum\limits_{j\in J_i} p_{ij} + \Gamma_i z_i \\ \text{s.t.} \quad z_i + p_{ij} \geqslant \hat{a}_{ij}\,|\,x_j^*\,|, \quad \forall j\in J_i \\ \quad\quad p_{ij} \geqslant 0, \quad \forall j\in J_i \\ \quad\quad z_i \geqslant 0 \end{cases} \quad (2\text{-}26)$$

根据对偶理论,对于给定的 $\Gamma_i \in [0,|\,J_i\,|]$,优化问题式 (2-25) 的解可行而且有界,则式 (2-26) 的解也是可行而且有界的,且两者的目标函数值相同,即 $\beta_i(\boldsymbol{x}^*,\Gamma_i)$ 也等于式 (2-26) 优化问题的目标函数值。因此,将式 (2-26) 代入式 (2-24),可得

$$\begin{cases} \min \ \boldsymbol{c}^{\mathrm{T}}\boldsymbol{x} \\ \text{s.t.} \quad \sum\limits_j \overline{a}_{ij}x_j + \sum\limits_{j\in J_i} p_{ij} + \Gamma_i z_i \leqslant b_i, \ \forall i \\ \quad\quad z_i + p_{ij} \geqslant \hat{a}_{ij}\,|\,x_j\,|, \quad \forall j\in J_i, \forall i \\ \quad\quad p_{ij} \geqslant 0, \quad \forall j\in J_i, \forall i \\ \quad\quad z_i \geqslant 0, \quad \forall i \\ \quad\quad \boldsymbol{l} \leqslant \boldsymbol{x} \leqslant \boldsymbol{u} \end{cases} \quad (2\text{-}27)$$

式 (2-27) 等价于线性优化模型,如式 (2-28) 所示:

$$\begin{cases} \min \ \boldsymbol{c}^{\mathrm{T}}\boldsymbol{x} \\ \text{s.t.} \quad \displaystyle\sum_j \overline{a}_{ij}x_j + \sum_{j\in J_i} p_{ij} + \varGamma_i z_i \leqslant b_i, \ \ \forall i \\ \quad\quad z_i + p_{ij} \geqslant \hat{a}_{ij}y_j, \quad \forall j \in J_i, \ \forall i \\ \quad\quad p_{ij} \geqslant 0, \quad \forall j \in J_i, \ \forall i \\ \quad\quad z_i \geqslant 0, \quad \forall i \\ \quad\quad -y_j \leqslant x_j \leqslant y_j, \quad \forall j \\ \quad\quad y_j \geqslant 0, \quad \forall j \\ \quad\quad \boldsymbol{l} \leqslant \boldsymbol{x} \leqslant \boldsymbol{u} \end{cases} \tag{2-28}$$

式(2-28)为引入参数 $\varGamma_i$ 后的式(2-20)的鲁棒对等模型，由于此模型是 Bertsimas 和 Sim 提出的，此处称其为 Bertsimas-Sim 线性鲁棒优化模型。在 Bertsimas-Sim 线性鲁棒优化模型中：

(1)若 $\varGamma_i = 0$，从式(2-25)可以看出 $\beta_i(\boldsymbol{x},\varGamma_i) = 0$，式(2-24)则可化为

$$\begin{cases} \min \ \boldsymbol{c}^{\mathrm{T}}\boldsymbol{x} \\ \text{s.t.} \quad \displaystyle\sum_j \overline{a}_{ij}x_j \leqslant b_i, \ \forall i \\ \quad\quad \boldsymbol{l} \leqslant \boldsymbol{x} \leqslant \boldsymbol{u} \end{cases} \tag{2-29}$$

此即考虑不确定参数取正常值时的一般确定型线性规划问题。

(2)若 $\varGamma_i = |J_i|$，从式(2-25)同样可以看出，$\beta_i(\boldsymbol{x},\varGamma_i) = \displaystyle\sum_{j\in J_i} \hat{a}_{ij}|x_j|$，则式(2-24)化为

$$\begin{cases} \min \ \boldsymbol{c}^{\mathrm{T}}\boldsymbol{x} \\ \text{s.t.} \quad \displaystyle\sum_j \overline{a}_{ij}x_j + \sum_{j\in J_i} \hat{a}_{ij}|x_j| \leqslant b_i, \ \forall i \\ \quad\quad \boldsymbol{l} \leqslant \boldsymbol{x} \leqslant \boldsymbol{u} \end{cases} \tag{2-30}$$

此与 Soyster 线性鲁棒优化模型相同，考虑了不确定参数所有的取值范围，为最鲁棒的情况，因此可以说 Soyster 线性鲁棒优化模型是 Bertsimas-Sim 线性鲁棒优化模型中的一种特例。

2.4.2　不确定参数不对称的线性鲁棒优化模型

假设式(2-20)中 $\boldsymbol{A}$ 的不确定参数 $a_{ij} \in [a_{ij}^L, a_{ij}^U]$，$\overline{a}_{ij}$ 为不确定参数 a_{ij} 的正常值，记 $\eta_{ij}^B = \overline{a}_{ij} - a_{ij}^L$，$\eta_{ij}^F = a_{ij}^U - \overline{a}_{ij}$，同样引入参数 $\varGamma_i$，式(2-20)问题则可以转化为求

解如式(2-31)所示的优化问题：

$$
\begin{cases}
\min\ c^{\mathrm{T}}x \\
\text{s.t.}\quad \displaystyle\sum_j \bar{a}_{ij}x_j + \max_{\{S_i\cup\{t_i\}|S_i\subseteq J_i,|S_i|=\lfloor \Gamma_i \rfloor, t_i\in J_i\setminus S_i\}}\left\{\sum_{j\in S_i}\max\{\eta^F_{ij}x_j,-\eta^B_{ij}x_j\}\right. \\
\qquad\qquad \left. +(\Gamma_i-\lfloor \Gamma_i \rfloor)\max\{\eta^F_{it_i}x_{t_i},-\eta^B_{it_i}x_{t_i}\}\right\}\leqslant b_i,\ \forall i \\
\qquad l\leqslant x\leqslant u
\end{cases}
\tag{2-31}
$$

记 $\beta_i(x,\Gamma_i)=\displaystyle\max_{\{S_i\cup\{t_i\}|S_i\subseteq J_i,|S_i|=\lfloor \Gamma_i \rfloor, t_i\in J_i\setminus S_i\}}\left\{\sum_{j\in S_i}\max\{\eta^F_{ij}x_j,-\eta^B_{ij}x_j\}+(\Gamma_i-\lfloor \Gamma_i \rfloor)\max\{\eta^F_{it_i}x_{t_i},-\eta^B_{it_i}x_{t_i}\}\right\}$，

则对于给定的 x^*，$\beta_i(x^*,\Gamma_i)$ 等于求解如式(2-32)所示的优化问题的目标函数值：

$$
\begin{cases}
\max\ \displaystyle\sum_{j\in J_i}\max\{\eta^F_{ij}x_j,-\eta^B_{ij}x_j\}z_{ij} \\
\text{s.t.}\quad \displaystyle\sum_{j\in J_i}z_{ij}\leqslant \Gamma_i \\
\qquad 0\leqslant z_{ij}\leqslant 1,\quad \forall j\in J_i
\end{cases}
\tag{2-32}
$$

式(2-32)的对偶问题为

$$
\begin{cases}
\min\ \displaystyle\sum_{j\in J_i}p_{ij}+\Gamma_i z_i \\
\text{s.t.}\quad z_i+p_{ij}\geqslant \eta^F_{ij}x_j,\quad \forall j\in J_i \\
\qquad z_i+p_{ij}\geqslant -\eta^B_{ij}x_j,\quad \forall j\in J_i \\
\qquad p_{ij}\geqslant 0,\quad \forall j\in J_i \\
\qquad z_i\geqslant 0
\end{cases}
\tag{2-33}
$$

将式(2-33)代入式(2-31)可得

$$
\begin{cases}
\min\ c^{\mathrm{T}}x \\
\text{s.t.}\quad \displaystyle\sum_j \bar{a}_{ij}x_j+\sum_{j\in J_i}p_{ij}+\Gamma_i z_i\leqslant b_i,\ \forall i \\
\qquad z_i+p_{ij}\geqslant \eta^F_{ij}x_j,\quad \forall j\in J_i,\forall i \\
\qquad z_i+p_{ij}\geqslant -\eta^B_{ij}x_j,\quad \forall j\in J_i,\forall i \\
\qquad p_{ij}\geqslant 0,\quad \forall j\in J_i,\forall i \\
\qquad z_i\geqslant 0,\quad \forall i \\
\qquad l\leqslant x\leqslant u
\end{cases}
\tag{2-34}
$$

此模型即含不对称的不确定参数线性优化问题的鲁棒对等模型，是 Kang[128] 在 2008 年提出的，此处简称其为 SCK 线性鲁棒优化模型。可以看出 SCK 线性鲁棒优化模型是 Bertsimas-Sim 线性鲁棒优化模型的一种延伸，其能处理问题的范围相对也更为广泛。另外，Kang 在文献[128]中，用集合的方式来描述不确定参数的取值范围，其定义 A 中第 i 行不确定参数集合如式(2-35)所示：

$$\Re_i(\Gamma_i) \triangleq \left\{ a_i \left| \begin{array}{l} a_{ij} \in \left[\bar{a}_{ij} - \beta_{ij}\eta^B_{ij}, \ \bar{a}_{ij} + \beta_{ij}\eta^F_{ij} \right], \\ 0 \leqslant \beta_{ij} \leqslant 1, \sum_{j \in J_i} \beta_{ij} \leqslant \Gamma_i \end{array} \right. \right\} \tag{2-35}$$

则式(2-20)等价转化为求解式(2-36)：

$$\begin{cases} \min \ c^{\mathrm{T}}x \\ \text{s.t.} \quad \max\limits_{a_i \in \Re_i(\Gamma_i)} \{a_i^{\mathrm{T}}x\} \leqslant b_i, \quad \forall i \\ l \leqslant x \leqslant u \end{cases} \tag{2-36}$$

可以证明式(2-36)的鲁棒优化对等模型仍然为式(2-34)。

在 SCK 模型中，

(1)若 $\Gamma_i = 0$，则式(2-34)退化为式(2-29)，为一般确定型线性规划模型。

(2)若 $\Gamma_i = |J_i|$，则式(2-34)化为式(2-37)。

$$\begin{cases} \min \ c^{\mathrm{T}}x \\ \text{s.t.} \quad \sum\limits_j \bar{a}_{ij}x_j + \sum\limits_{j \in J_i} y_{ij} \leqslant b_i, \ \forall i \\ y_{ij} \geqslant \eta^F_{ij}x_j, \quad \forall j \in J_i, \forall i \\ y_{ij} \geqslant -\eta^B_{ij}x_j, \quad \forall j \in J_i, \forall i \\ y_{ij} \geqslant 0, \quad \forall j \in J_i, \forall i \\ l \leqslant x \leqslant u \end{cases} \tag{2-37}$$

2.4.3　基于区间分段的鲁棒优化模型

区间分段鲁棒优化模型的思想是将不确定参数变化区间分为若干个小区间，并根据不确定参数偏差落在该区间的可能性进行建模。区间分段示意图如图 2-15 所示。

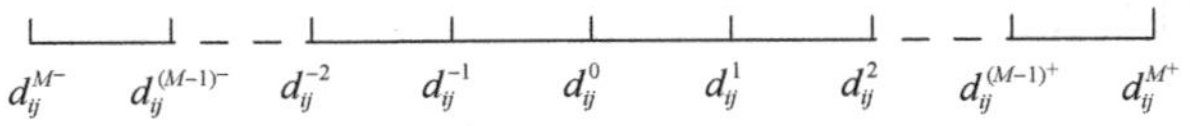

$$d_{ij}^{M^-} \quad d_{ij}^{(M-1)^-} \quad d_{ij}^{-2} \quad d_{ij}^{-1} \quad d_{ij}^{0} \quad d_{ij}^{1} \quad d_{ij}^{2} \quad d_{ij}^{(M-1)^+} \quad d_{ij}^{M^+}$$

图 2-15　区间分段示意图

将偏差区间 $[d_{ij}^{M^-}, d_{ij}^{M^+}]$ 分成 $2M+1$ 段，定义偏差值：

$$-\infty < d_{ij}^{M^-} < \cdots < d_{ij}^{-2} < d_{ij}^{-1} < d_{ij}^{0} = 0 < d_{ij}^{1} < d_{ij}^{2} < \cdots < d_{ij}^{M^+} < +\infty$$

则有

(1) 正向偏差段 $m \in \{1, 2, \cdots, M^+\}$ 时，相应各段的变化区间为 $(d_{ij}^{m-1}, d_{ij}^m]$。

(2) 负向偏差段 $m \in \{M^- + 1, \cdots, -1, 0\}$ 时，相应各段的变化区间为 $(d_{ij}^{m-1}, d_{ij}^m]$。

(3) 负向偏差段 $m = M^-$ 时，对应一个值 $d_{ij}^{M^-}$。

通用地，$m \in \{Q | M^-, \cdots, -1, 0, 1, \cdots, M^+\}$，相应各段的变化区间为 $(d_{ij}^{m-1}, d_{ij}^m]$。

假设该模型有 n 个不确定变量，每个不确定变量的偏差值不一样，为了弱化出现概率低的不确定变量偏差值对优化结果的影响，定义不确定变量偏差值落在第 m 段区间的个数上下限 u_m 和 l_m，则有 $0 \leqslant l_m \leqslant u_m \leqslant n$，$|J| = n$。当 $m = 0$ 且 $u_0 = n$ 时，限制了不确定参数取其预测值，即 $a_{ij} = \bar{a}_{ij}$。为保证可行性，假设 $\sum_{m \in Q} l_m \leqslant n$。

为了避免符号过多，假设每条约束的 M、u_m、l_m 都是相等的。

基于区间分段的鲁棒优化模型表示为

$$\begin{cases} \max \sum_{j \in J} c_j x_j \\ \sum_{j \in J} \bar{a}_{ij} x_j + \mathrm{DEV}_i(x, S_M) \leqslant b_i, \quad i \in I \\ x_j \geqslant 0, \quad j \in J \end{cases} \tag{2-38}$$

$\mathrm{DEV}_i(x, S_M)$ 表示第 i 个约束的最大允许偏差量；S_M 表示分段区间。

$$\begin{cases} \mathrm{DEV}_i(x, S_M) = \max \sum_{j \in J} \sum_{m \in Q} d_{ij}^m x_j y_{ij}^m \\ l_m \leqslant \sum_{j \in J} y_{ij}^m \leqslant u_m, \quad m \in Q \\ \sum_{m \in Q} y_{ij}^m \leqslant 1, \quad j \in J \\ y_{ij}^m \geqslant 0, \quad j \in J, m \in Q \end{cases} \tag{2-39}$$

式(2-39)等价于：

$$
\begin{cases}
\max \sum\limits_{j \in J} \sum\limits_{m \in Q} d_{ij}^m x_j y_{ij}^m \\
-\sum\limits_{j \in J} y_{ij}^m \leqslant -l_m, \quad m \in Q \\
\sum\limits_{j \in J} y_{ij}^m \leqslant u_m, \quad m \in Q \\
\sum\limits_{m \in Q} y_{ij}^m \leqslant 1, \quad j \in J \\
y_{ij}^m \geqslant 0, \quad j \in J, m \in Q
\end{cases} \tag{2-40}
$$

设式(2-40)的对偶变量分别为 v_i^m、w_i^m、z_i^j，式(2-40)的对偶函数为

$$
\begin{cases}
\min -\sum\limits_{k \in Q} l_m v_i^m + \sum\limits_{k \in Q} u_m w_i^m + \sum\limits_{j \in J} z_i^j \\
-v_i^m + w_i^m + z_i^j \geqslant d_{ij}^m x_j, \quad j \in J, m \in Q \\
v_i^m, w_i^m \geqslant 0, \quad m \in Q \\
z_i^j \geqslant 0, \quad j \in J
\end{cases} \tag{2-41}
$$

因此，式(2-38)等价于

$$
\begin{cases}
\max \sum\limits_{j \in J} c_j x_j \\
\sum\limits_{j \in J} \bar{a}_{ij} x_j - \sum\limits_{m \in Q} l_m v_i^m + \sum\limits_{m \in Q} u_m w_i^m + \sum\limits_{j \in J} z_i^j \leqslant b_i, \quad i \in I \\
-v_i^m + w_i^m + z_i^j \geqslant d_{ij}^m x_j, \quad j \in J, m \in Q \\
v_i^m, w_i^m \geqslant 0, \quad m \in Q \\
z_i^j \geqslant 0, \quad j \in J \\
x_j \geqslant 0, \quad j \in J
\end{cases} \tag{2-42}
$$

式(2-42)称为基于区间分段的鲁棒对等模型。

2.5　本　章　小　结

本章介绍了考虑风电随机特性的优化理论与关键技术。本章考虑风电随机特性的优化问题并介绍了基于 Wasserstein 距离的新能源出力场景生成方法、基于

Copula 函数的风电功率场景生成方法、基于双向优化的风电功率场景生成方法、基于矩匹配的风电功率场景生成方法 4 种场景分析方法。本章详细介绍了能较好地描述风电随机性的线性鲁棒优化理论，并对其在含风电的电力系统优化调度运行中的应用进行了详细分析。

参 考 文 献

[1] 徐楠. 考虑风电接入的输电网规划研究[D]. 保定: 华北电力大学, 2010.

[2] Chen G, Dong Z Y, Hill D J. Transmission network expansion planning with wind energy integration: A stochastic programming model[C]. 2012 IEEE Power and Energy Society General Meeting, San Diego, 2012: 1-10.

[3] 殷子然. 机会约束优化问题的一个光滑函数方法[D]. 大连: 大连理工大学, 2012.

[4] Sharaf T A M, Berg G J. Static transmission capacity expansion planning under uncertainty[J]. Electric Power Systems Research, 1984, 7(4): 289-296.

[5] Yu H C, Chung Y, Wong K P, et al. A chance constrained transmission network expansion planning method with consideration of load and wind farm uncertainties[J]. IEEE Transactions on Power Systems, 2009, 24(3): 1568-1576.

[6] 于晗, 钟志勇, 黄杰波, 等. 考虑负荷和风电出力不确定性的输电系统机会约束规划[J]. 电力系统自动化, 2009(2): 20-24.

[7] 于晗. 基于概率的含风电场电网的输电系统规划方法研究[D]. 北京: 华北电力大学, 2009.

[8] 杨宁, 文福拴. 基于机会约束规划的输电系统规划方法[J]. 电力系统自动化, 2004(14): 23-27.

[9] 袁越, 吴博文, 李振杰, 等. 基于多场景概率的含大型风电场的输电网柔性规划[J]. 电力自动化设备, 2009(10): 8-12.

[10] Yu H, Chung C Y, Wong K P. Robust transmission network expansion planning method with taguchi's orthogonal array testing[J]. IEEE Transactions on Power Systems, 2011, 26 (3): 1573-1580.

[11] 朱海峰, 程浩忠, 张焰, 等. 考虑线路被选概率的电网灵活规划方法[J]. 电力系统自动化, 2000, 24(17): 20-24.

[12] 高赐威, 程浩忠, 王旭. 考虑场景发生概率的柔性约束电网规划模型[J]. 中国电机工程学报, 2004, 24(11): 34-38.

[13] Mak W K, Morton D P, Wood R K. Monte Carlo bounding techniques for determining solution quality in stochastic programs[J]. Operations Research Letters, 1999, 24(1/2): 47-56.

[14] Niederreiter H. Random Number Generation and Quai-Monte Carlo Method[M]. Philadelphia: Society for Industrial and Applied Mathematics, 1992: 13-21.

[15] 黎静华, 孙海顺, 文劲宇, 等. 生成风电功率序列场景的双向优化技术[J]. 中国电机工程学报, 2014, 34(16): 2544-2551.

[16] Pflug G C. Version-independence and nested distributions in multistage stochastic optimization[J]. SIAM Journal on Optimization, 2009, 20(3): 1406-1420.

[17] 黎静华, 韦化, 莫东. 含风电场最优潮流的 Wait-and-See 模型与最优渐近场景分析[J]. 中国电机工程学报, 2012, 32(22): 15-24.

[18] 黎静华, 文劲宇, 程时杰, 等. 考虑多风电场出力 Copula 相关关系的场景生成方法[J]. 中国电机工程学报, 2013, 33(16): 30-36.

[19] Ross O. Interest rate scenario generation for stochastic programming[D]. Copenhagen: The Technical University of Denmark, 2007.

[20] Hoyland K, Kaut M, Stein W W. A heuristic for moment-matching scenario generation[J]. Computational Optimization and Applications, 2003, 24(2): 169-185.

[21] 曾炎. 基于风电功率场景的鲁棒电网规划研究[D]. 南宁: 广西大学, 2012.

[22] 陈雁. 含大规模风电场电力系统的运行与规划方法研究[D]. 武汉: 华中科技大学, 2012.

[23] Restrepo J F, Galiana F D. Secondary reserve dispatch accounting for wind power randomness and spillage[C]. Power Engineering Society General Meeting, Tampa, 2007: 1-3.

[24] 张国强, 张伯明. 考虑风电接入后二次备用需求的优化潮流算法[J]. 电力系统自动化, 2009, 33(8): 25-28.

[25] 周玮, 彭昱, 孙辉, 等. 含风电场的电力系统动态经济调度[J]. 中国电机工程学报, 2009, 29(25): 13-18.

[26] 姜文, 严正. 基于一种改进粒子群算法的含风电场电力系统动态经济调度[J]. 电力系统保护与控制, 2010, 38(21): 173-178.

[27] 夏澍, 周明, 李庚银. 含大规模风电场的电力系统动态经济调度[J]. 电力系统保护与控制, 2011, 39(13): 71-77.

[28] Sioshansi R. Evaluating the impacts of real-time pricing on the cost and value of wind generation[J]. IEEE Transactions on Power Systems, 2010, 25(2): 741-748.

[29] Doherty R, O'Malley M. A new approach to quantify reserve demand in systems with significant installed wind capacity[J]. IEEE Transactions on Power Systems, 2005, 20(2): 587-595.

[30] 刘宝碇, 赵瑞清. 随机规划与模糊规划[M]. 北京: 清华大学出版社, 1998.

[31] 刘宝碇. 不确定规划及应用[M]. 北京: 清华大学出版社, 2003.

[32] Sturt A, Strbac G. Efficient stochastic scheduling for simulation of wind-integrated power systems[J]. IEEE Transactions on Power Systems, 2012, 27(1): 323-334.

[33] Høyland K, Wallace S W. Generating scenario trees for multistage decision problems[J]. Management Science, 2001, 47(2): 295-307.

[34] Heitsch H, Römisch W. Scenario reduction algorithms in stochastic programming[J]. Computational Optimization and Applications, 2003, 24(2): 187-206.

[35] Gröwe-Kuska N, Heitsch H, Römisch W. Scenario reduction and scenario tree construction for power management problems[C]. 2003 IEEE Bologna Power Tech Conference Proceedings, Bologna, 2003: 1-7.

[36] 雷宇, 杨明, 韩学山. 基于场景分析的含风电系统机组组合的两阶段随机优化[J]. 电力系统保护与控制, 2012, 40(23): 58-67.

[37] 张步涵, 邵剑, 吴小珊, 等. 基于场景树和机会约束规划的含风电场电力系统机组组合[J]. 电力系统保护与控制, 2013(1): 127-135.

[38] 向萌, 张紫凡, 焦茜茜. 多场景概率机组组合在含风电系统中的备用协调优化[J]. 电网与清洁能源, 2012, 28(5): 61-69.

[39] Wang Q, Guan Y, Wang J. A chance-constrained two-stage stochastic program for unit commitment with uncertain wind power output[J]. IEEE Transactions on Power Systems, 2012, 27(1): 206-215.

[40] 张宁宇, 高山, 赵欣. 一种考虑风电随机性的机组组合模型及其算法[J]. 电工技术学报, 2013, 28(5): 22-29.

[41] Wang Q, Wang J, Guan Y. Price-based unit commitment with wind power utilization constraints[J]. IEEE Transactions on Power Systems, 2013, 28(3): 2718-2726.

[42] Pozo D, Contreras J. A chance-constrained unit commitment with an n-k security criterion and significant wind generation[J]. IEEE Transactions on Power Systems, 2013, 28(3): 2842-2851.

[43] Ding X, Lee W J, Wang J X, et al. Studies on stochastic unit commitment formulation with flexible generating units[J]. Electric Power Systems Research, 2010, 80(1): 130-141.

[44] 殷桂梁, 张雪, 操丹丹, 等. 考虑风电和光伏发电影响的电力系统最优旋转备用容量确定[J]. 电网技术, 2015, 39(12): 3497-3504.

[45] 刘德伟, 郭剑波, 黄越辉, 等. 基于风电功率概率预测和运行风险约束的含风电场电力系统动态经济调度[J]. 中国电机工程学报, 2013, 33(16): 9-15.

[46] 陈建华, 吴文传, 张伯明, 等. 消纳大规模风电的热电联产机组滚动调度策略[J]. 电力系统自动化, 2013, 36(24): 21-27.

[47] 薛松, 王致杰, 韩蕊, 等. 考虑风电并网的快速响应火电机组安全经济规划模型[J]. 电网技术, 2013, 37(10): 2888-2895.

[48] 谢毓广, 江晓东. 储能系统对含风电的机组组合问题影响分析[J]. 电力系统自动化, 2011, 35(5): 19-24.

[49] 罗玲, 龚建原, 谢应昭, 等. 含储能系统和大型风电场并网电力系统机组组合研究[J]. 广东电力, 2013, 26(9): 61-66.

[50] 艾欣, 刘晓, 孙翠英. 含风电场电力系统机组组合的模糊机会约束决策模型[J]. 电网技术, 2011, 35(12): 202-207.

[51] Sun X, Fang C. Interval mixed-integer programming for daily unit commitment and dispatch incorporating wind power[C]. 2010 IEEE International Conference on Power System Technology (POWERCON), Hangzhou, 2010.

[52] Zhao C, Wang J, Watson J P, et al. Multi-stage robust unit commitment considering wind and demand response uncertainties[J]. IEEE Transactions on Power Systems, 2013, 28(3): 2708-2717.

[53] 李整. 基于粒子群优化算法的机组组合问题的研究[D]. 北京: 华北电力大学, 2016.

[54] 熊虎, 向铁元, 陈红坤, 等. 含大规模间歇式电源的模糊机会约束机组组合研究[J]. 中国电机工程学报, 2013, 33(13): 36-44.

[55] 江岳文, 陈冲, 温步瀛. 含风电场的电力系统机组组合问题随机模拟粒子群算法[J]. 电工技术学报, 2009, 24(6): 129-137.

[56] 张晓花, 赵晋泉, 陈星莺. 含风电场机组组合的模糊建模和优化[J]. 科技导报, 2009, 27(20): 102-105.

[57] Evangelopoulos V A, Georgilakis P S. Optimal distributed generation placement under uncertainties based on point estimate method embedded genetic algorithm[J]. IET Generation, Transmission and Distribution, 2013, 8(3): 389-400.

[58] Quan H, Srinivasan D, Khosravi A. Incorporating wind power forecast uncertainties into stochastic unit commitment using neural network-based prediction intervals[J]. IEEE Transactions on Neural Networks and Learning Systems, 2015, 26(9): 2123-2135.

[59] Senjyu T, Chakraborty S, Saber A Y, et al. Thermal unit commitment strategy with solar and wind energy systems using genetic algorithm operated particle swarm optimization[C]. IEEE 2nd International Power and Energy Conference, Johor Bahru, 2008: 866-871.

[60] 袁晓辉, 苏安俊, 聂浩, 等. 差分进化算法在电力系统中的应用研究进展[J]. 华东电力, 2009, 37(2): 243-249.

[61] 杨媛媛, 杨京燕, 夏天, 等. 基于改进差分进化算法的风电并网系统多目标动态经济调度[J]. 电力系统保护与控制, 2012, 40(23): 24-29.

[62] 刘自发, 刘刚, 刘幸. 基于量子差分进化算法的分布式电源协调优化调度[J]. 电网技术, 2013, 37(7): 1922-1928.

[63] 卢有麟, 周建中, 覃晖, 等. 基于自适应混合差分进化算法的水火电力系统短期发电计划优化[J]. 电网技术, 2009, 33(13): 32-36.

[64] 封全喜. 生物地理学优化算法研究及其应用[D]. 西安: 西安电子科技大学, 2014.

[65] 赵简, 龚庆武, 陈道君, 等. 基于模糊支配的生物地理学优化算法及其在含风电场电力系统调度中的应用[J]. 电力自动化设备, 2013, 33(3): 123-128.

[66] Chen C L. Optimal wind-thermal generating unit commitment[J]. IEEE Transactions on Energy Conversion, 2008, 23(1): 273-280.

[67] Chen C L, Lee T Y, Jan R M. Optimal wind-thermal coordination dispatch in isolated power systems with large integration of wind capacity[J]. Energy Conversion and Management, 2006, 47(18): 3456-3472.

[68] Lee T Y. Optimal spinning reserve for a wind-thermal power system using EIPSO [J]. IEEE Transactions on Power Systems, 2007, 22(4): 1612-1621.

[69] 陈海焱, 陈金富, 段献忠. 含风电场电力系统经济调度的模糊建模及优化算法[J]. 电力系统自动化, 2006, 30(2): 22-26.

[70] 马瑞, 康仁, 姜飞, 等. 考虑风电随机模糊不确定性的电力系统多目标优化调度计划研究[J]. 电力系统保护与控制, 2013, 41(1): 150-156.

[71] Miranda V, Hang P S. Economic dispatch model with fuzzy wind constraints and attitudes of dispatchers[J]. IEEE Transactions on Power Systems, 2005, 22(4): 2143-2145.

[72] Hong Y Y, Li C T. Short-term real-power scheduling considering fuzzy factors in an autonomous system using genetic algorithms[J]. IEEE Proceedings Generation Transmission and Distribution, 2006, 153(6): 684-692.

[73] Wang L F, Singh C. Tradeoff between risk and cost in economic dispatch including wind power penetration using particle swarm optimization[C]. 2006 International Conference on Power System Technology, Chongqing, 2006.

[74] Hetzer J, Yu D C, Bhattarai K. An economic dispatch model incorporating wind power[J]. IEEE Transactions on Energy Conversion, 2008, 23(2): 603-611.

[75] 赵俊华, 文福拴, 薛禹胜, 等. 计及电动汽车和风电出力不确定性的随机经济调度[J]. 电力系统自动化, 2010, 34(20): 22-29.

[76] 董晓天, 严正, 冯冬涵, 等. 计及风力出力惩罚成本的电力系统经济调度[J]. 电网技术, 2012, 36(8): 76-80.

[77] 张昭遂, 孙元章, 李国杰, 等. 计及风电功率不确定性的经济调度问题求解方法[J]. 电力系统自动化, 2011, 35(22): 125-130.

[78] Villanueva D, Feijoo A, Pazos J L. Simulation of correlated wind speed data for economic dispatch evaluation[J]. IEEE Transactions on Sustainable Energy, 2012, 3(1): 142-149.

[79] 孙元章, 吴俊, 李国杰, 等. 基于风速预测和随机规划的含风电场电力系统动态经济调度[J]. 中国电机工程学报, 2009, 29(4): 41-47.

[80] Liu X, Xu W. Economic load dispatch constrained by wind power availability: A here-and-now approach[J]. IEEE Transactions on Sustainable Energy, 2010, 1(1): 2-9.

[81] 高立志. 考虑风电场间歇性的电力系统风险评估[D]. 北京: 北京交通大学, 2012.

[82] 段瑶, 张步涵, 李俊芳. 基于快速随机潮流的电力系统安全风险评估[J]. 中国电机工程学报, 2014, 34(22): 3784-3790.

[83] 向磊. 含风电场发输电系统运行规划的风险评估[D]. 长沙: 长沙理工大学, 2013.

[84] 唐杰斌. 考虑风能接入的多场景电网规划及其风险评估[D]. 北京: 北京交通大学, 2011.

[85] 蒋程, 刘文霞, 张建华. 含风电接入的发输电系统风险评估[J]. 电工技术学报, 2014, 29(2): 260-270.

[86] 吴林伟, 揭业炜, 杨帆. 计及风电场的发输电系统风险评估[J]. 陕西电力, 2012(6): 19-22.

[87] 孙春山. 基于电网实时运行条件下的风电场运行风险评估[D]. 北京: 华北电力大学, 2013.

[88] 高忠旭. 风电场入网的可靠性风险及运行风险评估[D]. 北京: 华北电力大学, 2014.

[89] Xue L, Xiong Z, Lei W, et al. Transmission line overload risk assessment for power systems with wind and load-power generation correlation[J]. IEEE Transactions on Smart Grid, 2015, 6(3): 1233-1242.

[90] 李雪婷. 计及天气影响的风电接入系统运行风险评估[D]. 济南: 山东大学, 2014.

[91] Li X T. Operation risk assessment of wind farm integrated system influenced by weather conditions[C]. IEEE PES General Meeting, Vancouver, 2013.

[92] Michael N, Dinh H N, Marian P. Risk assessment for power system operation planning with high wind power penetration[J]. IEEE Transactions on Power System, 2015, 30(3): 1359-1368.

[93] Dinh H N, Michael N. A risk assessment approach for power system with significant penetration levels of wind power generation[C]. Australasian Universities Power Engineering Conference, Hobart, 2013.

[94] 邓彬, 黄树锋, 江宇飞, 等. 考虑风电出力不确定性的电力系统运行风险评估[J]. 华东电力, 2013, 41(5): 986-990.

[95] 王锐, 顾伟, 孙蓉, 等. 基于概率最优潮流的风电接入容量[J]. 电网技术, 2011, 35(12): 214-220.

[96] 凡鹏飞, 张粒子, 谢国辉. 充裕性资源协同参与系统调节的风电消纳能力分析模型[J]. 电网技术, 2012, 36(5): 51-57.

[97] 刘德伟, 黄越辉, 王伟胜, 等. 考虑调峰和电网输送约束的省级系统风电消纳能力分析[J]. 电力系统自动化, 2011, 35(2): 77-81.

[98] 朱雪凌, 张洋, 李强, 等. 基于遗传算法的风电场最优接入容量问题研究[J]. 电力系统保护与控制, 2010, 38(9): 55-61.

[99] 贾文昭, 康重庆, 李丹, 等. 基于日前风功率预测的风电消纳能力评估方法[J]. 电网技术, 2012, 36(8): 69-75.

[100] 迟永宁, 刘燕华, 王伟胜, 等. 风电接入对电力系统的影响[J]. 电网技术, 2007, 31(3): 77-81.

[101] 康重庆, 贾文昭, 徐乾耀, 等. 考虑网络安全约束的实时风电消纳能力评估[J]. 中国电机工程学报, 2013, 33(16): 23-29.

[102] 王芝茗, 苏安龙, 鲁顺. 基于电力平衡的辽宁电网接纳风电能力分析[J]. 电力系统自动化, 2010, 34(3): 86-90.

[103] 韩小琪, 孙寿广, 戚庆茹. 从系统调峰角度评估电网接纳风电能力[J]. 中国电力, 2010, 43(6): 16-19.

[104] 孙荣富, 张涛, 梁吉. 电网接纳风电能力的评估及应用[J]. 电力系统自动化, 2011, 35(4): 70-76.

[105] 王锡凡. 现代电力系统分析[M]. 北京: 科学出版社, 2003.

[106] Hochreiter R, Pflug G C. Financial scenario generation for stochastic multi-stage decision processes as facility location problems[J]. Annals of Operations Research, 2007, 152(1): 257-272.

[107] Hu L. Dependence patterns across financial markets: A mixed copula approach[J]. Applied Financial Economics, 2006, 16(10): 717-729.

[108] Kaut M, Wallace S W. Shape-based scenario generation using copulas[J]. Computational Management Science, 2011, 8(1): 181-199.

[109] 韦艳华, 张世英. Copula 理论及其金融分析上的应用[M]. 北京: 中国环境科学出版社, 2008: 10.

[110] 易文德. 基于 Copula 理论的金融风险相依结构模型及应用[M]. 北京: 中国经济出版社, 2011.

[111] Nelsen R B. An Introduction to Copulas[M]. New York: Springer-Verlag, 1998.

[112] Kanungo T, Mount D M, Netanyahu N S, et al. An efficient K-means clustering algorithm: Analysis and implementation[J]. IEEE Transactions on Pattern Analysis and Machine Intelligence, 2002, 24(7): 881-892.

[113] 邢文训, 谢金星. 现代优化计算方法[M]. 北京: 清华大学出版社, 2005: 51.

[114] EirGrid plc: System performance data[DB/OL]. [2010-10-01]. http://www.eirgrid.com/operations/systemperformancedata/ wind- generation.

[115] Kaut M, Wallace S W. Evaluation of scenario-generation methods for stochastic programming[J]. Pacific Journal of Optimization, 2007, 3(2): 257-271.

[116] Higham N J. Computing the nearest correlation matrix: A problem from finance[J]. IMA Journal of Numerical Analysis, 2002, 22(3): 329-343.

[117] Lurie P M, Goldberg M S. An approximate method for sampling correlated random variables from partially-specified distributions[J]. Management Science, 1998, 44(2): 203-218.

[118] 乔嘉赓, 徐飞, 鲁宗相, 等. 基于相关机会规划的风电并网容量优化分析[J]. 电力系统自动化, 2008, 32(10): 84-103.

[119] 王成福, 梁军, 张利, 等. 基于相关机会约束规划的风电预测功率分级处理[J]. 电力系统自动化, 2011, 35(17): 14-19.

[120] 王乐, 余志伟, 文福拴. 基于机会约束规划的最优旋转备用容量确定[J]. 电网技术, 2006, 30(20): 14-19.

[121] 张宁宇, 高山, 赵欣. 一种考虑风电随机性的机组组合模型及其算法[J]. 电工技术学报, 2013, 28(5): 22-29.

[122] Pagnoncelli B K, Ahmed S, Shapiro A. Sample average approximation method for chance constrained programming: Theory and applications[J]. Journal of Optimization Theory and Applications, 2009, 142(2): 399-416.

[123] 王锡凡. 电力系统规划基础[M]. 北京: 中国电力出版社, 1994: 41-57.

[124] 刘斌, 周京阳, 周海明, 等. 一种改进的风电功率预测误差分布模型[J]. 华东电力, 2012, 40(2): 286-291.

[125] Dentcheva D, András P, Ruszczynski A. Concavity and efficient points of discrete distributions in probabilistic programming[J]. Mathematical Programming, 2000, 89(1): 55-77.

[126] Soyster A L. Technical note—convex programming with set-inclusive constraints and applications to inexact linear programming [J]. Operations Research, 1973, 21(5): 1154-1157.

[127] Bertsimasl D, Sim M. The price of robust[J]. Operations Research, 2004, 52(1): 35-53.

[128] Kang S C. Robust linear optimization using distributional information[D]. Boston: Boston University, 2008.

第3章 含风电电力系统电网规划问题

3.1 概　　述

输电网规划是在给定电源规划和负荷预测的基础上，根据现有的电网结构，合理地选择新建或扩建线路以满足电力系统安全、可靠和经济运行。从数学上讲，输电网规划是一个含有连续变量和离散变量的大规模、复杂、混合整数的非线性规划问题。

目前，在电网规划问题中，对于风电随机性的处理方法主要有机会约束规划方法[1,2]和场景法[3-5]。机会约束规划方法求解的基本思路是，根据置信水平，将机会约束转化为确定性约束，然后采用成熟的确定性优化方法对模型进行解算。场景法是一种处理随机变量的较好方法，其基本思路是采用随机变量的代表场景代替模型中的随机变量，从而将不确定性的规划问题转化为确定性的规划问题。

当前，考虑风电随机变化的电网规划主要存在以下两个问题。

(1)规划方案不够鲁棒。究其原因，主要是所选取的场景值未能很好地代表风电功率的随机变化特性。例如，文献[3]虽考虑了鲁棒情况，但其仅用 0 和额定值代表风电出力，导致规划方案仅能适应部分运行工况。

(2)模型求解方法较复杂。现有研究中，对于考虑风电的电网规划模型的求解，主要采用智能优化方法。输电网规划是一个含有连续变量和离散变量的大规模、复杂、混合整数的非线性规划问题，其解算方法非常复杂。

针对以上问题，本章做了如下四方面工作。

(1)选取 0、均值和额定值作为单个风电场风电功率的典型值。有效地选取能够反映风电功率特性的典型场景。在这一问题上，文献[3]直接选取风电功率的最大值、最小值加以分析，但是，最大值、最小值较为极端，并不能完全代表系统的所有运行方式[6]。因此，除了选择风电功率的极端值 0 和额定值，本章计算反映集中趋势的风电功率序列均值，以 0、均值和额定值三者作为衡量风电功率特性的典型场景，获取更能全面适应电力系统各种运行方式的鲁棒优化规划方案。

(2)采用矩匹配方法生成多个风电场风电功率场景。矩匹配方法能够生成满足多个风电场风电功率之间的相关性以及各个风电场风电功率前四阶矩(期望、标准差、偏度和峰度)的指定数量的场景，该方法简单易行，适合应用在多个随机变量的场景生成中。

(3)采用外逼近方法(outer approximation method, OAM)对所建鲁棒优化模型进

行求解。OAM 是一种分解方法，它把难以求解的混合整数非线性规划(mixed integer nonlinear programing, MINLP)问题分解为易于求解的混合整数线性规划(mixed integer linear programing, MILP)主问题和非线性规划(nonlinear programing, NLP)子问题，通过交替求解 MILP 和 NLP，问题得到最优解[7]。OAM 一般只需要较少的迭代次数，计算速度快，适合于求解大规模的 MINLP 问题。

(4)采用通用代数模型系统(general algebraic modeling system, GAMS)软件对模型进行求解。GAMS 是一个通用的数学优化建模平台，能提供一种简洁语言来表述大型复杂的模型。它包含多种不同类型的求解器，适合于对线性、非线性、含混合整数等优化问题进行建模与求解。

本章的主要结构为：3.2 节主要介绍考虑风电随机特性的输电网规划模型，以及基于场景的鲁棒输电网规划优化模型；3.3 节主要介绍基于极限场景的电网规划鲁棒优化方法、基于外逼近方法的电网规划模型的求解和算例分析；3.4 节主要介绍基于矩匹配方法风电功率场景的生成，并进行了验证。

3.2 考虑风电随机特性的输电网规划模型

3.2.1 考虑风电随机特性的输电网规划模型

电网规划的目的在于寻求一个最优的经济架设方案，保证电力系统在不同的运行工况下能够保持安全稳定可靠运行。建立基于风电功率场景的鲁棒电网规划模型，如式(3-1)~式(3-9)所示。目标函数为架设成本、切负荷成本以及弃风成本三者之和，在尽可能使电网不发生切负荷和弃风的前提下，获取满足给定场景集合的鲁棒电网架设方案[8]。

1. 目标函数

通常情况下，电网规划的目标函数为在系统不切负荷和不弃风的情况下，架设成本最小。因此，目标函数包含两个部分。如式(3-1)所示，加号左边为第一部分，表示架设成本；加号右边为第二部分，表示切负荷量和弃风量的惩罚成本。

$$\min \sum_{i,j} c_{ij} n_{ij} + \alpha \sum_i (r_i + w_i) \tag{3-1}$$

式中，c_{ij} 表示支路 i-j 之间新建单回线路的费用，美元；n_{ij} 表示增加到支路 i-j 的线路回数，为整数；α 表示切负荷量与弃风量的惩罚因子，美元/MW；r_i 表示节点 i 的切负荷量，MW；w_i 表示节点 i 所连接的弃风量，MW。

2. 约束条件

制定电网规划方案过程中，必须满足如下的约束条件。

1) 节点功率平衡约束

节点功率平衡约束指的是节点火电机组出力和风电机组出力必须等于节点负荷与节点所连接支路的功率之和，并考虑每个节点的切负荷量和弃风量。节点的功率平衡方程表示为

$$S \times p_{ij} + g_i + u_i + r_i = d_i + w_i, \quad i, j \in \Omega \tag{3-2}$$

式中，S 表示节点注入功率与支路有功潮流关联矩阵；p_{ij} 表示支路 i-j 的有功潮流，MW；g_i 表示节点 i 所连接的火电机组有功出力，MW；u_i 表示节点 i 所连接的风电场有功出力，MW；d_i 表示节点 i 的负荷预测值，MW；Ω 表示规划中可增加线路的支路的集合。

2) 支路有功潮流约束

在电网规划研究中，支路有功潮流约束通常采用直流潮流形式，如式 (3-3) 所示。

$$p_{ij} - \chi_{ij}(n_{ij}^0 + n_{ij})(\theta_i - \theta_j) = 0 \tag{3-3}$$

式中，χ_{ij} 表示支路 i-j 的电纳；n_{ij}^0 表示支路 i-j 原有的线路回数；θ_i 表示节点 i 的电压相角，rad。

3) 支路有功功率传输容量约束

支路有功功率传输容量约束指的是，每条支路的传输容量必须在一定的限制范围内，如式 (3-4) 所示。

$$\left| p_{ij} \right| \leqslant (n_{ij}^0 + n_{ij}) \bar{\phi}_{ij} \tag{3-4}$$

式中，$\bar{\phi}_{ij}$ 表示每条增加到支路 i-j 的线路有功潮流上限，MW。

4) 火电机组有功出力约束

火电机组有功出力约束指的是机组的出力必须小于或等于其允许的最大出力，大于或等于其允许的最小出力，如式 (3-5) 所示。

$$\underline{g}_i \leqslant g_i \leqslant \bar{g}_i \tag{3-5}$$

式中，$\bar{g}_i$ 表示节点 i 所连接的火电机组最大有功出力，MW；$\underline{g}_i$ 表示节点 i 所连接的火电机组最小有功出力，MW。

5) 切负荷量约束

切负荷量约束指的是系统的切负荷量必须小于或等于该节点的负荷，并且大于或等于 0，如式(3-6)所示。

$$0 \leqslant r_i \leqslant d_i \tag{3-6}$$

6) 弃风量约束

弃风量约束指的是系统的弃风量必须小于或等于该节点的风电出力，并且大于或等于 0，如式(3-7)所示。

$$0 \leqslant w_i \leqslant u_i \tag{3-7}$$

7) 支路可架设线路的回数约束

回数约束指的是每条支路可架设线路的回数必须小于该支路能够架设线路的最大回数，如式(3-8)和式(3-9)所示。

$$0 \leqslant n_{ij} \leqslant \overline{n}_{ij} \tag{3-8}$$

$$n_{ij} \text{为整数} \tag{3-9}$$

式中，$\overline{n}_{ij}$ 表示支路 $i\text{-}j$ 可增加线路回数的最大值；n_{ij} 取整数。

由式(3-1)～式(3-9)所组成的模型为含随机变量、大规模、复杂的、含连续变量和离散变量的混合整数非线性规划。在众多处理随机变量的方法中，场景法简单，可操作性强，基于此，采用场景法处理模型中的风电功率随机性，用确定的风电功率场景值，取代随机变化的风电功率，从而将不确定性规划问题转化为确定性规划问题。

3.2.2 基于场景的鲁棒输电网规划优化模型

基于考虑风电随机特性的输电网规划模型式(3-1)～式(3-9)，建立相应的基于场景法的电网规划模型，如式(3-10)～式(3-18)所示。模型式(3-10)～式(3-18)以系统架设成本为目标函数，对系统的切负荷量和弃风量进行惩罚，在尽可能使电网不发生切负荷和弃风的情况下，寻找满足所有场景下的最优方案，使系统能够保持安全稳定运行[9]。

$$\min \sum_{(i\text{-}j)\in\Omega_L} c_{ij}n_{ij} + \alpha \sum_{h\in\Omega_H} \sum_{i\in\Omega_B} (r_{i,h} + w_{i,h}) \tag{3-10}$$

$$\text{s.t.} \sum_{l=1}^{N_L} S_{il} \times P_{ij,h} + g_{i,h} + u_{i,h} + r_{i,h} = d_i + w_{i,h}, \quad i\in\Omega_B, \ h\in\Omega_H \tag{3-11}$$

$$p_{ij,h} - \chi_{ij}(n_{ij}^0 + n_{ij})(\theta_{i,h} - \theta_{j,h}) = 0, \qquad (i\text{-}j) \in \Omega_L \qquad (3\text{-}12)$$

$$\left| p_{ij,h} \right| \leqslant (n_{ij}^0 + n_{ij})\overline{\phi}_{ij}, \qquad (i\text{-}j) \in \Omega_L \qquad (3\text{-}13)$$

$$\underline{g_i} \leqslant g_{i,h} \leqslant \overline{g_i}, \ i \in \Omega_B, \qquad h \in \Omega_H \qquad (3\text{-}14)$$

$$0 \leqslant r_{i,h} \leqslant d_i, \ i \in \Omega_B, \qquad h \in \Omega_H \qquad (3\text{-}15)$$

$$0 \leqslant w_{i,h} \leqslant u_{i,h}, \ i \in \Omega_B, \qquad h \in \Omega_H \qquad (3\text{-}16)$$

$$0 \leqslant n_{ij} \leqslant \overline{n}_{ij}, \qquad (i\text{-}j) \in \Omega_L \qquad (3\text{-}17)$$

$$n_{ij} \text{为整数} \qquad (3\text{-}18)$$

式中，h 为场景的编号，$h \in \Omega_H$；N_L 为系统备选支路的数量；n_{ij} 为整数；i, j 为节点编号，$i \in \Omega_B$，$j \in \Omega_B$；$i\text{-}j$ 为连接节点 i 和节点 j 的支路；c_{ij} 为支路 $i\text{-}j$ 之间新建单回线路的费用，美元；n_{ij}^0、n_{ij}、$\overline{n}_{ij}$ 为支路 $i\text{-}j$ 之间原有线路、新建线路、允许增加线路最大回数的数量；α 为切负荷量与弃风量的惩罚因子，美元/MW；S_{il} 为节点与支路关联矩阵的元素，$l=1,2,\cdots,N_L$；$p_{ij,h}$ 为第 h 个场景中，$i\text{-}j$ 之间的有功潮流，MW；$\overline{\phi}_{ij}$ 为支路 $i\text{-}j$ 之间单回线路的有功潮流上限，MW；$g_{i,h}$ 为第 h 个场景中，接入节点 i 的火电机组有功出力，MW；$\overline{g_i}$、$\underline{g_i}$ 为接入节点 i 的火电机组最大有功出力、最小有功出力，MW；$r_{i,h}$ 为第 h 个场景中，节点 i 的切负荷量，MW；d_i 为节点 i 的负荷，MW；$u_{i,h}$ 为第 h 个场景中，节点 i 的风电功率，MW；$w_{i,h}$ 为第 h 个场景中，节点 i 的弃风量，MW；χ_{ij} 为支路 $i\text{-}j$ 之间的电纳；$\theta_{i,h}$ 为第 h 个场景中，节点 i 的电压相角，rad；Ω_B、Ω_H、Ω_L 分别表示系统节点的集合、场景的集合和备选支路的集合。

式(3-10)～式(3-18)组成了基于场景的鲁棒电网优化规划模型，计算得到的 n_{ij} 结果为最终规划的架设方案。

所建立模型具有如下优点。

(1)从式(3-12)、式(3-13)可以看出，所得的线路架设方案 n_{ij} 能满足风电所有场景 $h \in \Omega_H$ 下的有功传输限制，因此方案 n_{ij} 是鲁棒的。

(2)从目标函数看，所得模型是在弃风量和切负荷量最小的前提下满足所有风电场景的要求。

(3)模型中不含有 max-min、机会约束、均值函数等不易于求解的函数。

从所建模型可看出，代表风电功率随机特性场景的生成至关重要。一方面，场景的统计特征与随机变量风电功率的统计特征的近似程度决定了所得规划方案的鲁棒性；另一方面，场景的数量决定了模型的计算速度。

3.3　基于极限场景的鲁棒电网规划方法

3.3.1　基于极限场景的电网规划鲁棒优化方法

基于极限场景的电网规划鲁棒优化方法的总体思路如图 3-1 所示。首先计算风电功率和负荷的典型值，由风电功率和负荷进行组合得到的场景数目较大，采用田口直交表(orthogonal array，OA)获取极限测试场景，然后建立基于极限场景的鲁棒优化规划模型，最后采用外逼近方法对该模型进行求解，进而得到满足所有场景的鲁棒优化规划方案。该模型所选的场景为极限情况，当同时满足这些极限场景时，能较大程度上满足其他场景，具有较好的鲁棒性。

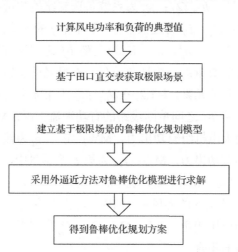

图 3-1　基于极限场景的电网规划鲁棒优化方法的总体思路

基于极限场景的电网规划鲁棒优化过程主要分为两个部分。

(1)基于极限场景的鲁棒优化模型的建立。考虑风电的电网规划模型为随机规划模型，将该模型转换为鲁棒优化模型，有如下两个关键步骤。

①选取随机变量风电功率和负荷的典型场景值。本章选取 0、均值和额定值作为风电功率的典型场景值；根据负荷预测误差服从正态分布$(\mu，\sigma)$，选取负荷的典型场景值 $\mu+\sigma$ 和 $\mu-\sigma$。其中 μ 为均值，σ 为预测误差，取 $\sigma=5\%\mu$。

②将典型场景进行组合得到的场景数目通常较大，不利于计算，而且也没有必要对全部场景进行计算。如何从所有场景中获得少数具有代表性的极限场景是另一个关键。本章采用田口直交表对场景进行约减。

（2）鲁棒优化模型的求解。本章所建立的鲁棒优化模型为混合整数非线性优化问题，针对目前对该类模型求解方法迭代次数多、计算量大、结果不稳定等缺点，本章采用外逼近方法对所建模型进行求解。

1. 风电功率和负荷典型值的选取

1）风电功率典型值

文献[3]直接选取风电功率的最大值、最小值作为场景，但是，最大值、最小值比较极端，并不能完全代表风电的出力情况，由此得到的规划方案往往比较冗余，经济性较差[6]。因此，除了选择风电功率的极端值 0（最小）和额定值（最大）以外，本章计算反映集中趋势的风电功率序列的均值，以 0、均值和额定值三者作为衡量风电功率特性的典型场景，获取适应电力系统各种运行方式的鲁棒优化规划方案，以较小的经济投资获取更大程度的鲁棒适应性。

2）负荷典型值

目前，负荷的预测精度相比风电功率而言，已达较高水平，通常为 95%左右，甚至达到了 98%或更高的精度[10,11]。本章中，假设负荷预测误差服从正态分布(μ, σ)，负荷的典型场景取 $\mu+\sigma$ 和 $\mu-\sigma$，其中 μ 为均值，σ 为预测误差，取 $\sigma=5\%\mu$。由此，获得了风电功率和负荷的典型场景。

假设某电网中有 n_u 个风电场接入节点，每个节点的风电功率有 B_u 种取值；有 n_d 个负荷接入节点，每个节点的负荷有 B_d 种取值。对风电功率和负荷对应的场景进行组合，得到的所有场景数目为 $B_u^{n_u}\times B_d^{n_d}$，场景数目随着变量个数和变量水平数呈指数增长，场景数量相当大，计算量非常大。因此，需要对场景进行约减或生成能够反映风电功率随机特性的少量场景，在不损失场景组合重要信息的前提下，得到少数的代表场景。本章采用田口直交表对场景进行约减，从大量场景中选择少数极限场景进行计算分析。

2. 基于田口直交表获取极限场景

针对出风电功率和负荷两者随机变量组合的场景数量极多不易求解的问题，采用田口直交表对场景进行约减，同时最大限度地保留随机变量的统计信息。

1）田口直交表

田口直交表由日本学者田口玄一于 20 世纪 70 年代末提出[12]，最初应用于从工程的角度预测产品的品质问题，以产品的社会损失为基础，在产品开发和设计早期就能有效地保证产品的质量问题[13]。田口直交表先在日本流行，而后风靡美国，再到全球的广泛使用，其在电机、汽车、光电、化工及计算机等产品的设计开发中，得到了迅速的推广。相比蒙特卡罗抽样方法而言，田口直交表的测试场景数目要少得多，它能够保证测试场景在不确定运行空间中以最小的场景数提供良好的统计信息，显著地降低了测试的困难。

OA 的形成方式如下[3]所示。

假设有一个由 F 个变量组成的系统 $\boldsymbol{X}$，$\boldsymbol{X}=X(x_1, x_2, \cdots, x_F)$，$x_1, x_2, \cdots, x_F$ 为系统变量。当所有变量的水平种数（水平种数代表变量取值的个数，各个水平对应于变量的各个取值）相同时，假设均为 B 种，则 OA 形式为 $L_H(B^F)$，H 表示测试场景数。当变量的水平种数不相同时，假设 n 个变量具有 B_1 种水平，对 n 个变量进行组合得到 B_1^n 个组合数，m 个变量有 B_2 种水平，对 m 个变量进行组合得到 B_2^m 个组合数，所有组合数为 $B_1^n \times B_2^m$，则其 OA 形式为 $L_H(B_1^n \times B_2^m)$。

以 $OAL_4(2^3)$ 为例[3]。由 $OAL_4(2^3)$ 决定的测试场景如表 3-1 所示。其中，"1""2"为水平，分别代表该变量相对应的取值。例如，当一个变量的取值为 10MW 和 20MW 时，水平"1""2"可分别对应 10MW 和 20MW。表 3-1 表示，该系统中有 3 个变量，每个变量 2 种水平，可见，由 OA 形成的组合场景只有 4 个。表 3-2 和表 3-3 分别为 $OAL_8(2^7)$ 和 $OAL_{366}(2^{11} \times 3^{12})$。

表 3-1　$OAL_4(2^3)$ 决定的测试场景

测试场景	变量水平		
	X_1	X_2	X_3
1	1	1	1
2	1	2	2
3	2	1	2
4	2	2	1

表 3-2　$OAL_8(2^7)$ 决定的测试场景

测试场景	变量水平						
	X_1	X_2	X_3	X_4	X_5	X_6	X_7
1	1	1	1	1	1	1	1
2	1	1	1	2	2	2	2
3	1	2	2	1	1	2	2
4	1	2	2	2	2	1	1
5	2	1	2	1	2	1	2
6	2	1	2	2	1	2	1
7	2	2	1	1	2	2	1
8	2	2	1	2	1	1	2

表 3-3　OAL$_{366}$($2^{11} \times 3^{12}$) 决定的测试场景

测试场景	变量水平											
	X_1	X_2	X_3	X_4	X_5	X_6	X_7	X_8	X_9	X_{10}	X_{11}	X_{12}
1	1	1	1	1	1	1	1	1	1	1	1	1
2	1	1	1	1	1	1	1	1	1	1	1	2
3	1	1	1	1	1	1	1	1	1	1	1	3
4	1	1	1	1	2	2	2	2	2	2	2	1
5	1	1	1	1	2	2	2	2	2	2	2	2
6	1	1	1	1	2	2	2	2	2	2	2	3
7	1	1	2	2	2	1	1	1	2	2	2	1
8	1	1	2	2	2	1	1	1	2	2	2	2
9	1	1	2	2	2	1	1	1	2	2	2	3
10	1	2	1	2	2	1	2	2	1	1	2	1
11	1	2	1	2	2	1	2	2	1	1	2	2
12	1	2	1	2	2	1	2	2	1	1	2	3
13	1	2	2	1	2	2	1	2	1	2	1	1
14	1	2	2	1	2	2	1	2	1	2	1	2
15	1	2	2	1	2	2	1	2	1	2	1	3
16	1	2	2	2	1	2	2	1	2	1	1	1
17	1	2	2	2	1	2	2	1	2	1	1	2
18	1	2	2	2	1	2	2	1	2	1	1	3
19	2	1	2	2	1	1	2	2	1	2	1	1
20	2	1	2	2	1	1	2	2	1	2	1	2
21	2	1	2	2	1	1	2	2	1	2	1	3
22	2	1	2	1	2	2	2	1	1	1	2	1
23	2	1	2	1	2	2	2	1	1	1	2	2
24	2	1	2	1	2	2	2	1	1	1	2	3
25	2	1	1	2	2	2	1	2	2	1	1	1
26	2	1	1	2	2	2	1	2	2	1	1	2
27	2	1	1	2	2	2	1	2	2	1	1	3
28	2	2	2	1	1	1	1	2	2	1	2	1
29	2	2	2	1	1	1	1	2	2	1	2	2
30	2	2	2	1	1	1	1	2	2	1	2	3
31	2	2	1	2	1	2	1	1	1	2	2	1
32	2	2	1	2	1	2	1	1	1	2	2	2
33	2	2	1	2	1	2	1	1	1	2	2	3
34	2	2	1	1	2	1	2	1	2	2	1	1
35	2	2	1	1	2	1	2	1	2	2	1	2
36	2	2	1	1	2	1	2	1	2	2	1	3

测试场景	变量水平										
	X_{13}	X_{14}	X_{15}	X_{16}	X_{17}	X_{18}	X_{19}	X_{20}	X_{21}	X_{22}	X_{23}
1	1	1	1	1	1	1	1	1	1	1	1
2	2	2	2	2	2	2	2	2	2	2	2
3	3	3	3	3	3	3	3	3	3	3	3
4	1	1	1	2	2	2	2	3	3	3	3
5	2	2	2	3	3	3	3	1	1	1	1
6	3	3	3	1	1	1	1	2	2	2	2
7	1	2	3	1	2	3	3	1	2	2	3
8	2	3	1	2	3	1	1	2	3	3	1
9	3	1	2	3	1	2	2	3	1	1	2
10	1	3	2	1	3	2	3	2	1	3	2
11	2	1	3	2	1	3	1	3	2	1	3
12	3	2	1	3	2	1	2	1	3	2	1
13	2	3	1	3	2	1	3	3	2	1	2
14	3	1	2	1	3	2	1	1	3	2	3
15	1	2	3	2	1	3	2	2	1	3	1
16	2	3	2	1	1	3	2	3	3	2	1
17	3	1	3	2	2	1	3	1	1	3	2
18	1	2	1	3	3	2	1	2	2	1	3
19	2	1	3	3	3	1	2	2	1	2	3
20	3	2	1	1	1	2	3	3	2	3	1
21	1	3	2	2	2	3	1	1	3	1	2
22	2	2	3	3	1	2	1	1	3	3	2
23	3	3	1	1	2	3	2	2	1	1	3
24	1	1	2	2	3	1	3	3	2	2	1
25	3	2	1	2	3	3	1	3	1	2	2
26	1	3	2	3	1	1	2	1	2	3	3
27	2	1	3	1	2	2	3	2	3	1	1
28	3	2	2	2	1	1	3	2	3	1	3
29	1	3	3	3	2	2	1	3	1	2	1
30	2	1	1	1	3	3	2	1	2	3	2
31	3	3	3	2	3	2	2	1	2	1	1
32	1	1	1	3	1	3	3	2	3	2	2
33	2	2	2	1	2	1	1	3	1	3	3
34	3	1	2	3	2	3	1	2	2	3	1
35	1	2	3	1	3	1	2	3	3	1	2
36	2	3	1	2	1	2	3	1	1	2	3

田口直交表的主要特点有两个，一个是场景约减，另一个是极限场景。

(1)场景约减。通常情况下，H 小于甚至远小于 B^F 或 $B_1^n \times B_2^m$。例如，$OAL_4(2^3)$ 中，$H=4$，$B^F=2^3=8$，$4<8$。又如，$OA\ L_{36}(2^{11}\times3^{12})$ 中，$H=36$，36 远小于 $B^F=2^{11}\times3^{12}$。可见，采用 OA 后场景明显得到了约减。

(2)极限场景。田口直交表 OA 具有以下性质。

①每一列都是自我平衡的(self-balanced)，即每一种水平都出现 H/B 次，如表 3-1 所示，第 1~3 列中 1、2 两种水平都出现 4/2=2 次。

②任意两列都是相互平衡的(mutual-balanced)，即任意两列中，每两个变量水平的组合出现同样的次数，如表 3-1 所示，X_1、X_2 变量中，组合"11""12""21""22"均出现 1 次。

③OA 的组合均匀地分布在所有可能的空间里，如图 3-2 所示的 $OAL_4(2^3)$，实心圆点为 OA 形成的组合，它们均匀地分布在三维立方体中的各个顶角。

因此，由 OA 形成的直交表保证了场景的极限性。

此外，OA 还有一个重要性质：当忽略某一列或某些列时，剩下的表仍然满足直交表的特性。由此，OA 能够获得少数极限场景，当系统满足这些场景时，其余场景往往均能满足。

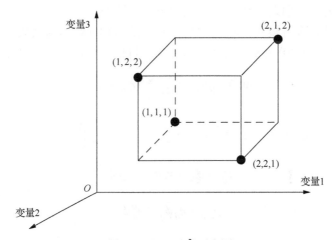

图 3-2　$OAL_4(2^3)$ 示意图

2)获取风电功率和负荷的极限场景

由 3.3.1 节可知，风电有 3 个场景，分别为 0、均值和额定值，负荷有 2 个场景，分别为 $\mu+\sigma$ 和 $\mu-\sigma$。因此，需要选择具有 3 水平和 2 水平的混合直交表。假设电力系统中，有 n_u 个风机接入节点，n_d 个负荷接入节点，则其 OA 可表示为 $L_H(2^{n_d}\times3^{n_u})$。通过查表[14]或计算[15]便可获得由风电功率和负荷组成的 OA，从而得到该系统的极限场景。

首先，确定该系统中变量的种类、每种变量的个数和每种变量的水平数。以 5 节点系统为例，该系统中，变量的种类有负荷和风机功率，其中负荷节点有 5 个，每个负荷节点的水平有 2 种（$\mu+\sigma$，$\mu-\sigma$），风机接入节点有 1 个，水平有 3 种（0、均值和额定容量）。由于风电功率和负荷的水平种数不一样，所以该系统的田口直交表为混合直交表。易知，$B_1=2$，$B_2=3$，因此，该系统的 OA 应为 $L_H(2^5 \times 3^1)$。由于标准直交表中，没有 $L_H(2^5 \times 3^1)$，而有 $L_{36}(2^{11} \times 3^{12})$，根据直交表的性质，忽略直交表的任一列，将不改变直交表的性质，因此，可选取 $L_{36}(2^{11} \times 3^{12})$，然后选择 2^{11} 中的前 5 列，3^{12} 中的前 1 列，即可组成满足该系统的田口直交表，简称为 $L_{36}(2^5 \times 3^1)$。

3.3.2 基于外逼近方法的电网规划模型的求解

模型(3-10)～模型(3-18)属于混合整数非线性模型，针对目前其求解方法计算量大、求解困难等缺点，采用外逼近方法对其进行求解。

OAM 由 Grossmami 于 1986 年提出，随后出现了一系列改进算法[16]。OAM 直接利用原问题来形成 MILP 主问题，包含原问题的所有变量[16]。OAM 主问题 MILP 的最优解为原问题最优解的下界，通常情况下，由 OAM 形成的 MILP 主问题的最优值较大，所以，OAM 的迭代次数往往较少。

为了整理成通用模式，将模型(3-10)～模型(3-18)的约束条件转化为如模型(3-19)～模型(3-30)所示。为了阅读方便，目标函数也相应地进行编号。

$$\min \sum_{i,j} c_{ij} n_{ij} + \alpha \sum_h \sum_i (r_{i,h} + w_{i,h}) \qquad (3\text{-}19)$$

$$\text{s.t.} \begin{bmatrix} \boldsymbol{S} & \boldsymbol{I} & \boldsymbol{I} & -\boldsymbol{I} & \boldsymbol{0} \end{bmatrix} \begin{bmatrix} p_{ij,h} & g_{i,h} & r_{i,h} & w_{i,h} & \theta_{ih} \end{bmatrix}^{\mathrm{T}} = \begin{bmatrix} d_{i,h} - u_{i,h} \end{bmatrix} \qquad (3\text{-}20)$$

$$P_{ij,h} / \theta_{ih} - \chi_{ij} n_{ij} = \chi_{ij} n_{ij}^0 \qquad (3\text{-}21)$$

$$p_{ij,h} - n_{ij} \overline{\phi}_{ij} \leqslant n_{ij}^0 \overline{\phi}_{ij} \qquad (3\text{-}22)$$

$$g_{i,h} \leqslant \overline{g}_i \qquad (3\text{-}23)$$

$$-g_{i,h} \leqslant 0 \qquad (3\text{-}24)$$

$$r_{i,h} \leqslant d_{i,h} \qquad (3\text{-}25)$$

$$-r_{i,h} \leqslant 0 \qquad (3\text{-}26)$$

$$w_{i,h} \leqslant u_{i,h} \qquad (3\text{-}27)$$

$$-w_{i,h} \leqslant 0 \tag{3-28}$$

$$n_{ij} \leqslant \overline{n}_{ij} \tag{3-29}$$

$$-n_{ij} \leqslant 0 \tag{3-30}$$

为便于论述，将模型(3-19)~模型(3-30)简化为式(3-31)[17]。

$$\begin{cases} \min\ f(\boldsymbol{N}) + \alpha f(\boldsymbol{A}) \\ \text{s.t.} \quad \boldsymbol{S}_1 \boldsymbol{A} + \boldsymbol{B}_1 \boldsymbol{N} = \boldsymbol{B}_3 \\ \quad\ \ \boldsymbol{S}_2 \boldsymbol{A} + \boldsymbol{B}_2 \boldsymbol{N} \leqslant \boldsymbol{B}_4 \end{cases} \tag{3-31}$$

式中，$f(\boldsymbol{N}) = \sum\limits_{i,j} c_{ij} n_{ij}$，$f(\boldsymbol{A}) = \sum\limits_{h} \sum\limits_{i} (r_{i,h} + w_{i,h})$，$\boldsymbol{A}$ 为连续向量，由 $p_{ij,h}$、$g_{i,h}$、$r_{i,h}$、$w_{i,h}$、$\theta_{i,h}$ 组成；$\boldsymbol{N}$ 为离散向量，代表走廊 i-j 间可架设的线路回数 n_{ij}；$\boldsymbol{S}_1$、$\boldsymbol{S}_2$、$\boldsymbol{B}_1$、$\boldsymbol{B}_2$、$\boldsymbol{B}_3$、$\boldsymbol{B}_4$ 为模型中的常数向量或矩阵，由 $\boldsymbol{S}$、$d_{i,h}$、$u_{i,h}$、χ_{ij}、n_{ij}^0、$\overline{n}_{ij}$、$\overline{g}$、$\underline{g}$、$\overline{\phi}_{ij}$ 组成。

采用 OAM 对式(3-31)进行求解。OAM 将模型(3-31)分解为 MILP 主问题和 NLP 子问题交替求解，其求解过程如下所示[7]。

(1) OAM 形成的 MILP 主问题如式(3-32)所示。其中 k 为迭代次数，v 为辅助变量。

$$\begin{cases} \min\ v \\ \text{s.t.} \quad f(\boldsymbol{N}(k)) + \alpha f(\boldsymbol{A}) \leqslant v \\ \quad\ \ \boldsymbol{S}_1 \boldsymbol{A} + \boldsymbol{B}_1 \boldsymbol{N} = \boldsymbol{B}_3 \\ \quad\ \ \boldsymbol{S}_2 \boldsymbol{A} + \boldsymbol{B}_2 \boldsymbol{N} \leqslant \boldsymbol{B}_4 \end{cases} \tag{3-32}$$

应用原对偶单纯形法对式(3-32)进行求解，假设第 $(k+1)$ 次迭代时式(3-32)中离散向量得到最优解，即得到支路 i-j 间可架设的线路回数 n_{ij}，记为 $\boldsymbol{N}(k+1)$，此时目标函数最优解为 Z^L。将最优解 $\boldsymbol{N}(k+1)$ 作为已知量，代入式(3-31)，则 OAM 变为 NLP 子问题，其形式如式(3-33)所示。

$$\begin{cases} \min\ f(\boldsymbol{N}(k+1)) + \alpha f(\boldsymbol{A}) \\ \text{s.t.} \quad \boldsymbol{S}_1 \boldsymbol{A} + \boldsymbol{B}_1 \boldsymbol{N}(k+1) = \boldsymbol{B}_3 \\ \quad\ \ \boldsymbol{S}_2 \boldsymbol{A} + \boldsymbol{B}_2 \boldsymbol{N}(k+1) \leqslant \boldsymbol{B}_4 \end{cases} \tag{3-33}$$

(2) 在支路 i-j 间可架设的线路回数 n_{ij} 已知的情况下，应用内点法求解式(3-33)，得到连续变量 $\boldsymbol{A}$ 的最优解，此时对应的目标函数最优解为 Z^U。设置主问题最优解

Z^L 与子问题最优解 Z^U 的误差 $\Delta = (Z^U - Z^L) / \left[\dfrac{1}{2}\left(\left|Z^U\right| + \left|Z^L\right| + 10^{-10}\right)\right]$，当 $\Delta < 0.001$ 时停止计算；否则，返回式(3-32)。

如此反复交替计算式(3-32)和式(3-33)，直到满足收敛条件。

3.3.3　算例分析

1. 计算结果与分析

以修正的 Garver-6 节点系统[18]为例。修正的 Garver-6 节点系统的拓扑结构如图 3-3 所示。节点 1、3、6 的火电机组 G 出力分别设置为 350MW、300MW、300MW。节点 3 接入风机，采用符号 W 表示。

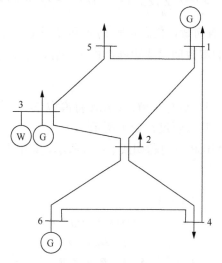

图 3-3　修正的 Garver-6 节点系统的拓扑结构

1)风电功率和负荷典型场景的选取

风电功率历史样本来源于德国 Amprion 风电场 2012 年每隔 15min 记录 1 次的风电功率数据[19]，长度为 35136，记为 p_{wt}，$t=1,2,\cdots,35136$，额定功率为 5314.4MW，平均值为 822.73MW。

为与 Garver-6 节点系统负荷匹配，将 Amprion 风电场 2012 年风电功率数据的额定值转化为 80MW，则相应的平均值变为 $80 \times 822.73/5314.4 = 12.4MW$，从而得到风电功率的 3 个典型场景，分别为 0MW、均值 12.4MW、额定值 80MW。

由文献[3]提供的负荷数据,可分别计算得到节点 1 至节点 5 的负荷典型场景:节点 1 为 84MW、76MW;节点 2 为 252MW、228MW;节点 3 为 42MW、38MW;节点 4 为 168MW、152MW;节点 5 为 252MW、228MW。

2) 基于田口直交表的极限场景

修正的 Garver-6 节点系统中，共有 5 个负荷节点，每个负荷有 "1" "2" 种水平，其中 "1" "2" 分别代表各负荷典型值中的最大值、最小值；共有 1 个风机节点，风机水平有 "1" "2" "3" 种，分别对应 0 MW、均值 12.4 MW、额定值 80 MW，可从田口直交表数据库[16]中直接选取混合直交表 $OAL_{36}(2^{11}\times3^{12})$。将风电功率和负荷的实际值代替相对应的水平后，可形成测试场景如表 3-4 所示，其中，横表头的 "1"～"5" 分别表示负荷节点 1～5，"风电" 代表风电功率接入节点 3；表 3-4 中的数值为对应各个节点的场景值。

表 3-4　风机出力和负荷的各个场景值

场景	实际值/MW					
	1	2	3	4	5	风电
1	84	252	42	168	252	0
2	84	252	42	168	252	12.4
3	84	252	42	168	252	80
4	76	228	38	152	228	0
5	76	228	38	152	228	12.4
6	76	228	38	152	228	80
7	84	252	38	152	228	0
8	84	252	38	152	228	12.4
9	84	252	38	152	228	80
10	76	228	42	168	228	0
11	76	228	42	168	228	12.4
12	76	228	42	168	228	80
13	84	228	42	152	252	0
14	84	228	42	152	252	12.4
15	84	228	42	152	252	80
16	76	252	38	168	252	0
17	76	252	38	168	252	12.4
18	76	252	38	168	252	80
19	76	228	42	152	252	0
20	76	228	42	152	252	12.4
21	76	228	42	152	252	80
22	76	252	42	168	228	0
23	76	252	42	168	228	12.4
24	76	252	42	168	228	80
25	84	228	38	168	252	0
26	84	228	38	168	252	12.4

续表

场景	实际值/MW					
	1	2	3	4	5	风电
27	84	228	38	168	252	80
28	84	228	38	168	228	0
29	84	228	38	168	228	12.4
30	84	228	38	168	228	80
31	84	252	42	152	228	0
32	84	252	42	152	228	12.4
33	84	252	42	152	228	80
34	76	252	38	152	252	0
35	76	252	38	152	252	12.4
36	76	252	38	152	252	80

3) 电网规划方案与分析

将表 3-4 中风电功率和负荷的场景值代入模型(3-10)～模型(3-18)中的 $u_{i,h}$ 和 d_i，根据 3.3.2 节所介绍的外逼近法对模型进行求解。

为验证风电功率典型值取 0、均值和额定值比选取 0 和额定值得到的规划方案更具优越性，同时说明外逼近法比遗传算法能更快速有效地求解模型，设定以下三种方案。

方案一，即本章所用方法，风电功率典型场景选取 0、均值和额定值，采用外逼近法求解 3.2.1 节中的模型(式(3-10)～式(3-18))。

方案二，风电功率典型场景选取 0、均值和额定值，采用遗传算法求解 3.2.1 节中的模型(式(3-10)～式(3-18))。

方案三，风电功率典型场景选取 0 和额定值，采用外逼近法求解 3.2.1 节中的模型(式(3-10)～式(3-18))。

算例的运行环境均为 Windows 8，x64 系统，i3，4 核处理器，3.1GHz，4GB 内存。计算结果如表 3-5 所示。

表 3-5　修正的 Garver-6 系统计算结果

测试类型	规划方案(回)	成本/美元	计算时间/s
方案一	$n_{1\text{-}5}$=1, $n_{2\text{-}3}$=1 $n_{3\text{-}5}$=1, $n_{4\text{-}6}$=1	90000	0.1868
方案二	$n_{2\text{-}5}$=1, $n_{2\text{-}6}$=3 $n_{3\text{-}5}$=3	90000	8516.6
方案三	$n_{1\text{-}2}$=1, $n_{1\text{-}3}$=2 $n_{2\text{-}3}$=1, $n_{3\text{-}5}$=1 $n_{4\text{-}6}$=1, $n_{5\text{-}6}$=1	247000	0.2704

由表 3-5 可以看出，从时间上，方案一、方案三的时间均较短，体现了外逼近法所需迭代次数少、计算时间短的优点。从架设成本看，方案一、方案二的架设成本均为 90000 美元，方案三的架设成本为 247000 美元，可见，风电功率典型值选取 0、均值和额定值比取 0、额定值得到的规划方案更经济。

2. 规划方案验证

为进一步地验证方案一得到的规划方案更具鲁棒性，以下通过计算系统切负荷和弃风指标对方案一和方案三进行验证。

验证具体方法为：根据蒙特卡罗方法抽取 K 组风电功率场景，取 $K=10000$，将这 K 组风电功率场景代入某已知架设方案的 3.2.1 节的模型(3-10)～模型(3-18)中，统计该方案下系统发生切负荷和弃风现象的次数 K'，用 ξ 代表鲁棒性，$\xi=K/K'\times100\%$，ξ 越大，则说明该方案的鲁棒性越好；反之，则越差。

将德国 Amprion 风电场 2012 年整年的风电功率预测值原始数据折算为额定功率为 80MW 的数据，记为 p'_{wt}，折算公式如式(3-34)所示。

$$p'_{wt} = p_{wt} \times 80 / 5314.4, \qquad t = 1, 2, \cdots, 35136 \qquad (3-34)$$

规划结果验证如表 3-6 所示。由表 3-6 可看出，方案一得到的规划方案在总切负荷量和发生切负荷次数方面都优于方案三。方案一的鲁棒性 ξ 比方案三高，达到了 99.93%，验证了风电功率取 0、均值和额定值的方案一相比只取风功率 0 和额定值的方案二而言，不但更具经济性，而且更具鲁棒性，更能适应风电功率的随机波动。

表 3-6　方案一和方案三可靠性结果比较

测试类型	总切负荷量/次数	总弃风量/次数	ξ/%
方案一	87.23/7	0/0	99.93
方案三	243.27/56	0/0	99.44

3.4　基于矩匹配生成风电功率场景的鲁棒电网规划方法

3.4.1　基于矩匹配方法的风电功率场景的生成

1. 矩匹配方法的基本步骤

假设原始风电功率场景集合为 $\tilde{\boldsymbol{u}} = \{\tilde{u}_{z,s}\}_{z=1,2,\cdots,N_W;s=1,2,\cdots,N_S}$，生成的风电功率代表场景集合为 $\boldsymbol{u} = \{u_{z,s}\}_{z=1,2,\cdots,N_W;s=1,2,\cdots,N_H}$。其中，$N_W$ 表示风电场的数量，N_S 表示原始场景的数量，N_H 表示场景的数量，N_H 可依据实际情况选取，3.4.1 节给出一

种确定方法。

矩匹配方法生成代表风电功率场景 $u = \{u_{z,s}\}_{z=1,2,\cdots,N_W;s=1,2,\cdots,N_H}$ 的基本思路如图 3-4 所示。

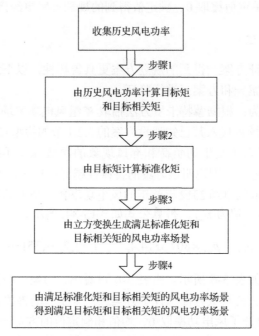

图 3-4 基于矩匹配方法生成风电功率场景的步骤

具体步骤如下所示。

步骤 1：计算原始风电功率场景集合 $\tilde{u} = \{\tilde{u}_{z,s}\}_{z=1,2,\cdots,N_W;s=1,2,\cdots,N_S}$ 的前四阶矩的矩阵和相关系数矩阵[20]，分别称为目标矩和目标相关矩，并记为 $\tilde{M} = \{\tilde{M}_{z,k}\}_{z=1,2,\cdots,N_W;k=1,2,3,4}$ 和 $R_{N_W \times N_W}$。

步骤 2：对目标矩 $\tilde{M}$ 进行标准化，得到标准化矩 $\bar{M} = \{\bar{M}_{z,k}\}_{z=1,2,\cdots,N_W;k=1,2,3,4}$。标准化矩的计算公式为

$$
\begin{cases}
\bar{M}_{z,1} = 0 \\
\bar{M}_{z,2} = 1 \\
\bar{M}_{z,3} = \dfrac{\tilde{M}_{z,3}}{\alpha_z^3}, \quad \alpha_z = \sqrt{\tilde{M}_{z,2}}, \qquad z = 1,2,\cdots,N_W \\
\bar{M}_{z,4} = \dfrac{\tilde{M}_{z,4}}{\alpha_z^4}
\end{cases}
\tag{3-35}
$$

步骤 3：生成满足标准化矩 $\bar{M}$ 和目标相关矩 R、数量为 N_H 的风电功率场景集合，记为 $\bar{u} = \{\bar{u}_{z,s}\}_{z=1,2,\cdots,N_W;s=1,2,\cdots,N_H}$。具体的方法如下所示。

步骤 3-1：随机产生服从任意分布的风电场景集合 $\bar{u}' = \{\bar{u}_{z,s}'\}_{z=1,2,\cdots,N_W;s=1,2,\cdots,N_H}$。

步骤 3-2：对目标相关矩 R 进行 Cholesky 分解：$R=LL^T$，得到下三角矩阵 L，并计算 $\bar{u}'' = L\bar{u}'$。

步骤 3-3：计算 $\bar{u}''$ 的相关系数矩阵 R''，并对 R'' 进行 Cholesky 分解：$R'' = L''(L'')^T$；

步骤 3-4：计算新的场景集合 $(\bar{u}'')^* = L(L'')^{-1}\bar{u}''$。

步骤 3-5：采用立方变换将场景集合 $(\bar{u}'')^*$ 转换为场景集合 $\bar{u}$，并计算 $\bar{u}$ 的相关矩阵，立方变换将在下面进行介绍。

步骤 3-6：判断 $|R - \bar{R}| \leqslant \varepsilon$ 是否满足？若满足，则转步骤 4；否则，令 $\bar{u}''=\bar{u}$ 转步骤 3-3。

步骤 4：将步骤 3 所得的 $\bar{u} = \{\bar{u}_{z,s}\}_{z=1,2,\cdots,N_W;s=1,2,\cdots,N_H}$ 代入式 (3-36)，即可得到满足目标矩 $\tilde{M}$ 和目标相关矩 R 的风电功率代表场景集合 $u = \{u_{z,s}\}_{z=1,2,\cdots,N_W;s=1,2,\cdots,N_H}$。

$$u = \alpha\bar{u} + \beta \tag{3-36}$$

式中，α 按步骤 2 的式 (3-35) 计算，β 等于式 (3-35) 中的 $\tilde{M}_{z,3}$。

2. 立方变换

参照文献[21]，立方变换的基本过程如下所示。

(1) 计算场景集合 $(\bar{u}'')^* = \{(\bar{u}_{z,s}'')^*\}_{z=1,2,\cdots,N_W;s=1,2,\cdots,N_H}$ 的前 12 阶矩阵[22]，记为 $\bar{M}'' = \{\bar{M}_{z,q}''\}_{z=1,2,\cdots,N_W;q=1,2,\cdots,12}$。

(2) 将 $\bar{M}$ 和 $\bar{M}''$ 的元素分别代入式 (3-37)～式 (3-40)，得到含 a、b、c、d 四个未知参数的方程组。

$$\bar{M}_{z,1} = a + b\bar{M}_{z,1}'' + c\bar{M}_{z,2}'' + d\bar{M}_{z,3}'' \tag{3-37}$$

$$\begin{aligned}
\bar{M}_{z,2} = {} & d^2\bar{M}_{z,6}'' + 2cd\bar{M}_{z,5}'' + (2bd \\
& + c^2)\bar{M}_{z,4}'' + (2ad + 2bc)\bar{M}_{z,3}'' \\
& + (2ac + b^2)\bar{M}_{z,2}'' + 2ab\bar{M}_{z,1}'' + a^2
\end{aligned} \tag{3-38}$$

$$\begin{aligned}
\bar{M}_{z,3} = {} & d^3\bar{M}_{z,9}'' + 3cd^2\bar{M}_{z,8}'' + (3bd^2 \\
& + 3c^2d)\bar{M}_{z,7}'' + (3ad^2 + 6bcd \\
& + c^3)\bar{M}_{z,6}'' + (6acd + 3b^2d
\end{aligned}$$

$$
\begin{aligned}
&+3bc^2)\bar{M}''_{z,5} + \left[a(6bd+3c^2)+3b^2c\right]\bar{M}''_{z,4} \\
&+(3a^2d+6abc+b^3)\bar{M}''_{z,3} + (3a^2c+3ab^2)\bar{M}''_{z,2} \\
&+3a^2b\bar{M}''_{z,1} + a^3
\end{aligned}
\tag{3-39}
$$

$$
\begin{aligned}
\bar{M}_{z,4} =\, & d^4\bar{M}''_{z,12} + 4cd^3\bar{M}''_{z,11} + (4bd^3+6c^2d^2)\bar{M}''_{z,10} \\
&+(4ad^3+12bcd^2+4c^3d)\bar{M}''_{z,9} \\
&+(12acd^2+6b^2d^2+12bc^2d+c^4)\bar{M}''_{z,8} \\
&+\left[a(12bd^2+12c^2d)+12b^2cd+4bc^3\right]\bar{M}''_{z,7} \\
&+\left[6a^2d^2+a(24bcd+4c^3)+4b^3d+6b^2c^2\right]\bar{M}''_{z,6} \\
&+\left[12a^2cd+a(12b^2d+12bc^2)+4b^3c\right]\bar{M}''_{z,5} \\
&+\left[a^2(12bd+6c^2)+12ab^2c+b^4\right]\bar{M}''_{z,4} \\
&+(4a^3d+12ab^2c+4ab^3)\bar{M}''_{z,3} \\
&+(4a^3c+6a^2b^2)\bar{M}''_{z,2} + 4a^3b\bar{M}''_{z,1} + a^4
\end{aligned}
\tag{3-40}
$$

(3) 求解由 (2) 得到的方程组，得到 a、b、c、d 四个参数。

(4) 将 a、b、c、d 以及 $(\bar{u}'')^*$ 代入式 (3-41)，即可得到满足标准化矩的矩阵 $\bar{M}$ 的风电功率场景集合 $\bar{u}$：

$$
\bar{u}_{z,s} = a + b(\bar{u}_{z,s}'')^* + c\left[(\bar{u}_{z,s}'')^*\right]^2 + d\left[(\bar{u}_{z,s}'')^*\right]^3
\tag{3-41}
$$

3. 代表场景数量的选择

在 3.4.1 节生成风电功率场景的过程中，需要确定所需生成场景的总数 N_H。场景的数量对电网规划的结果和计算速度具有重要的影响。本章采用如下步骤选择所需的场景数目 N_H。

(1) 假设 N_H 的初值为 N_{H0}，即 $N_H = N_{H0}$，迭代次数 $N_{iter}=0$。

(2) 采用 3.4.1 节的方法生成总数为 N_H 的场景集合 $\boldsymbol{u} = \{u_{z,s}\}_{z=1,2,\cdots,N_W; s=1,2,\cdots,N_H}$。

(3) 将 $\boldsymbol{u}$ 代入 3.2 节的模型 (3-10)～模型 (3-18) 进行求解，得到第 N_{iter} 次迭代电网规划的目标函数，记为 $f_{N_{iter}}$。

(4) 以 $\Delta N_h = 10$ 的步长增加场景的总数，即 $N_H = N_H + \Delta N_h$ 且令迭代次数增加 1：$N_{iter} = N_{iter}+1$。

(5) 转入步骤 (2) 和步骤 (3) 进行计算，得到 $f_{N_{iter}}$；若相邻两次迭代的目标函数值之差小于给定阈值 ε_f，即 $|f_{N_{iter}+1} - f_{N_{iter}}| \leqslant \varepsilon_f$，则 $N_H - \Delta N_h$ 为最终选取的场

景总数；否则转入步骤(4)继续计算。

3.4.2　矩匹配方法生成风电功率场景的验证

风电功率原始样本来源于德国 3 个风电场 2012 年每隔 15min 记录 1 次的风电功率数据[21]，共 35136 个原始风电功率场景。其中，风电场 1、风电场 2 和风电场 3 的额定功率分别为 12200.0MW、5314.4MW 和 1071.9MW。

根据 3.4.1 节的步骤，生成场景数分别为 30 和 80 的风电功率场景，分别计算该两种场景数下风电功率的统计特性，并与原始风电功率场景的统计特性进行比较，来说明矩匹配方法的有效性。

1. 场景数为 30 的风电功率场景特性

N_H=30，生成的风电功率代表场景记为 $u = \{u_{z,s}\}_{z=1,2,3;s=1,2,\cdots,30}$，场景压缩比例为 35136/30=1171.2。

表 3-7 和式(3-42)矩阵分别给出了 3 个风电场生成场景的各阶矩和相关系数矩阵。其中，M_{tar}、M_{MM} 分别表示目标矩和由矩匹配生成的场景的各阶矩；R_{tar}、R_{MM} 分别表示目标相关矩和由矩匹配生成场景的相关矩。

$$
\begin{matrix} R_{tar} & & & R_{MM} & & \\ \begin{bmatrix} 1.000 & 0.656 & 0.326 \\ 0.656 & 1.000 & 0.131 \\ 0.326 & 0.131 & 1.000 \end{bmatrix} & & & \begin{bmatrix} 1.000 & 0.660 & 0.320 \\ 0.660 & 1.000 & 0.126 \\ 0.320 & 0.126 & 1.000 \end{bmatrix} \end{matrix} \tag{3-42}
$$

表 3-7　生成的场景数为 30 的前四阶矩与目标矩的比较

各阶矩	风电场 1		风电场 2		风电场 3	
	M_{tar}	M_{MM}	M_{tar}	M_{MM}	M_{tar}	M_{MM}
期望	2299.93	2533.44	822.73	831.59	271.65	295.11
标准差	4158321	4302404	514987	532745	48084	49731
偏度	1.45	1.45	1.69	1.69	1.24	1.25
峰度	4.83	4.83	6.07	6.04	3.89	3.91

表 3-8 为生成的风电功率场景的前四阶矩与目标矩的误差，其计算公式如式(3-43)所示。

$$
\varepsilon_{z,k} = \left| \frac{\tilde{M}'_{z,k} - \tilde{M}_{z,k}}{\tilde{M}_{z,k}} \right| \tag{3-43}
$$

式中，$\tilde{M}_{z,k}$ 为第 z 个原始风电功率场景的前 k 阶目标矩；$\tilde{M}'_{z,k}$ 为生成的第 z 个风电功率场景的前 k 阶矩，k=1，2，3，4。

表 3-8　前四阶矩的误差比较

各阶矩	$\varepsilon_{1,k}$	$\varepsilon_{2,k}$	$\varepsilon_{3,k}$
期望	0.102	0.011	0.086
标准差	0.035	0.034	0.034
偏度	0.000	0.000	0.004
峰度	0.000	0.000	0.005

根据式(3-44)计算生成的风电功率序列的相关矩阵与目标矩阵的误差，结果为 0.0061。式中，norm 为 2 范数。

$$\varepsilon_y = \text{norm}(\boldsymbol{R}, \boldsymbol{R}')\sqrt{\frac{2}{N_W(N_W-1)}} \tag{3-44}$$

从表 3-7、表 3-8 和相关矩阵误差结果可以看出，由矩匹配生成的风电功率场景的各阶矩和相关矩阵与原始风电功率场景的各阶矩和相关矩阵误差很小，偏度和峰度误差甚至低至 0。可见，由矩匹配方法生成的风电功率场景在各阶矩和相关矩阵特性上满足了要求。

2. 场景数为 80 的风电功率场景特性

当 N_H=80 时，得到的风电功率序列记为 $\boldsymbol{u} = \{u_{z,s}\}_{z=1,2,3;s=1,2,\cdots,80}$，场景压缩比例为 35136/80=439.2。表 3-9 和式(3-45)给出了 3 个风电场生成场景的各阶矩和相关系数矩阵。

$$\begin{array}{cc} R_{\text{tar}} & R_{\text{MM}} \end{array}$$
$$\left[\begin{array}{ccc|ccc} 1.000 & 0.656 & 0.326 & 1.000 & 0.657 & 0.325 \\ 0.656 & 1.000 & 0.131 & 0.657 & 1.000 & 0.131 \\ 0.326 & 0.131 & 1.000 & 0.325 & 0.131 & 1.000 \end{array}\right] \tag{3-45}$$

表 3-9　生成的场景数为 80 的前四阶矩与目标矩的比较

各阶矩	风电场 1		风电场 2		风电场 3	
	M_{tar}	M_{MM}	M_{tar}	M_{MM}	M_{tar}	M_{MM}
期望	2299.93	2316	822.73	895	271.65	277
标准差	4158321	4200730	514987	528060	48084	48672
偏度	1.45	1.45	1.69	1.69	1.24	1.24
峰度	4.83	4.83	6.07	6.07	3.89	3.89

按照式 (3-43) 计算生成的风电功率的前四阶矩与目标前四阶矩的误差，结果如表 3-10 所示。

表 3-10　前四阶矩的误差比较

各阶矩	$\varepsilon_{1,k}$	$\varepsilon_{2,k}$	$\varepsilon_{3,k}$
期望	0.016	0.043	0.022
标准差	0.013	0.015	0.013
偏度	0.000	0.001	0.001
峰度	0.000	0.001	0.001

根据式 (3-44)，计算生成的风电功率的相关矩阵与目标相关矩阵的误差为 0.00089。

由表 3-9、表 3-10 和相关矩阵误差可以看出，由矩匹配生成的风电功率场景在前四阶矩和相关矩阵特性上满足了要求。

3.4.3　基于矩匹配生成风电功率场景的电网规划仿真分析

以修正的 Garver-6 节点、IEEE-24 节点和 IEEE RTS-96 系统为例，验证基于矩匹配方法生成场景的电网规划方案的经济性和鲁棒性。风电功率数据采用 3.4.2 节中德国 3 个风电场的数据。

经济性：

(1) 将由矩匹配方法生成的风电功率场景代入 3.2 节的模型 (3-10)～模型 (3-18) 中的 $u_{i,h}$。

(2) 根据文献[23]，3 个变量、每个变量 2 个水平形成的田口直交表极限场景如表 3-11 所示。其中，u_z 为第 z 个风电场的额定功率。将表 3-11 中形成的风电功率极限场景对应代入 3.2 节的模型 (3-10)～模型 (3-18) 中的 $u_{i,h}$。

表 3-11　田口直交表极限场景

场景	变量取值		
	风电场 1	风电场 2	风电场 3
1	0	0	0
2	0	u_2	u_3
3	u_1	0	u_3
4	u_1	u_2	0

采用 GAMS 软件分别对上面①和②的模型进行求解，比较所得规划方案的架设成本，成本越小，则说明经济性越好；反之，则越差。

鲁棒性：根据蒙特卡罗方法抽取 K 组风电功率场景，取 $K=10000$，将这 K 组风电功率场景代入某个已知架设方案(3.2节的模型(3-10)～模型(3-18)所提模型)中，统计该方案下系统发生切负荷和弃风现象的次数 K'，用 ξ 代表鲁棒性，$\xi=K/K'\times100\%$，ξ 越大，则说明该方案的鲁棒性越好；反之，则越差。

1. 修正的 Garver-6 节点

1) 系统介绍

修正的 Garver-6 节点系统[20]有 6 个节点，15 条备选支路。修正的 Garver-6 节点系统的拓扑结构如图 3-5 所示。支路参数和节点参数分别如表 3-12 和表 3-13 所示。节点 1、3、6 分别接入火电机组 G1、G2 和 G3；节点 2、3、4 分别接入风电机组 W1、W2 和 W3。

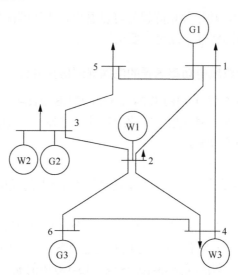

图 3-5   修正的 Garver-6 节点系统的拓扑结构

表 3-12   修正的 Garver-6 系统支路参数

序号	i	j	电抗/p.u.	n_0	p_{max}/MW	费用/美元	n_{max}
1	1	2	0.4	1	100	40	3
2	1	3	0.38	0	100	38	3
3	1	4	0.6	1	80	60	3
4	1	5	0.2	1	100	20	3
5	1	6	0.68	0	70	69	3
6	2	3	0.2	1	100	20	3
7	2	4	0.4	1	100	40	3

序号	i	j	电抗/p.u.	n_0	p_{max}/MW	费用/美元	n_{max}
8	2	5	0.31	0	100	31	3
9	2	6	0.3	1	100	30	3
10	3	4	0.59	0	82	59	3
11	3	5	0.2	1	100	20	3
12	3	6	0.48	0	100	48	3
13	4	5	0.63	0	75	63	3
14	4	5	0.3	1	100	30	3
15	5	6	0.61	0	78	61	3

表 3-13　修正的 Garver-6 系统节点参数

节点	火电额定出力/MW	有功负荷/MW	风电额定功率/MW
1	250	80	0
2	0	240	60
3	200	20	60
4	0	160	60
5	0	240	0
6	330	0	0

为了与 Garver-6 节点系统的负荷匹配，将 3 个风电场的风电功率额定值折算为 60MW，折算公式如式(3-46)所示。

$$u_{z,s} = 60u'_{z,s}/u_z^n, \qquad z=1,2,\cdots,N_W, s=1,2,\cdots,N_S \tag{3-46}$$

式中，$u'_{z,s}$ 为原始数据，表示第 z 个风电场的第 s 个风电功率场景；u_z^n 为第 z 个风电场的额定功率；N_W 为风电场总数；N_S 为风电功率场景总数。

2) 电网规划方案

根据 3.4.1 节所介绍的方法，最终确定风电功率最佳场景数 N_H=30。

(1)经济性。为避免重载线路因规划问题而造成运行后无法缓解的局面，采取线路有功潮流不超过线路最大有功潮流 80%的措施，以防止形成的方案中线路负载过高。采用 GAMS 软件分别对①和②的模型进行求解，得到架设方案分别如图 3-6 和表 3-14 所示。图 3-6 中虚线表示新增线路。

由表 3-14 可看出，在系统同样不发生切负荷与弃风现象的情况下，采用矩匹配生成场景下得到的规划方案成本为 100000 美元，而采用文献[3]中所介绍的田口直交表生成极限场景下得到的规划方案成本为 140000 美元，较矩匹配得到的规划方案而言，在支路 2-3 之间多增加了 2 回线路。

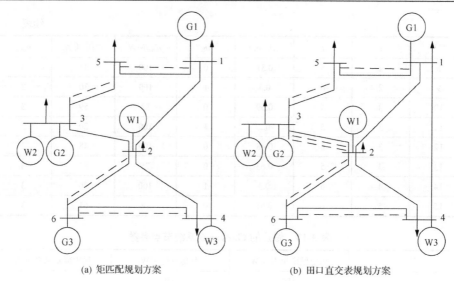

(a) 矩匹配规划方案　　　　　　　　　(b) 田口直交表规划方案

图 3-6　两种架设方案

表 3-14　修正的 Garver-6 节点的规划方案

比较项目	修正的 Garver-6 节点	
	矩匹配方法	田口直交表方法
架设方案	$n_{1-5}=1$, $n_{2-6}=1$, $n_{3-5}=1$, $n_{4-6}=1$	$n_{1-5}=1$, $n_{2-3}=2$, $n_{2-6}=1$, $n_{3-5}=1$, $n_{4-6}=1$
成本/美元	100000	140000
ξ	100	100

注：n_{i-j} 表示在支路 i-j 之间增加的线路回数，　$(i$-$j) \in \Omega_L$。

表 3-15 和表 3-16 分别列出了两种方法所得规划方案下新增支路各个场景的有功功率。表 3-15 中，只有在场景 2 时，支路 2-3 的有功潮流（81.61MW）稍大于最大有功潮流的 80%（80MW），而所得的最终规划方案却在该支路增加了 2 回线路。这说明，由田口直交表所得的场景较为极端，当满足这些极端场景时，尽管系统能够适应风电的所有场景，但系统线路架设方案比较冗余，由此带来了较大的经济成本。而由表 3-16 可以看出，由矩匹配得到的规划方案在各个场景下，支路 2-3 的有功潮流均小于最大有功潮流的 80%，支路 2-3 不需要增加线路。因此，验证了由矩匹配得到的规划方案更为经济。

表 3-15　基于 OA 的新增支路的功率　　　　　　　单位：MW

场景	功率				
	p_{1-5}	p_{2-3}	p_{2-6}	p_{3-5}	p_{4-6}
1	124.78	−64.78	−160	115.22	−154.59
2	97.92	−81.61	−145.04	142.08	−116.27
3	104.59	−33.11	−140.15	135.41	−116.34
4	99.2	−39.2	−148.02	140.8	−156.98

表 3-16　基于 MM 的新增支路的功率　　　　单位：MW

场景	功率				
	$p_{1\text{-}5}$	$p_{2\text{-}3}$	$p_{2\text{-}6}$	$p_{3\text{-}5}$	$p_{4\text{-}6}$
1	114.28	−71.39	−115.75	125.72	−119.71
2	116.63	−67.81	−136.2	123.37	−134.91
3	120	−33.87	−160	120	−130.08
4	115.5	−69.37	−131.58	124.5	−133.33
5	106.74	−70.03	−137.2	133.26	−134.53
6	118.89	−63.92	−139.01	121.11	−134.07
7	103.04	−44.95	−160	136.96	−142.85
8	118.99	−63.78	−139.14	121.01	−133.93
9	119.42	−64.28	−134.12	120.58	−124.11
10	118.28	−64.37	−140.39	121.72	−138.41
11	107.72	−50.49	−160	132.28	−150.08
12	100.87	−52.57	−160	139.13	−150.77
13	122.98	−42.28	−160	117.02	−133.5
14	116.5	−66.28	−117.4	123.5	−122.13
15	117.26	−64.98	−127.41	122.74	−130.92
16	108.82	−32.53	−160	131.18	−124.26
17	128.44	−45.23	−160	111.56	−147.32
18	128.82	−44.76	−160	111.18	−146.11
19	119.32	−62.64	−140.83	120.68	−137.06
20	118.12	−64.01	−133.22	121.88	−133.68
21	127.03	−43.82	−127.24	112.97	−129.63
22	93.87	−45.1	−160	146.13	−135.53
23	128.27	−45.44	−160	111.73	−147.91
24	115.68	−69.58	−119.14	124.32	−118.87
25	119.85	−61.54	−142.67	120.15	−138.66
26	134.67	−37.12	−160	105.33	−128.71
27	134.07	−33.9	−160	105.93	−143.79
28	106.83	−51.2	−160	133.17	−142.34
29	105.88	−46.23	−160	134.12	−136.91
30	101.6	−54.29	−136.23	138.4	−135.41

(2) 鲁棒性。鲁棒性计算结果如表 3-14 中的 ξ 所示。由表 3-14 可看出，两种方法下 ξ 均为 100，系统均不出现切负荷和弃风现象。

在系统同样不发生切负荷和弃风现象的情况下，相对田口直交表方法生成极限场景得到的规划方案而言，由矩匹配得到的规划方案不但能够满足风电功率的随机性，而且具有很好的鲁棒性，而且经济性也较好。

2. IEEE-24 节点系统

1）系统介绍

IEEE-24 节点系统[22]中，有 24 个节点，41 条备选支路。节点参数和支路参数如表 3-17 和表 3-18 所示。风电功率数据来源于 3.4.2 节所介绍的 3 个德国风电场，其中，节点 7、节点 16 和节点 22 分别接入额定功率折算为 300MW 的风电场 1、风电场 2、风电场 3。

表 3-17　IEEE-24 系统节点参数

节点	火电额定出力/MW	有功负荷/MW	风电额定功率/MW	节点	火电额定出力/MW	有功负荷/MW	风电额定功率/MW
1	576	324	0	13	1773	0	0
2	576	291	0	14	0	795	0
3	0	540	0	15	645	582	0
4	0	222	0	16	465	951	300
5	0	213	0	17	0	300	0
6	0	408	0	18	1200	999	0
7	900	375	300	19	0	543	0
8	0	513	0	20	0	384	0
9	0	525	0	21	1200	0	0
10	0	585	0	22	900	0	300
11	0	0	0	23	1980	0	0
12	0	0	0	24	0	0	0

表 3-18　IEEE-24 系统支路参数

序号	i	j	电抗/p.u.	n_0	p_{max}/MW	费用/美元	n_{max}
1	1	2	0.0139	1	175	3000	3
2	1	3	0.2112	1	175	55000	3
3	1	5	0.0845	1	175	22000	3
4	2	4	0.1267	1	175	33000	3
5	2	6	0.192	1	175	50000	3
6	3	9	0.119	1	175	31000	3
7	3	24	0.0839	1	400	50000	3
8	4	9	0.1037	1	175	27000	3
9	5	10	0.0883	1	175	23000	3
10	6	10	0.0605	1	175	16000	3
11	7	8	0.0614	1	175	16000	3
12	8	9	0.1651	1	175	43000	3
13	8	10	0.1651	1	175	43000	3

续表

序号	i	j	电抗/p.u.	n_0	p_{max}/MW	费用/美元	n_{max}
14	9	11	0.0839	1	400	50000	3
15	9	12	0.0839	1	400	50000	3
16	10	11	0.0839	1	400	50000	3
17	10	12	0.0839	1	400	50000	3
18	11	13	0.0476	1	500	66000	3
19	11	14	0.0418	1	500	58000	3
20	12	13	0.0476	1	500	66000	3
21	12	23	0.0966	1	500	134000	3
22	13	23	0.0865	1	500	120000	3
23	14	16	0.0389	1	500	54000	3
24	15	16	0.0173	1	500	24000	3
25	15	21	0.049	2	500	68000	3
26	15	24	0.0519	1	500	72000	3
27	16	17	0.0259	1	500	36000	3
28	16	19	0.0231	1	500	32000	3
29	17	18	0.0144	1	500	20000	3
30	17	22	0.1053	1	500	146000	3
31	18	21	0.0259	2	500	36000	3
32	19	20	0.0396	2	500	55000	3
33	20	23	0.0216	2	500	30000	3
34	21	22	0.0678	1	500	94000	3
35	1	8	0.1344	0	500	35000	3
36	2	8	0.1267	0	500	33000	3
37	6	7	0.192	0	500	50000	3
38	13	14	0.0447	0	500	62000	3
39	14	23	0.062	0	500	86000	3
40	16	23	0.0822	0	500	114000	3
41	19	23	0.0606	0	500	84000	3

2) 电网规划方案

根据 3.4.1 节所介绍方法，最终确定风电功率最佳场景数 N_H=80。

(1) 经济性。架设方案如表 3-19 所示。由表 3-19 可看出，所采用的矩匹配生成场景下得到的规划方案成本为 599000 美元，而采用文献[3]中所介绍的田口直交表生成极限场景下得到的规划方案成本为 687000 美元，可见，本节方法具有更好的经济性。

(2) 鲁棒性。鲁棒性结果如表 3-19 中的 ξ 所示。由表 3-19 可看出，当风电功率随机变化时，系统均无切负荷和弃风现象。而较田口直交表方法得到的规划方案而言，由矩匹配方法得到的规划方案经济性较好。

表 3-19　IEEE-24 节点的规划方案

比较项目	IEEE-24 节点	
	矩匹配方法	田口直交表方法
架设方案	$n_{1\text{-}5}=1$, $n_{3\text{-}9}=1$, $n_{6\text{-}10}=2$ $n_{7\text{-}8}=3$, $n_{9\text{-}12}=1$, $n_{10\text{-}12}=1$ $n_{11\text{-}13}=1$, $n_{12\text{-}13}=1$, $n_{14\text{-}16}=1$ $n_{16\text{-}17}=1$, $n_{17\text{-}18}=1$, $n_{20\text{-}23}=1$ $n_{21\text{-}22}=1$	$n_{3\text{-}9}=1$, $n_{6\text{-}10}=2$, $n_{7\text{-}8}=3$ $n_{9\text{-}12}=1$, $n_{10\text{-}11}=2$, $n_{11\text{-}13}=2$ $n_{14\text{-}16}=1$, $n_{15\text{-}16}=2$, $n_{15\text{-}21}=1$ $n_{20\text{-}23}=1$, $n_{21\text{-}22}=1$
成本/美元	599000	687000
ξ	100	100

注：$n_{i\text{-}j}$ 表示在支路 $i\text{-}j$ 之间增加的线路回数，$(i\text{-}j)\in\Omega_L$。

3. IEEE RTS-96 系统

1）系统介绍

IEEE RTS-96 系统是一个两区域系统，由 48 个节点、71 条备选支路[24]组成。节点参数和支路参数分别如表 3-20 和表 3-21 所示。节点 107、节点 122 和节点 222 分别接入风电场 1、风电场 2、风电场 3，其中，风电场 1 和风电场 2 的额定功率折算为 1200MW，风电场 3 的额定功率折算为 800MW。

表 3-20　IEEE RTS-96 系统节点参数

节点	火电额定出力/MW	有功负荷/MW	风电额定功率/MW	节点	火电额定出力/MW	有功负荷/MW	风电额定功率/MW
1	919.2	324	0	15	774	951	0
2	919.2	291	0	16	558	300	0
3	0	540	0	17	0	0	0
4	0	222	0	18	1440	999	0
5	0	213	0	19	0	543	0
6	0	408	0	20	0	384	0
7	864	375	1200	21	1440	0	0
8	0	513	0	22	1080	0	1200
9	0	525	0	23	2376	0	0
10	0	585	0	24	0	0	0
11	0	0	0	25	919.2	324	0
12	0	0	0	26	919.2	291	0
13	1027.08	795	0	27	0	540	0
14	0	582	0	28	0	222	0

节点	火电额定出力/MW	有功负荷/MW	风电额定功率/MW	节点	火电额定出力/MW	有功负荷/MW	风电额定功率/MW
29	0	213	0	39	774	951	0
30	0	408	0	40	558	300	0
31	864	375	0	41	0	0	0
32	0	513	0	42	1440	999	0
33	0	525	0	43	0	543	0
34	0	585	0	44	0	384	0
35	0	0	0	45	1440	0	0
36	0	0	0	46	1080	0	800
37	1027.08	795	0	47	2376	0	0
38	0	582	0	48	0	0	0

表 3-21　IEEE RTS-96 系统支路参数

序号	i	j	电抗/p.u.	n_0	p_{max}/MW	费用/美元	n_{max}
1	1	2	0.014	1	175	3	3
2	1	3	0.211	1	175	55	3
3	1	5	0.085	1	175	22	3
4	2	4	0.127	1	175	33	3
5	2	6	0.192	1	175	50	3
6	3	9	0.119	1	175	31	3
7	3	24	0.084	1	400	50	3
8	4	9	0.104	1	175	27	3
9	5	10	0.088	1	175	23	3
10	6	10	0.061	1	175	16	3
11	7	8	0.061	1	175	16	3
12	7	27	0.161	1	175	42	3
13	8	9	0.165	1	175	43	3
14	8	10	0.165	1	175	43	3
15	9	11	0.084	1	400	50	3
16	9	12	0.084	1	400	50	3
17	10	11	0.084	1	400	50	3
18	10	12	0.084	1	400	50	3
19	11	13	0.048	1	500	33	3
20	11	14	0.042	1	500	29	3
21	12	13	0.048	1	500	33	3
22	12	23	0.097	1	500	67	3

序号	i	j	电抗/p.u.	n_0	p_{max}/MW	费用/美元	n_{max}
23	13	23	0.087	1	500	60	3
24	13	39	0.075	1	500	52	3
25	14	16	0.059	1	500	27	3
26	15	16	0.017	1	500	12	3
27	15	21	0.049	2	500	34	3
28	15	24	0.052	1	500	36	3
29	16	17	0.026	1	500	18	3
30	16	19	0.023	1	500	16	3
31	17	18	0.014	1	500	10	3
32	17	22	0.105	1	500	73	3
33	18	21	0.026	2	500	18	3
34	19	20	0.04	2	500	27.5	3
35	20	23	0.022	2	500	15	3
36	21	22	0.068	1	500	47	3
37	23	41	0.074	1	500	51	3
38	25	26	0.014	1	175	3	3
39	25	27	0.211	1	175	55	3
40	25	29	0.085	1	175	22	3
41	26	28	0.127	1	175	33	3
42	26	30	0.192	1	175	50	3
43	27	33	0.119	1	175	31	3
44	27	48	0.084	1	400	50	3
45	28	33	0.104	1	175	27	3
46	29	34	0.088	1	175	23	3
47	30	34	0.061	1	175	16	3
48	31	32	0.061	1	175	16	3
49	32	33	0.165	1	175	43	3
50	32	34	0.165	1	175	43	3
51	33	35	0.084	1	400	50	3
52	33	36	0.084	1	400	50	3
53	34	35	0.084	1	400	50	3
54	34	36	0.084	1	400	50	3
55	35	37	0.048	1	500	33	3
56	35	38	0.042	1	500	29	3
57	36	37	0.048	1	500	33	3
58	36	47	0.097	1	500	67	3
59	37	47	0.087	1	500	60	3

续表

序号	i	j	电抗/p.u.	n_0	p_{max}/MW	费用/美元	n_{max}
60	38	40	0.059	1	500	27	3
61	39	40	0.017	1	500	12	3
62	39	45	0.049	2	500	34	3
63	39	48	0.052	1	500	36	3
64	40	41	0.026	1	500	18	3
65	40	43	0.023	1	500	16	3
66	41	42	0.014	1	500	10	3
67	41	46	0.105	1	500	73	3
68	42	45	0.026	2	500	18	3
69	43	44	0.04	2	500	27.5	3
70	44	47	0.022	2	500	15	3
71	45	46	0.068	1	500	47	3

2) 电网规划方案

根据 3.4.1 节所介绍方法，最终确定风电功率最佳场景数 N_H=30。

(1)经济性。架设方案如表 3-22 所示。由表 3-22 可看出，采用文献[3]中所介绍的田口直交表生成极限场景下得到的规划方案成本为 789000 美元，所采用的矩匹配生成场景下得到的规划方案的成本为 710000 美元，较前者少，具有更好的经济性。

(2)鲁棒性。鲁棒性计算结果如表 3-22 中的 ξ 所示。由表 3-22 可看出，由田口直交表方法得到的规划方案的 ξ 为 87.1，而矩匹配方法得到的规划方案的 ξ 为 91.2，较田口直交表方法的规划方案高 4.1。验证了由矩匹配方法得到的规划方案使系统更能够适应风电功率的随机性，具有更好的鲁棒性。

至此，通过以上 3 个算例，验证了由矩匹配方法得到的规划方案不仅具备较好的经济性，而且鲁棒性也较好，友好地协调了电力系统经济性和鲁棒性。

表 3-22　IEEE RTS-96 系统的规划方案

比较项目	IEEE RTS-96	
	矩匹配方法	田口直交表方法
架设方案	$n_{101-105}$=1, $n_{102-106}$=1, $n_{103-109}$=1 $n_{103-124}$=2, $n_{107-108}$=3, $n_{114-116}$=2 $n_{115-124}$=1, $n_{116-117}$=2, $n_{117-118}$=1 $n_{201-205}$=2, $n_{202-204}$=1, $n_{202-206}$=1 $n_{203-224}$=1, $n_{205-210}$=1, $n_{207-208}$=2 $n_{214-216}$=1, $n_{215-224}$=1, $n_{216-217}$=1 $n_{217-218}$=1	$n_{101-105}$=2, $n_{102-104}$=1, $n_{102-106}$=2 $n_{107-108}$=3, $n_{107-203}$=1, $n_{114-116}$=2 $n_{116-117}$=1, $n_{120-123}$=1, $n_{121-122}$=2 $n_{201-205}$=2, $n_{202-204}$=1, $n_{202-206}$=2 $n_{207-208}$=3, $n_{210-211}$=1, $n_{214-216}$=2 $n_{220-223}$=1, $n_{221-222}$=1
成本/美元	710000	789000
ξ	91.2	87.1

注：n_{i-j} 表示在支路 i-j 之间增加的线路回数，$(i$-$j) \in \Omega_L$。

3.5　本章小结

本章针对电网规划中风电功率的随机性问题，对如何建立一个能够适应风电随机变化的坚强电力系统网络架构，做了两个方面的工作。①基于极限场景考虑风电功率的随机特性。采用田口直交表获取由风电功率和负荷组合而成的极限场景集合，所得到的极限场景为少数，有利于减少计算量，且不损失场景组合的重要信息，有效地解决了风电功率场景数目带来的难题，并采用外逼近方法对所建模型进行求解。②基于矩匹配方法生成风电功率场景，将考虑风电功率的不确定性规划问题转化为确定性规划问题。矩匹配方法能够生成满足历史风电功率前四阶矩（期望、标准差、偏度和峰度）和相关矩要求的少量风电功率场景。少量场景已能够反映风电功率的随机特性，有效地处理了风电功率的随机性，大大降低了模型的计算量。

参 考 文 献

[1] Yu H, Chung C Y, Wong K P, et al. A chance constrained transmission network expansion planning method with consideration of load and wind farm uncertainties[J]. IEEE Transactions on Power Systems, 2009, 24(3): 1568-1576.

[2] 袁越, 吴博文, 李振杰, 等. 基于多场景概率的含大型风电场的输电网柔性规划[J]. 电力自动化设备, 2009, 29(10): 8-12.

[3] Yu H, Chung C Y, Wong K P. Robust transmission network expansion planning method with Taguchi's orthogonal array testing[J]. IEEE Transactions on Power Systems, 2011, 26(3): 1573-1580.

[4] 黎静华, 韦化, 莫东. 含风电场最优潮流的 Wait-and-See 模型与最优渐近场景分析[J]. 中国电机工程学报, 2012(22): 15-24.

[5] Li J, Lan F, Wei H. A scenario optimal reduction method for wind power time series[J]. IEEE Transactions on Power Systems, 2016, 31(2): 1657-1658.

[6] 雷亚洲. 随机规划理论在风电并网系统分析中的应用研究[D]. 北京: 中国电力科学研究院, 2001.

[7] 全然, 简金宝, 郑海艳. 基于外逼近方法的中期机组组合问题[J]. 电力系统自动化, 2009(11): 24-28, 103.

[8] 曾炎. 基于风电功率场景的鲁棒电网规划研究[D]. 南宁: 广西大学, 2015.

[9] Li J, Ye L, Zeng Y, et al. A scenario-based robust transmission network expansion planning method for consideration of wind power uncertainties[J]. CSEE Journal of Power and Energy Systems, 2016, 2(1): 11-18.

[10] 黎静华, 栗然, 牛东晓. 基于粗糙集的默认规则挖掘算法在电力系统短期负荷预测中的应用[J]. 电网技术, 2006, 30(5): 18-23.

[11] 黎静华, 韦化. 基于诱导有序加权平均算子的最优组合短期负荷预测[J]. 电网技术, 2011(10): 183-188.

[12] 林秀雄. 田口方法实战技术[M]. 深圳: 海天出版社, 2004.

[13] 艾欣, 刘晓, 孙翠英. 含风电场电力系统机组组合的模糊机会约束决策模型[J]. 电网技术, 2011, 35(12): 202.

[14] Taguchi Designs in the University of York[EB/OL]. [2016-01-28]. http://www.york.ac.uk/depts/maths/tables/orthogonal.htm.

[15] 杨子胥. 正交表的构造[M]. 济南: 人民出版社, 1978.

[16] 达林. 切平面在混合整数非线性规划中的应用[D]. 北京: 北京交通大学, 2009.

[17] 殷桂梁, 张雪, 操丹丹, 等. 考虑风电和光伏发电影响的电力系统最优旋转备用容量确定[J]. 电网技术, 2015, 39(12): 191-198.

[18] Romero R, Monticelli A, Garcia A, et al. Test systems and mathematical models for transmission network expansion planning[J]. IEE Proceedings—Generation, Transmission and Distribution, 2002, 149(1): 27-36.

[19] Transparency in Energy Markets[EB/OL]. [2016-02-15]. http://www.transparency.eex.com/en.

[20] Ross O. Interest rate scenario generation for stochastic programming[D]. Copenhagen: The Technical University of Denmark, 2007.

[21] Hoyland K, Kaut M, Stein W W. A Heuristic for moment-matching scenario generation[J]. Computational Optimization and Applications, 2003, 24(2): 169-185.

[22] Romero R, Rocha C, Mantovani J R S, et al. Constructive heuristic algorithm for the DC model in network transmission expansion planning[J]. IEE Proceedings—Generation, Transmission and Distribution, 2005, 152(2): 277-282.

[23] 袁越, 吴博文, 李振杰, 等. 基于多场景概率的含大型风电场的输电网柔性规划[J]. 电力自动化设备, 2009, 29(10): 8-15.

[24] Grigg C, Wong P, Albrecht P, et al. The IEEE reliability test system-1996. A report prepared by the reliability test system task force of the application of probability methods subcommittee[J]. IEEE Transactions on Power Systems, 1999, 14(3): 1010-1020.

第4章 含风电电力系统机组组合/经济调度问题

4.1 概　　述

电力系统优化运行主要是指在满足电力系统一些安全约束、技术约束的前提下，以尽可能经济的方式保证电力需求和供应的平衡，其相关问题主要包括负荷预测、电力系统机组组合、经济调度和潮流计算等。本章主要介绍电力系统机组组合、经济调度问题。机组组合问题是电力系统中一项重要的优化问题，合理的机组组合(或开机计划)一方面能大幅度地减小电力系统的运行成本，有着显著的经济效益；另一方面，机组组合模型可以考虑电力系统安全稳定约束，为电力系统安全运行提供保障。电力系统经济调度包括动态经济调度和静态经济调度，其中动态经济调度是指给定多个时段系统预测负荷和机组的开机方式后，确定机组的出力在满足系统负荷需求和安全约束的前提下使得系统总运行费用最小；静态经济调度则分别考虑单个时间断面的情况。

在本章中，4.2 节介绍了考虑风电随机性的电力系统机组组合 Wait-and-See 模型与方法研究；4.3 节介绍了考虑风电随机特性的机组组合 Here-and-Now 机会约束模型；4.4 节为计及机组调节能力的含风电电力系统的经济调度问题；4.5 节为本章小结。

4.2 考虑风电随机特性的电力系统机组组合
Wait-and-See 模型与方法研究

4.2.1 电力系统机组组合 Wait-and-See 数学模型

1. Wait-and-See 模型简介

基于场景分析方法的建模由于可以得到统计意义上较优的调度结果而一直备受关注，Wait-and-See(静观)模型，是一种在场景分析的基础上搭建起来的模型。含风电电力系统 Wait-and-See 机组组合模型的主要思想是将风电直接作为随机变量体现在模型当中，观察和等待随机变量的实现，对这些实现的信息进行决策，从而制定应对风电功率随机变化的措施。Wait-and-See 模型的一般数学表达式为

$$\begin{cases} \min_{x} c(x) \\ \text{s.t.}\ \ Z+\displaystyle\sum_{i=1}^{n}g(x_i)=0 \\ x_{\min,i}\leqslant x_i \leqslant x_{\max,i} \end{cases} \tag{4-1}$$

式中，x 为确定变量，$x\subset\mathbf{R}^n$；Z 为 m 维随机变量；$g:\mathbf{R}^n\rightarrow\mathbf{R}^m$。

由式(4-1)可知，如何处理随机变量是问题研究的关键。目前常见的处理方法主要有三种：第一种是直接采用风电的预测值作为风电的取值。具体做法为，在目标函数中对风电的计划出力与风电均值的偏差进行惩罚，风电的计划出力作为随机变量体现在约束中(以下称这种做法得到的模型为模型 A)[1-5]。第二种是采用表征风电随机特性的场景替换风电随机变量，生成能满足多种风电场景的鲁棒经济调度计划(以下称这种做法得到的模型为模型 B)[6-8]。第三种是在上述两种模型的基础上，生成的一种以最小调整量满足所有风电代表场景的调度计划(以下称这种做法得到的模型为模型 C)[9]。本章分别给出三种模型的数学表达式，并对比分析三种模型的优缺点，供调度运行人员依据实际运行需求，选择合适的调度计划制定模型。

2. 三种 Wait-and-See 机组组合模型的数学模型

1)模型 A

(1)目标函数。模型 A 的目标函数包括系统总运行费用 F_c 和惩罚费用两部分，如式(4-2)所示。系统总的运行费用计算公式如式(4-3)所示。惩罚费用是对风电出力计划偏离风电均值部分的惩罚，包括高于风电均值和低于风电均值惩罚两个部分，计算公式如式(4-4)和式(4-5)所示。从目标函数可以看出，模型 A 所得的调度计划是使得风电的出力尽可能地接近其均值[10,11]。

$$\min F_{\text{total}} = F_c + \sum_{t=1}^{T}\left[C_p\sum_{j=1}^{N_W}(P_{Wj}^{\text{av},t}-P_{Wj}^{t})^+ + C_b\sum_{j=1}^{N_W}(P_{Wj}^{t}-P_{Wj}^{\text{av},t})^+ \right] \tag{4-2}$$

$$F_c = \sum_{i=1}^{N_G}\sum_{t=1}^{T}a_i(P_{Gi}^{t})^2 + b_i(P_{Gi}^{t}) + c_i \tag{4-3}$$

$$(P_{Wj}^{\text{av},t}-P_{Wj}^{t})^+ = \max\{0, P_{Wj}^{\text{av},t}-P_{Wj}^{t}\} \tag{4-4}$$

$$(P_{Wj}^{t}-P_{Wj}^{\text{av},t})^+ = \max\{0, P_{Wj}^{t}-P_{Wj}^{\text{av},t}\} \tag{4-5}$$

式中，F_c 表示总运行费用；C_p、C_b 分别表示风电计划高于风电均值的惩罚系数、低于风电均值的惩罚系数；$P_{Wj}^{\mathrm{av},t}$ 表示第 j 个风电场第 t 时段的风电均值；a_i、b_i 和 c_i 表示第 i 台常规机组运行费用的 2 次、1 次和 0 次费用；P_{Wj}^t 为第 j 台风电机组第 t 时刻的出力；P_{Gi}^t 为第 i 台常规机组第 t 时刻的出力；N_G 为常规机组的台数；N_W 为风电机组的台数。

(2)约束条件。

①系统功率平衡约束。功率平衡约束指的是系统机组的出力必须等于系统负荷与网络的损耗之和，在不计及网损的情况下，系统的功率平衡方程表示为

$$\sum_{i=1}^{N_G} P_{Gi}^t + \sum_{j=1}^{N_W} P_{Wj}^t - P_D^t = 0 \tag{4-6}$$

式中，P_D^t 为第 t 时刻的系统总负荷，为已知参数。

②旋转备用约束。旋转备用是将所有运行机组的最大出力之和减去当前系统的负荷和损耗。传统的电力系统备用主要是为了保证系统可靠供电的一项重要措施，防止当出现一台机组或几台机组故障时，系统出现严重的负荷缺额从而导致系统频率急剧下降而发生故障。而在含风电的电力系统中，旋转备用的配置主要有两个功能：提供调节容量以弥补负荷预测和风电预测的不准确所引起的负荷和风电出力的偏差；当出现大型发电机组发生故障时，迅速将负荷转移到系统的其他机组。

旋转备用约束主要包含正旋转备用约束和负旋转备用约束两类。

正旋转备用约束：

$$\sum_{i=1}^{N_G} (\overline{P}_{Gi}^t - P_{Gi}^t) \geqslant R_{\mathrm{up}}^t \tag{4-7}$$

负旋转备用约束：

$$\sum_{i=1}^{N_G} (P_{Gi}^t - \underline{P}_{Gi}^t) \geqslant R_{\mathrm{down}}^t \tag{4-8}$$

式中，$\overline{P}_{Gi}^t$、$\underline{P}_{Gi}^t$ 为第 i 台常规机组第 t 时段允许的最大、最小出力；R_{up}^t 为系统在第 t 时刻设置的正旋转备用；R_{down}^t 为系统在第 t 时刻设置的负旋转备用。

③爬坡速率约束。爬坡约束速率指的是机组 i 在每分钟可以增加或减小的出力，其中机组每分钟可以增加的出力称为上坡速率(ramp-up)，反之称为下坡速率(ramp-down)。具体可表示为

$$\begin{cases} P_{Gi}^t - P_{Gi}^{t-1} \leqslant P_{Gi}^{\mathrm{up}}, & P_{Gi}^t > P_{Gi}^{t-1} \\ P_{Gi}^{t-1} - P_{Gi}^t \leqslant P_{Gi}^{\mathrm{down}}, & P_{Gi}^t < P_{Gi}^{t-1} \end{cases} \tag{4-9}$$

式中，P_{Gi}^{up} 为机组 i 的功率上升量的限制，其数值等于上爬坡速率乘以 60 分钟；P_{Gi}^{down} 为机组 i 功率下降量的限制，其数值等于下爬坡速率乘以 60 分钟。

④机组出力约束。机组的出力必须大于或等于其允许的最小出力，小于或等于其允许的最大出力，即

$$\underline{P}_{Gi}^t \leqslant P_{Gi}^t \leqslant \overline{P}_{Gi}^t \tag{4-10}$$

$$\underline{P}_{Wj}^t \leqslant P_{Wj}^t \leqslant \overline{P}_{Wj}^t \tag{4-11}$$

$$\underline{P}_{Gi}^t = \max\{\underline{P}_{Gi}, P_{Gi}^t - P_{Gi}^{\mathrm{down}}\} \tag{4-12}$$

$$\overline{P}_{Gi}^t = \min\{\overline{P}_{Gi}, P_{Gi}^t + P_{Gi}^{\mathrm{up}}\} \tag{4-13}$$

式中，$\overline{P}_{Gi}$、$\underline{P}_{Gi}$ 为第 i 台常规机组允许出力的上、下限；$\overline{P}_{Wj}^t$、$\underline{P}_{Wj}^t$ 为第 j 台风电机组第 t 时段可提供的最大、最小出力。

2) 模型 B

(1) 目标函数。模型 B 的目标函数包括运行成本费用 F_c 和惩罚费用两部分，如式(4-14)所示。运行成本的计算公式与式(4-3)相同。惩罚费用是对为了满足所有风电代表场景，调度计划所需做出的调整量的惩罚。从目标函数来看，模型 B 是为了制定能以最小调整量应对所有风电代表场景的调度计划。

$$\min F_{\mathrm{total}} = F_c + C_q \sum_{t=1}^{T} \sum_{i=1}^{N_G} \sum_{s=1}^{S} p^s \left| q_i^{s,t} \right| \tag{4-14}$$

式中，p^s 表示第 s 个场景的概率；$q_i^{s,t}$ 表示应对第 s 个风电出力场景、第 i 台常规机组在第 t 时段的出力计划的调整量；C_q 表示调整量对应的惩罚系数。

(2) 约束条件。

①系统功率平衡约束。功率平衡约束包括式(4-15)和式(4-16)。式(4-15)的含义是假设风电出力为均值，制定常规机组的出力计划。式(4-16)的含义是为了满足风电可能的出力场景 s，需要对常规机组出力计划进行调整量为 q_i^s 的调整。

$$\sum_{i=1}^{N_G} P_{Gi}^t + \sum_{j=1}^{N_W} P_{Wj}^{\mathrm{av},t} = P_D^t \tag{4-15}$$

$$\sum_{i=1}^{N_G}(P_{Gi}^t+q_i^{s,t})+\sum_{j=1}^{N_W}P_{Wj}^{s,t}=P_D^t,\qquad s=1,2,\cdots,S \tag{4-16}$$

式中，$P_{Wj}^{s,t}$ 为第 j 个风电场第 t 时段的第 s 个风电场景，$s=1,2,\cdots,S$，S 为场景的总数。其余符号与前述相同。

②其他约束。模型 B 的其他约束，如式(4-7)～式(4-13)所示。

3) 模型 C

(1)目标函数。模型 C 的目标函数包括运行成本费用和惩罚费用两部分，如式(4-17)所示。运行成本的计算公式与式(4-3)相同。惩罚费用是对为了满足所有风电的代表场景，调度计划所需做出的调整量的惩罚。为了去除式(4-14)的绝对值符号|•|，该模型引入向上调节量 r_i^s 和向下调节量 v_i^s，且 $r_i^s \geqslant 0$，$v_i^s \geqslant 0$。当 $r_i^s \geqslant 0$时，$v_i^s=0$；当 $v_i^s \geqslant 0$时，$r_i^s=0$。从目标函数看，模型 C 的目标与模型 B 的目标一致。

$$\min F_{\text{total}}=F_c+\sum_{s=1}^{S}\sum_{i=1}^{N_G}p^s(C_r r_i^{s,t}+C_v v_i^{s,t}) \tag{4-17}$$

式中，$r_i^{s,t}$、$v_i^{s,t}$ 分别表示为了应对第 s 个风电出力场景第 i 台常规机组在第 t 时段的出力计划的向上调整量、向下调整量；C_r、C_v 分别表示向上、向下调整量的惩罚系数。

(2)约束条件。

①系统功率平衡约束。功率平衡约束如式(4-18)所示，其含义是指为了满足风电可能的出力场景 s，需要对常规机组出力计划进行向上 $r_i^{s,t}$ 或向下 $v_i^{s,t}$ 调整，即增加或减少机组的出力。

$$\sum_{i=1}^{N_G}(P_{Gi}^t+r_i^{s,t}-v_i^{s,t})+\sum_{j=1}^{N_W}P_{Wj}^{s,t}=P_D^t,s=1,2,\cdots,S \tag{4-18}$$

②其他约束。模型 C 的其他约束，如式(4-7)～式(4-13)所示。

3. 三种 Wait-and-See 模型的对比分析

为了清楚地认识上述三种模型的特点，我们对三种 Wait-and-See 模型所得到的调度计划质量进行对比分析。本节首先介绍衡量调度计划质量的几个关键方面，并基于此，对三种 Wait-and-See 模型的调节能力进行对比分析。

实际运行中，衡量一个调度计划制定模型的性能主要包含以下方面：调度计划的调节能力、调度计划在实际运行中的调整量、调度计划的经济性以及模型的计算复杂度。通常认为，一个好的调度计划制定模型具有很强的调节能力、调度计划在实际运行中需要的调整量小、经济性好且计算简单。然而，这些因素是相互制约的，需要通过对模型的求解进行协调分析。

1) 调度计划特点对比分析

由 4.2.1 节提到的 Wait-and-See 机组组合模型可知，模型 A 所得的调度计划是尽可能地接近风电场出力均值的计划，所得调度计划主要是针对满足风电均值一种场景，鲁棒性较弱。

相对于模型 A，模型 B 和模型 C 则要求调度计划通过适当地调整可以满足所有给定的风电场景，且以调整量最小为目标函数。但从模型 B 的功率平衡约束看，其常规机组的出力之和限定为预测负荷减去风电场出力的均值。而模型 C 不做此限定，因此从这一角度来说，模型 C 的鲁棒性比模型 B 更强。3 种模型的特点对比如表 4-1 所示。

表 4-1　3 种模型的特点对比

比较对象	模型 A	模型 B	模型 C
目标函数	运行成本+与风电均值偏差的惩罚	运行成本+应对风电场出力各场景的惩罚	运行成本+应对风电场出力各场景的惩罚
功率平衡方程	常规机组出力与风电场出力之和等于预测负荷	常规机组出力与风电场出力均值之和等于预测负荷	常规机组出力与调节量之和等于预测负荷减去风电场出力场景
特点	风电场出力可调节、鲁棒性弱	风电场出力不可调、鲁棒性较强	风电场出力不可调、鲁棒性强

2) 机组调节能力对比分析

由式(4-6)可得，$\sum_{i=1}^{N_G} P_{Gi}^t = P_D^t - \sum_{j=1}^{N_W} P_{Wj}^t$，因此模型 A 的向上、向下调节能力分别为

$$\text{向上：} \sum_{i=1}^{N_G} \overline{P}_{Gi}^t - \left(P_D^t - \sum_{j=1}^{N_W} P_{Wj}^t \right) \qquad (4\text{-}19)$$

$$\text{向下：} \left(P_D^t - \sum_{j=1}^{N_W} P_{Wj}^t \right) - \sum_{i=1}^{N_G} \underline{P}_{Gi}^t \qquad (4\text{-}20)$$

同理，由式(4-15)可得，$\sum_{i=1}^{N_G} P_{Gi}^t = P_D^t - \sum_{j=1}^{N_W} P_{Wj}^{\mathrm{av},t}$，因此模型 B 的向上、向下调节能力分别为

$$向上：\sum_{i=1}^{N_G} \overline{P}_{Gi}^t - \left(P_D^t - \sum_{j=1}^{N_W} P_{Wj}^{\mathrm{av},t} \right) \tag{4-21}$$

$$向下：\left(P_D^t - \sum_{j=1}^{N_W} P_{Wj}^{\mathrm{av},t} \right) - \sum_{i=1}^{N_G} \underline{P}_{Gi}^t \tag{4-22}$$

同理，由式 (4-18) 可得，$\sum_{i=1}^{N_G} P_{Gi}^t = P_D^t - \sum_{j=1}^{N_W} P_{Wj}^{s,t} - (r_i^{s,t} - v_i^{s,t})$，因此模型 C 的向上、向下调节能力分别为

$$向上：\sum_{i=1}^{N_G} \overline{P}_{Gi}^t - \left[P_D^t - \sum_{j=1}^{N_W} P_{Wj}^{s,t} - (r_i^{s,t} - v_i^{s,t}) \right] \tag{4-23}$$

$$向下：\left[P_D^t - \sum_{j=1}^{N_W} P_{Wj}^{s,t} - (r_i^{s,t} - v_i^{s,t}) \right] - \sum_{i=1}^{N_G} \underline{P}_{Gi}^t \tag{4-24}$$

从三个模型的调节能力来看，模型 B 的调度计划的调节能力由风电的出力均值决定，其调节能力是固定的，灵活性较差。当风电的实际出力偏离均值较大时，可能会引起调节能力不足。模型 A 的调节能力稍强，但结合目标函数来看，与模型 B 接近，模型 A 的调度计划的目标也是尽可能地接近风电出力均值。相比模型 A 和模型 B，模型 C 的调度计划可满足所有给定的场景，因此，调节能力更强，灵活性更好。

4.2.2　基于场景缩减技术的 Wait-and-See 机组组合问题的求解分析

1. 基于矩匹配-聚类-Cholesky 组合算法的风电场景缩减技术

1) 基于矩匹配法风电场景生成模型

矩匹配 (moment-matching，MM) 法的目标是最小化原始离散概率分布 (original discrete probability distribution，ODPD) 与缩减后离散概率分布 (reduced discrete probability distribution，RDPD) 之间的随机特性偏差。一般来说，随机特性包括前四阶矩 (期望、方差、偏度和峰度) 以及相关性[12-14]。因此，依据矩匹配的基本思想，可以建立以下数学模型 (以下称为模型 1) 生成风电功率的场景：

$$\min \sum_{n=1}^{N} \sum_{k=1}^{4} \omega_k (m_{nk} - M_{nk})^2 + \sum_{n,l \in \{1,\cdots,N\},\ n<l} \omega_{\mathrm{r}} (c_{nl} - C_{nl})^2 \tag{4-25}$$

$$m_{n1} = \sum_{s=1}^{S} p_s w_{ns} \tag{4-26}$$

$$m_{n2} = \sqrt{\sum_{s=1}^{S} (w_{ns})^2 p_s - m_{n1}^2} \tag{4-27}$$

$$m_{n3} = \frac{\sum_{s=1}^{S} (w_{ns} - m_{n1})^3 \cdot p_s}{m_{n2}^3} \tag{4-28}$$

$$m_{n4} = \frac{\sum_{s=1}^{S} (w_{ns} - m_{n1})^4 \cdot p_s}{m_{n2}^4} \tag{4-29}$$

$$c_{nl} = \frac{\sum_{s=1}^{S} (w_{ns} - m_{n1})(w_{ls} - m_{l1}) p_s}{\sqrt{\left[\sum_{s=1}^{S} (w_{ns} - m_{n1})(w_{ns} - m_{n1}) p_s\right]\left[\sum_{s=1}^{S} (w_{ls} - m_{l1})(w_{ls} - m_{l1}) p_s\right]}}, \quad n,l \in N_W, n < l \tag{4-30}$$

s.t.

$$\sum_{s=1}^{S} p_s = 1, \quad p_s \geqslant 0 \tag{4-31}$$

式 (4-25)～式 (4-31) 中，n 和 l 分别表示第 n 个风电场及第 l 个风电场，$n,l \in \{1,\cdots,N\}$；ω_k 和 ω_r 分别表示前四阶矩及相关矩阵不满意度的惩罚因子，其中 $k=1,2,3,4$；N 表示风电场的个数；S 表示 RDPD 场景的个数；M_{nk} 表示第 n 个风电场的 ODPD 的第 k 阶矩；C_{nl} 表示第 n 个风电场及第 l 个风电场的 ODPD 之间的相关系数；m_{nk}（$k=1,2,3,4$；$n=1,\cdots,N$）表示第 n 个风电场的 RDPD 的第 k 阶矩；c_{nl} 表示第 n 个风电场及第 l 个风电场的 ODPD 之间的相关系数；w_{ns} 表示第 n 个风电场在场景 s 下的 RDPD 的场景值；p_s 表示场景 s 的概率。

模型 1 的计算复杂度：对于式 (4-25)，目标函数包括二阶项 $(m_{nk})^2$（$k=1,2,3,4$）；对于式 (4-29)，第四阶矩 m_{n4} 有 5 次项 $p_s(p_s w_{ns})^4$。因此，目标函数 (4-25) 包含 $(p_s(p_s w_{ns})^4)^2$，使问题 1 成为一个非常难求解的问题。更有甚者，ODPD 与 RDPD 之间的空间距离 (space distance, SD) 并未在问题 1 中有所体现，因此，RDPD 的模拟精度可能会减低[13]。

综上所述，非常有必要研究如何降低 MM 法的计算复杂度以及如何考虑空间距离以增加 RDPD 的逼近精度。下面介绍一种改进矩匹配场景缩减技术。

2) 基于聚类-Cholesky 分解算法的改进矩匹配风电场景缩减技术

基于聚类-Cholesky 分解的改进矩匹配[10, 13-16] (moment-matching-clustering-Cholesky decomposition，MMCC) 法的基本思想：首先，聚类 (clustering，C) 算法以最小化原始场景 (original scenarios，OS) 与约减后场景 (reduced scenarios，RS) 为目标生成一系列 RS，然后，使用楚列斯基分解 (Cholesky decomposition，CD) 算法对 RS 的相关性进行修正，使其在相关性上与 ODPD 匹配，最后，MM 法用于最优化 ODPD 与 RDPD 之间的随机特性。最终生成一系列具有代表性质的风电功率序列场景来准确地刻画风电的随机特性。具体算法步骤如下所示。

(1) 通过考虑 ODPD 与 RDPD 之间的空间距离，C 算法用于缩减原始场景的个数。

C 算法的目标函数是最优化聚类中心与其他所有场景之间的距离[13]，如下所示。

$$\min \sum_{s=1}^{S} \left(\sum_{j=1}^{J^s} \left| w_j^o - w_s^c \right|^2 \right)^{\frac{1}{2}}, \quad w_s^c = \sum_{j=1}^{J^s} \frac{1}{J^s} w_j^o \tag{4-32}$$

式中，w_j^o 表示第 s 个场景下的第 j 个 OS 值；J^s 表示在第 s 场景下的场景数量；w_s^c 表示第 s 个场下的聚类中心；S 表示与 RS 场景数量一致的场景容量。

C 算法通过考虑 ODPD 与 RDPD 之间的空间距离能够有效地减少场景的个数，达到约减场景的目的，得到缩减优化后的一系列风电场景。但是，通过 C 算法生成的这一系列风电场景的离散概率分布的相关性与 ODPD 的相关性已经发生了明显的变化，这是不符合场景的缩减精度的要求的。因此，本章采用 CD 算法来修正 RS 的相关性。

(2) 使用 CD 算法重构 RS，使其相关特性矩阵与 ODPD 的匹配。

定义 R 代表 ODPD 的相关特性矩阵，$(w^c)_{N \times S} = \{w_{n,s}^c\}_{n=1,2,\cdots,N;s=1,2,\cdots,S}$ 为 C 算法生成的 RS。使用 CD 算法使 RDPD 的相关性矩阵逼近矩阵 R 的算法步骤[14, 15] 如下 (算法 4-1) 所示。

步骤 1：对矩阵 R 进行 Cholesky 分解[16]，令 $R=LL^T$，其中 L 为一个下三角矩阵。

步骤 2：随机生成 $S \times N$ 维场景，定义为 $w^{rand} = \{w_{n,s}^{rand}\}_{n=1,2,\cdots,N;s=1,2,\cdots,S}$，其中 N 表示风电场的数量。

步骤 3：通过公式 $(\overline{w}^{rand})_{S \times N} = (L \times w^{rand})^T$，将 w^{rand} 转换为 $\overline{w}^{rand}$。

步骤 4：将 $\overline{w}^{rand}$ 中的元素按列升序排列，标记升序后原 $\overline{w}^{rand}$ 矩阵中元素所在的位置，记录为标记矩阵 $\overline{w}^{\text{rank}}$。

步骤 5：通过步骤 5-1 及步骤 5-2 重新排列由 C 算法得到的缩减风电场景集 w^c，获得新的矩阵 $\overline{w}^c$。

步骤 5-1：对于每一个 $i=1,2,\cdots,S$，$j=1,2,\cdots,N$，找到按列升序排列后的 w^c 中与 $\overline{w}_{ij}^{\text{rank}}$ 中的元素所指的位置所对应的值。

步骤 5-2：将步骤 5-1 中所找到的值相对应地放入 $\overline{w}^c$ 中的第 i 行和第 j 列。

步骤 6：计算新矩阵 $\overline{w}^c$ 的相关性矩阵，定义为 $\overline{R}$。

步骤 7：如果 $|R-\overline{R}|\leqslant\varepsilon$ 且迭代次数超过 $K_{\max}$，输出 $\overline{w}^c$，否则重复步骤 2～步骤 6。

为更好地理解在步骤 4 中 $\overline{w}^{\text{rank}}$ 的生成过程以及在步骤 5 中缩减风电场景集 w^c 的重新排列过程。下面给出算法 4-1 的例子。

步骤 1：通过分解，假设下三角矩阵

$$L=\begin{bmatrix}1&0\\0.6967&0.7174\end{bmatrix}$$

步骤 2：随机生成 5×2 维场景集，定义为

$$w^{\text{rand}}=\begin{bmatrix}-1.7629&-0.3198\\0.1229&2.1088\\-0.5613&-1.0170\\-0.0281&-0.2889\\-1.2271&0.9865\end{bmatrix}$$

步骤 3：计算 $\overline{w}^{\text{rand}}=\left(L\times w^{\text{rand}}\right)^{\text{T}}$；得到 $\overline{w}^{\text{rand}}=\begin{bmatrix}-1.7629&-1.4576\\0.1229&1.5984\\-0.5613&-1.1206\\-0.0281&-0.2268\\-1.2271&-0.1472\end{bmatrix}$

步骤 4：将 $\overline{w}^{\text{rand}}$ 中元素按列升序排列：$\overline{w}^{\text{rand}'}=\begin{bmatrix}-1.7629&-1.4576\\-1.2271&-1.1206\\-0.5613&-0.2268\\-0.0281&-0.1472\\0.1229&1.5984\end{bmatrix}$，由此可

$$\text{知 } \overline{w}^{\text{rank}} = \begin{bmatrix} 1 & 1 \\ 5 & 5 \\ 3 & 2 \\ 4 & 3 \\ 2 & 4 \end{bmatrix}$$

步骤 5：根据标记矩阵 $\overline{w}^{\text{rank}}$ 重新排列 C 算法得到缩减风电场景矩阵 w^c

假设 $w^c = \begin{bmatrix} 48.4969 & 48.5942 \\ 9.8630 & 9.8605 \\ 31.5950 & 16.8486 \\ 87.6408 & 73.4713 \\ 70.6745 & 23.7795 \end{bmatrix}$，那么修正后的风电场景集为 $\overline{w}^c = \begin{bmatrix} 9.8630 & 9.8605 \\ 87.6408 & 73.4713 \\ 48.4969 & 16.8486 \\ 70.6745 & 23.7795 \\ 31.5950 & 48.5942 \end{bmatrix}$

例子假设由 R 分解得到下三角矩阵 $L = \begin{bmatrix} 1 & 0 \\ 0.6967 & 0.7174 \end{bmatrix}$，并在假设所得 L 及随机生成的 w^{rand} 的基础上，根据算法 4-1 的各步骤，得到上述详细的推算过程。在算例中，$\overline{w}^{\text{rand}'}$ 为 $\overline{w}^{\text{rand}}$ 按列升序排列后的矩阵，$\overline{w}^{\text{rank}}$ 为通过 $\overline{w}^{\text{rand}}$ 得到的标记矩阵，如步骤 4 所示，$\overline{w}^{\text{rand}}$ 中的第二行、第一列的元素值(0.1229)处于 $\overline{w}^{\text{rand}'}$ 的第一列、第五行的位置，即该元素值(0.1129)在第一列中排在第 5 位，那么在相应的 $\overline{w}^{\text{rank}}$ 的第二行、第一列中的元素值就等于 5。根据标记矩阵 $\overline{w}^{\text{rank}}$，在步骤 5 中，在 w^c 升序排列后的矩阵第一列第五行的位置是 87.6408，故在 $\overline{w}^c$ 的第二行、第一列中的元素值为 87.6408。

(3)MM 法优化 RS 的概率。

使用 C 算法与 CD 算法生成 RS，并对其进行重新排列之后，有效地减少了上面提出的问题 1 的变量数目。此外，由于原始场景 OS 的各阶矩已知，根据文献[14]所述，在式(4-27)～式(4-29)中的变量 m_{n1} 可由已知量 M_{n1} 代替，式(4-28)及式(4-29)中的变量 m_{n2}，可由已知量 M_{n2} 代替。那么由此，模型 1 可以转为如下所示的模型 2：

$$\min \sum_{n=1}^{N} \sum_{k=1}^{4} \omega_k (m_{nk} - M_{nk})^2 + \sum_{n,l \in N_w, n<l} \omega_r (c_{nl} - C_{nl})^2 \tag{4-33}$$

$$m_{n1} = \sum_{s=1}^{S} p_s \overline{w}_{n,s}^c \tag{4-34}$$

$$m_{n2} = \sqrt{\sum_{s=1}^{S} (\overline{w}_{n,s}^c)^2 p_s - M_{n1}^2} \tag{4-35}$$

$$m_{n3} = \frac{\sum\limits_{s=1}^{S} (\overline{w}_{n,s}^c - M_{n1})^3 \cdot p_s}{M_{n2}^3} \tag{4-36}$$

$$m_{n4} = \frac{\sum\limits_{s=1}^{S} (\overline{w}_{n,s}^c - M_{n1})^4 \cdot p_s}{M_{n2}^4} \tag{4-37}$$

$$c_{nl} = \frac{\sum\limits_{s=1}^{S} (\overline{w}_{n,s}^c - M_{n1})(\overline{w}_{l,s}^c - M_{l1}) p_s}{\sqrt{\left[\sum\limits_{s=1}^{S} (\overline{w}_{n,s}^c - M_{n1})(\overline{w}_{n,s}^c - M_{n1}) p_s \right] * \left[\sum\limits_{s=1}^{S} (\overline{w}_{l,s}^c - M_{l1})(\overline{w}_{l,s}^c - M_{l1}) p_s \right]}}, \quad n,l \in N_W, n < l \tag{4-38}$$

s.t.

$$\sum_{s=1}^{S} p_s = 1, \quad p_s \geqslant 0 \tag{4-39}$$

在模型 2 中，除了概率 $p_s, s = 1, 2, \cdots, S$ 是未知量，其余的量均是已知的。虽然目标函数(4-33)中依然包含了二次项 $(m_{nk})^2$ $(k = 1, 2, 3, 4)$，但是，如式(4-37)所示，变量 m_{n4} 与概率 p_s 呈线性关系；在模型 2 中的最高次项为 $(p_s)^2$，避免了模型 1 中的高次项 $(p_s(p_s w_{ns})^4)^2$ 的存在。因此，模型 2 的计算复杂度得到了显著降低，模型 1 与模型 2 的计算复杂度如表 4-2 所示。

表 4-2　模型 1 与模型 2 的计算复杂度

模型	变量	变量数	最高次项变量
1	m_{nk}，w_{ns}，p_s	$4 \times N + N \times S + S$	$(p_s)^{10}(w_{ns})^8$
2	p_s	S	$(p_s)^2$

综上，MMCC 算法的求解步骤如下(以下称为算法 4-2)所示。

步骤 1：通过式(4-40)～式(4-44)计算 OS 的相关矩阵及目标矩，分别定义为 $\boldsymbol{R}$ 及 M_{nk}，$n = 1, 2, \cdots, N$，$k = 1, 2, 3, 4$。

$$M_{n1} = \frac{\sum\limits_{s_o=1}^{S_o} w_{ns_o}}{S_o} \tag{4-40}$$

$$M_{n2} = \sqrt{\frac{\sum\limits_{s_o=1}^{S_o}(w_{ns_o}-M_{n1})^2}{S_o}} \tag{4-41}$$

$$M_{n3} = \frac{S_o}{(S_o-1)(S_o-2)}\sum\limits_{s_o=1}^{S_o}\left(\frac{w_{ns}-M_{n1}}{M_{n2}}\right)^3 \tag{4-42}$$

$$M_{n4} = \frac{S_o(S_o+1)}{(S_o-1)(S_o-2)(S_o-3)}\sum\limits_{s_o=1}^{S_o}\left(\frac{w_{ns}-M_{n1}}{M_{n2}}\right)^4 - \frac{(S_o-1)}{(S_o-2)(S_o-3)} + 3 \tag{4-43}$$

$$C_{il} = \frac{\dfrac{1}{S_o}\sum\limits_{s_o=1}^{S_o}(w_{ns_o}-M_{n1})(w_{ls_o}-M_{l1})}{\sqrt{\left[\dfrac{1}{S_o}\sum\limits_{s_o=1}^{S_o}(w_{ns_o}-M_{n1})(w_{ns_o}-M_{n1})\right]\left[\dfrac{1}{S_o}\sum\limits_{s_o=1}^{S_o}(w_{ls_o}-M_{l1})(w_{ls_o}-M_{l1})\right]}}, \forall n \neq l$$

$$\tag{4-44}$$

式中，S_o 表示 ODPD 的场景数量；w_{ns_o} 表示风电场 n 的第 $(s_o)^{\text{th}}$ 个原始场景值。

步骤 2：通过 k-均值聚类算法[13]获得 RS，定义为 $(\boldsymbol{w}^c)_{N\times S} = \{w_{n,s}^c\}_{n=1,2,\cdots,N;s=1,2,\cdots,S}$。

步骤 3：通过算法 4-1 重构 $(\boldsymbol{w}^c)_{N\times S}$ 以满足目标相关矩阵的要求，将重构后的场景值定义为 $(\bar{\boldsymbol{w}}^c)_{S\times N}$。

步骤 4：通过 MM 法计算场景值 $(\bar{\boldsymbol{w}}^c)_{S\times N}$ 的概率，定义为 p_s，$s=1, 2, \cdots, S$。

步骤 5：场景集 $(\bar{\boldsymbol{w}}^c)_{S\times N}$，$p_s (S=1,2,\cdots,S)$ 为 N 个风电场的缩减风电场景离散概率分布（RDPD）。

基于风电场景缩减技术生成场景之后，将场景值及其对应的概率分别代入三种 Wait-and-See 机组组合模型，即可将含随机变量的机组组合问题转换为确定性的机组组合问题进行求解。下面介绍具体的求解过程。

2. 基于场景的 Wait-and-See 机组组合模型的求解过程

为求解含风电电力系统 Wait-and-See 机组组合模型，在场景缩减技术的基础上，本章采用 MATLAB 软件中的 YALMIP 工具箱调用 CPLEX 求解器直接求解。其中，CPLEX 是 IBM 公司一款高性能的数学规划问题求解器，可以快速、稳定地求解线性规划、混合整数规划、二次规划等一系列规划问题。其速度非常快，它能够处理有数百万个约束和变量的问题。开发人员能通过组件库从 MATLAB 语言中调用 CPLEX 算法，实现模型的求解。而 MATLAB 软件中的 YALMIP 工具箱，是一种集大成者工具箱，它不仅自己包含基本的线性规划求解算法，还提供了对 CPLEX、GLPK、lpsolve 等求解工具包。YALMIP 提供了一种统一的、简单的建模语言，其建模规则可归纳为以下几点。

(1)创建决策变量。通过函数 sdpvar(连续型变量)、intvar(整型变量)及 binvar(0,1 变量)，可分别创建模型所需求解的变量。

(2)添加约束及目标。通过不断构建 set()函数，将模型的目标函数及约束条件逐条添加进代码中。

(3)参数配置。通过 sdpsettings()函数，输入求解模型所需的求解器、冗余度、步长等信息。

(4)求解。通过 solvesdp()函数，求解一个数学规划(最小化)问题。

三种 Wait-and-See 模型中的风电随机变量可由场景集下的风电功率值及其概率代替，从而三种 Wait-and-See 模型由不确定性问题转化成了确定性问题。转化后的确定性模型是一种非线性规划问题，在 YALMIP 工具箱环境下通过函数 sdpvar()，创建模型 A、B、C 机组出力决策变量 P_G^A、P_G^B、P_G^C 及模型 A 中风电机组出力决策变量 P_W、模型 B 中机组调整决策变量 q_i^s 及模型 C 中机组上下调整决策变量 r_i^s 和 $v_i^{s,t}$。并在 YALMIP 建模规则第(3)步 sdpsettings()函数中调用 CPLEX 求解器求解三种通过 YALMIP 工具箱搭建好的 Wait-and-See 模型。最终获得上述创建的决策变量具体数值，得到模型的最优调度计划结果。

4.2.3　算例分析

本节首先采用所提基于矩匹配-聚类-Cholesky 分解组合算法的风电场景缩减技术对 10000 个原始场景进行缩减，并与矩匹配-聚类[12](moment-matching-clustering，MMC)组合算法、聚类算法[18](clustering，C)、拉丁超立方抽样[14](latin hypercube sampling，LHS)算法以及重要性抽样[20](importance sampling，IS)算法进行对比，验证所提场景缩减方法的优越性。并将生成的场景用于含风电机组的 IEEE-24 节点系统的经济调度问题中，对比分析了三种 Wait-and-See 模型的调度计划、目标函数、风电实际出力及机组调节能力等。具体仿真结果如下所示。

1. 基于矩匹配-聚类-Cholesky 组合算法仿真分析

1)仿真说明

本仿真计算模拟出 3 个风电场的约减风电场景离散概率分布(RDPD)。首先，原始风电场景离散概率分布(ODPD)包含 10000 个原始场景(OS)，每个场景的概率均为 1/10000。在图 4-1 中，WF1、WF2 和 WF3 分别代表风电场 1、风电场 2 和风电场 3，其中各场景值的标幺值如图 4-1 所示。

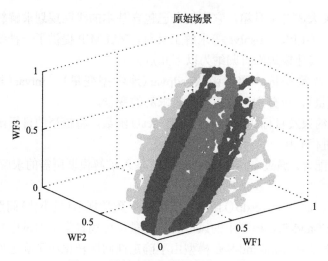

图 4-1　原始风电离散概率分布场景值

为体现所采用的改进场景生成算法 MMCC 的优越性，本节提出采用矩匹配-聚类组合算法、聚类算法、拉丁超立方抽样算法以及重要性抽样算法分别对 ODPD 进行场景的缩减，各算法均得到 10 个、20 个、40 个、60 个、80 个和 100 个的 RS。对各算法的性能进行比较，分别就各算法得到的 RDPD 与 ODPD 之间的前四阶矩偏差、相关性矩阵偏差及空间距离偏差进行对比。其中，前四阶矩偏差、相关性矩阵偏差及空间距离偏差的计算公式如下所示。

前四阶矩偏差为

$$\sum_{n=1}^{N} |m_{nk} - M_{nk}| \Big/ N \tag{4-45}$$

相关矩阵偏差为

$$\sqrt{\sum_{i=1}^{N}\sum_{l=1}^{N}(c_{il} - C_{il})^2 \Big/ N} \tag{4-46}$$

空间距离偏差为

$$\sum_{j=1}^{\tilde{S}} p_j \min_{s\in\{1,2,\cdots,S\}} \{w_s - w_j\} \tag{4-47}$$

式中，c_{il} 与 C_{il} 分别表示 RDPD 与 ODPD 的相关矩阵；w_j 表示 OS 的值；p_j 表示场景值 w_j 的概率；$\tilde{S}$ 表示 OS 的数量；w_s 表示 RS 的值；S 表示 RS 的数量。

2) MMCC 算法仿真结果分析

在 MMCC 算法的仿真过程中，相关矩阵偏差以及最小迭代次数分别为 0.05 和 40。前四阶矩的影响因子分别设定为 $\omega_1=1000$，$\omega_2=100$，$\omega_3=10$，$\omega_4=1$。为更有效地展示 CD 算法的性能，通过设置 $\omega_r=0$，即不计概率对相关矩阵的影响。

图 4-2 展示了缩减后为 10 个、40 个和 100 个场景集时的结果，包括各场景集的标幺值、相关矩阵、前四阶矩，以及场景集所对应的概率。图 4-2(a) 中场景集的标幺值分布形状与图 4-1 所示的原始场景的分布形状相似。

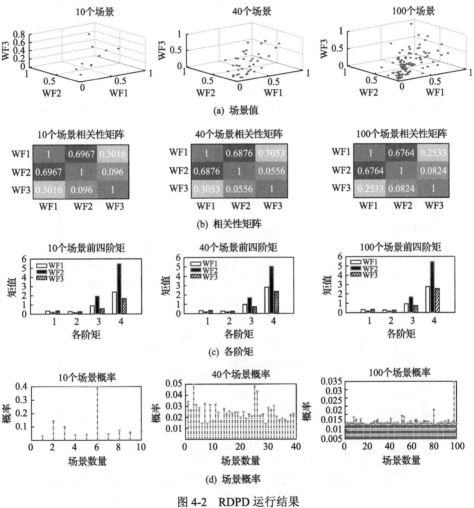

图 4-2　RDPD 运行结果

3) MMCC 算法的计算效率分析

为分析 MMCC 算法的计算效率，本节提出 3 种方案(S1、S2 及 S3)，对 MMCC

算法的计算效率进行了深入分析。

S1：采用后向迭代法(the backward method)及采用本章的 MMCC 算法分别在 100 个、200 个、300 个、400 个、500 个、600 个、700 个、800 个、900 个及 1000 个 OS 的情况下，生成 10 个 RS。比较两种算法在不同 OS 场景数量下模拟生成相同 RS 的计算效率。

S2：在 OS 为 10000 个的情况下，采用 MMCC 算法模拟生成 10 个、20 个、30 个、40 个、50 个、60 个、70 个、80 个、90 个及 100 个 RS，比较在 OS 个数相同的情况下，生成不同 RS 的计算效率。

S3：采用 MMCC 算法在 OS 个数分别为 1000 个、2000 个、3000 个、4000 个、5000 个、6000 个、7000 个、8000 个、9000 个、10000 个、20000 个及 30000 个的情况下，模拟生成 10 个 RS。比较在 OS 非常多的情况下，MMCC 算法的缩减效率。

S1 的 CPU 计算时间如图 4-3(a)所示，由图 4-3(a)可知，后向迭代法比 MMCC 算法需要更多的计算时间。例如，在 500 个 OS 的情况下，后向迭代法

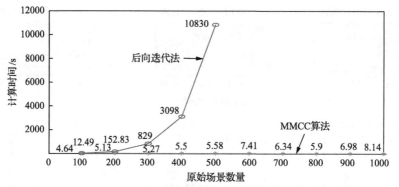

(a) MMCC算法与前向迭代法计算时间对比

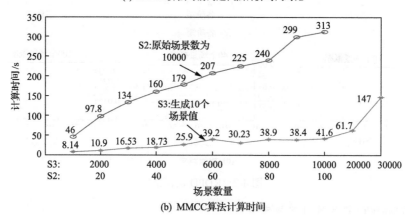

(b) MMCC算法计算时间

图 4-3　MMCC 算法计算效率对比

的 CUP 计算时间需要 10830s（超过 3 个小时），而 MMCC 算法的计算时间仅仅需要 5.58s，差异非常巨大。S2 及 S3 的 CPU 计算时间如图 4-3(b)所示，由图 4-3(b)可知，随着 RS 的增加，计算时间开始增加。但是，随着 OS 的增加，CPU 的计算时间并非严格地增加。例如，在图 4-3(b)中，8000 个 OS 时的计算时间比 6000 个 OS 时的少。这是因为在 MMCC 算法中的 k-均值聚类法的计算速度不会因为场景个数的增加而严格地增加。

总之，MMCC 算法在计算效率方面表现出了良好的性能。

4）MMCC 算法优化精度分析

本节采用 case1 及 case2，进一步地分析了本节所提算法在缩减场景方面的精确程度。在 case1 中，将 MMCC 算法生成的 RDPD 与 ODPD 相比较。在 case2 中，MMCC 算法与 MMC 算法、C 算法、LHS 算法，以及 IS 算法做比较。比较结果如下所示。

案例 1：MMCC 算法生成的 RDPD 与 ODPD 对比。

由 MMCC 算法生成的 20 个、40 个、60 个及 80 个 RS 的 RDPD 与 ODPD 前四阶矩的对比结果如图 4-4 所示，由图 4-4 可知，前一阶矩（期望）和二阶矩（方差）的偏差接近于 0，由此表明 4 个 RDPD 与 ODPD 的期望和方差几乎相等。并且，

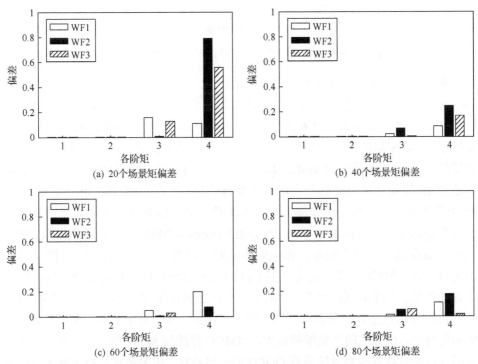

图 4-4　RDPD 与 ODPD 前四阶矩对比

当 RS 的个数增加时，前四阶矩的偏差逐渐减小。仿真结果表明，MMCC 算法在近似逼近原分布的随机特征方面表现出良好的性能。

图 4-5 展示了 RDPD 与 ODPD 的相关矩阵偏差及空间距离偏差。由图 4-5 可知，所有 RDPD 对应的相关矩阵偏差均小于 0.05，这表明通过 MMCC 算法得到的相关矩阵偏差均可控制在所要求的精度 ε 之下。并且，可以看到，相关矩阵偏差并不是随着 RS 的增加而呈现严格增加的趋势。这是因为在使用 CD 算法过程中随机数据调整了场景的相关性。相应地，空间距离的偏差也不随 RS 的增加而减少。

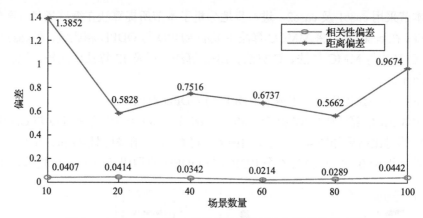

图 4-5　RDPD 与 ODPD 相关矩阵偏差及空间距离偏差对比

案例 2：MMCC 算法与其他算法的比较。

采用了 MMC 算法、C 算法、LHS 算法及 IS 算法生成一系列 RDPD 与 MMCC 法做比较。比较结果如图 4-6 所示，在图 4-6(a)中，将 MMCC 算法的结果与 LHS 算法与 IS 算法的运行结果进行了比较。在图 4-6(b)中，将 MMCC 算法的计算结果与基于还原法的 MMC 算法与 C 算法的结果进行对比。首先使用 LHS 算法及 IS 算法从风电经验分布函数中抽样生成 10 个、20 个、40 个、60 个、80 个及 100 个场景值。并且基于生成的场景，计算 ODPD 与生成场景的离散概率分布(generated discrete probability distribution，GDPD)之间的期望偏差、方差偏差、偏度偏差、峰度偏差、相关矩阵偏差，以及空间距离偏差。由图 4-6(a)中可以看出，MMCC 算法无论在哪方面的偏差都较其余两种算法小，体现出了良好的性能。从图 4-6(a)中还可以看出，IS 算法的结果比 LHS 算法的结果较好。

在图 4-6(b)中，三种算法的期望偏差都接近于 0，至于方差、偏度和峰度的偏差的对比，C 算法的结果偏差最大。MMCC 算法与 MMC 算法的结果相类似，表明这两种算法都能有效地捕获 ODPD 的随机特征。相关矩阵偏差如图 4-6(b)所示，由图 4-6(b)可知，MMCC 算法的偏差最小，由此表明，MMCC 算法能够最好地捕获 ODPD 的相关性特征。

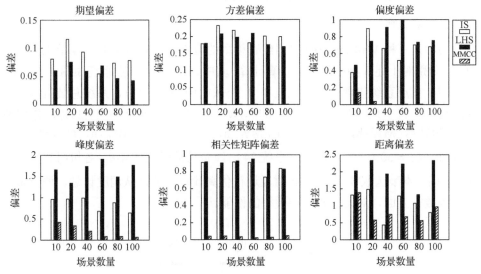

(a) IS算法、LHS算法以及MMCC算法前六阶矩偏差对比

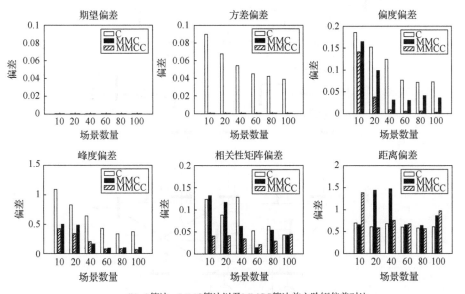

(b) C算法、MMC算法以及MMCC算法前六阶矩偏差对比

图 4-6　三种算法的结果比较

　　总之，本节所提 MMCC 算法在捕获风电 ODPD 的随机特性及相关特性方面都表现出了良好性能，并且相比于 MMC 算法、C 算法、LHS 算法，及 IS 算法，MMCC 算法能够以最优效率生成用少量最具有代表性的风电功率序列场景来准确地刻画风电随机特性。

2. 三种 Wait-and-See 机组组合模型仿真分析

1) 仿真说明

为验证三种 Wait-and-See 机组组合模型的特点，本章以 IEEE-24 节点系统为算例，分别对上述 3 种模型进行仿真计算。其中，IEEE-24 节点系统如图 4-7 所示，IEEE-24 节点系统包含 12 台机组和 1 个风电场(节点 17)，系统总装机容量为 4065MW，其中风电装机容量为 690MW，占总装机容量的 17.25%。分别取 $C_p = 50$美元$/ \mathrm{MW \cdot h}$，$C_b = 50$美元$/ \mathrm{MW \cdot h}$，$C_q = 50$美元$/ \mathrm{MW \cdot h}$，$C_r = 50$美元$/ \mathrm{MW \cdot h}$，$C_v = 60$美元$/ \mathrm{MW \cdot h}$。系统 24 时段负荷曲线见图 4-8。各机组参数参照文献[10]。本节选取 1 天内 24h 时段进行仿真计算，分别从调度计划、调节量、目标函数等方面，对比分析 3 种模型的性能。

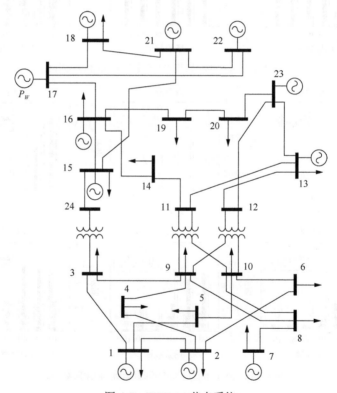

图 4-7　IEEE-24 节点系统

2) 基于场景缩减技术的风电场景集的生成

通过 4.2.2 节提出的场景缩减技术产生多个风电预测场景集，图 4-9 为生成的 22 个风电场景值，观察图形可知场景值数量多，呈现起伏的山群状，其范围囊括

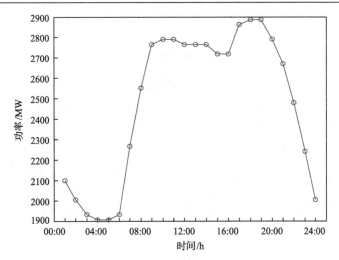

图 4-8　24 时段负荷曲线

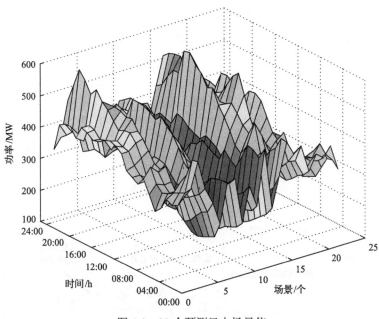

图 4-9　22 个预测风电场景值

风电出力预测均值，具有很强的代表性。将所生成的风电预测场景值分别代入三种模型中，得到如图 4-10 所示仿真结果。

3）三种模型调度计划对比分析

图 4-10 为 3 种模型调度计划柱状图，其中每个柱子表示某时段所有机组出力之和，由图 4-10 可知，模型 B 与模型 C 调度计划较为接近，模型 A 调度计划于09:00～21:00 时段处低于模型 B 和模型 C。

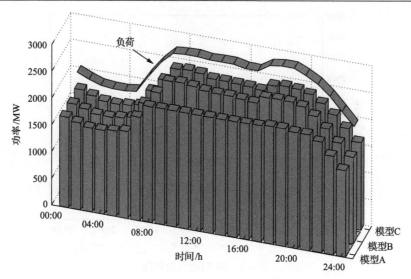

图 4-10　3 种模型调度计划柱状图

图 4-11 为 3 种模型实际风电出力及调度计划曲线，其中风电实际出力为负荷功率与机组总出力之差。

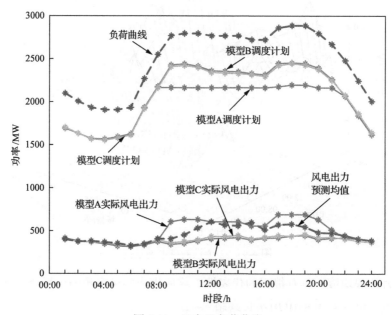

图 4-11　风电及负荷曲线

由图 4-11 可知，模型 A 所得实际风电出力接近风电功率均值，而模型 B 和模型 C 实际风电出力与预测均值相差较大，其原因在于模型 B 和模型 C 是为了满足风电功率所有场景，而不仅是均值场景。

其中，各模型实际风电出力以及预测风电出力均值如表 4-3 所示，由表 4-3 可知，模型 A 的实际风电出力尽可能地接近了预测风电出力均值，由表 4-3 数值以及图 4-11 曲线可以看出模型 B 和模型 C 在 09:00～20:00 时段把机组出力调高，以满足负荷高峰以及风电场出力偏离预测均值较大的情况。

表 4-3　3 种模型的风电出力

时段	风电出力/MW				时段	风电出力/MW			
	$P_{Wj}^{\mathrm{av},t}$	实际出力				$P_{Wj}^{\mathrm{av},t}$	实际出力		
		模型 A	模型 B	模型 C			模型 A	模型 B	模型 C
1	395	410	410	399	13	562	603	412	431
2	375	375	375	375	14	558	603	418	441
3	380	365	365	368	15	593	555	393	405
4	365	345	345	358	16	509	555	409	427
5	350	320	320	332	17	570	690	420	447
6	326	310	310	326	18	575	690	435	440
7	347	335	335	347	19	544	690	444	460
8	405	388	375	391	20	480	626	400	418
9	402	603	342	361	21	472	507	412	423
10	453	626	353	370	22	447	417	417	407
11	530	626	380	392	23	402	402	402	378
12	605	603	405	428	24	388	388	388	363

4) 模型 B 和模型 C 机组调节能力对比

如图 4-12 所示为机组调节量为所有机组调节量总和在每个时段的均值。由于模型 A 所得调度计划主要是针对满足风电均值一种场景，其调度计划无法通过调节机组满足预测的 22 个风电场景，故其调节量为 0。模型 B 中相对应场景 s 的调节量为 $\sum_{i=1}^{N_G}\sum_{t=1}^{T} q_i^{s,t}$；模型 C 中相对应场景 s 的调节量为 $\sum_{i=1}^{N_G}\sum_{t=1}^{T} (r_i^{s,t} - v_i^{s,t})$。由图 4-12 可以看出，模型 C 的调节量明显低于模型 B 的调节量。模型 B 常规机组出力之和限定为预测负荷减去风电场出力的均值，其调节能力被限制，可见模型 C 的调节能力更强于 B。即模型 C 的鲁棒性更好。

5) 三种模型经济性对比

3 种模型的经济性对比如表 4-4 所示，对比可知，模型 B 和模型 C 总成本为 737502.30 美元和 730199.43 美元，而模型 A 的总成本偏小，为 698135.90 美元，这是由于模型 B 和模型 C 需要调节机组出力，使系统具有应对风电实际出力的调节能力，但是增加了运行成本。相比较而言，模型 C 的成本略低于模型 B 的成本。模型 C 在调节机组出力时无须考虑风电出力均值，其相对于模型 B 具有更好的调节能力，从而使机组可以更接近经济运行点运行。

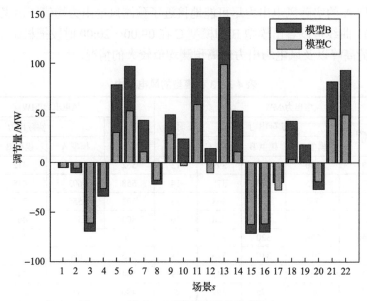

图 4-12 模型 B 和模型 C 机组调节量对比

表 4-4 24 时段发电费用

时段	发电费用/美元			时段	发电费用/美元		
	模型 A	模型 B	模型 C		模型 A	模型 B	模型 C
1	23536.46	26047.39	25798.15	13	31972.24	33467.66	33146.80
2	23191.16	25603.10	25462.99	14	31852.24	33638.51	33209.86
3	22840.83	25249.06	25098.26	15	31398.06	33301.22	32938.67
4	22818.95	25290.17	25096.55	16	31078.06	33278.86	32885.31
5	22961.00	25310.03	25182.06	17	33656.85	34977.44	34428.83
6	23153.74	25417.68	25278.64	18	33646.29	35087.62	34833.51
7	25530.45	27802.63	27633.05	19	33466.29	35116.65	34707.92
8	28418.42	30836.90	30599.55	20	32689.32	34348.67	33935.07
9	33372.24	33735.95	33528.04	21	30063.88	32925.63	32651.70
10	33629.32	33921.35	33692.81	22	26992.83	30616.86	30179.16
11	33089.32	33664.16	33475.36	23	24548.59	27982.70	27594.93
12	32112.24	33427.67	33099.64	24	23117.07	26454.38	25742.59
总计					689135.9	737502.30	730199.43

6)三种模型计算效率对比

由于模型 B、模型 C 需要满足多种风电出力场景，因此其约束较多。从目标函数看，模型 A 含有分段函数，模型 B 含有绝对值函数，属于非线性模型，并且其目标函数不可导,求解困难。模型 C 为常规的二次连续函数。因此,总体而言,模型 A 的计算量较小,模型 C 的计算量次之,模型 B 的计算量最大。3 种模型的计算量对比如表 4-5 所示。其中变量数目等于 12 台机组在 24 时段的机组出力、风电出力以及 22 个场景的调节量之和。约束数目为所有变量的约束数目之和。仿真设备采用 4 核处理器,主频为 3GHz,内存为 8GB,64 位操作系统。由表 4-5 可知,模型 A 与模型 C 的计算时间相近,计算时间均不足 1 分钟,足以证明求解器均能快速地求解两类常规模型。而模型 B 求解时间远大于模型 A 及模型 C,可见含绝对值的非线性模型 B 具有一定的求解难度。

表 4-5　3 种模型的计算量对比

比较对象	模型 A	模型 B	模型 C
变量数目	312	13248	12960
约束数目	1248	1728	1704
目标函数	二次分段函数	二次分段函数	二次连续函数
计算时间/s	12.87	222.36	15.6

4.3　考虑风电随机性的机组组合 Here-and-Now 机会约束模型与方法研究

4.3.1　机会约束模型简介

以机会约束随机规划条件构建含风电电力系统机组组合模型是目前应用最多且最为广泛地对风电并网机组组合问题的处理方式。这类建模思想统称为 Here-and-Now(直觉)模型[21],其主要是将风电的随机特性以概率约束或均值目标函数的形式在模型中体现,基本思想是采用"该约束可以被满足的概率大于给定阈值"的概率函数形式表示含有风电出力的约束,或者将"运行费用的均值"作为目标函数。Here-and-Now 模型的一般数学表达式为

$$\begin{cases} \min f(x) \\ \text{s.t.} \quad \Pr\{g(x,\xi) \leqslant 0\} \geqslant \alpha \end{cases} \tag{4-48}$$

式中,$f(x)$ 为目标函数;x 为决策变量;ξ 为参数向量;$g(x,\xi) \leqslant 0$ 为约束向量;α 为置信度水平;$\Pr\{\cdot\} \geqslant \alpha$ 表示事件成立的概率。Here-and-Now 模型可以较为准确地反映风电出力的随机特性,降低风电功率的随机性给系统造成的不良影响,然而,概率函数或均值函数的解算是难点。在现有研究模型中,决策者通常将风电功率近似为某一概率分布来考虑,这对风电并网问题的求解带来了很大的局限性,对实际中的调度往往帮助不大。当多维随机风电功率同时并网时,以多维机

会约束的形式构建机组组合模型，能够充分地反映风电带来的随机性，使模型更为合理及实际。因此，针对风电场的地理分布特性(多种随机变量)、电网结构分布特性等性质，本节所提模型将系统划分为 N 个区域，每个区域为一个独立的系统，区域之间采用联络线路传输功率，其中功率系统如图 4-13 所示。

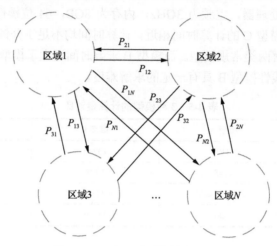

图 4-13　N 个区域系统的功率系统

将机组出力、联络线交换功率、机组启停计划及联络线状态作为优化变量。引入多维风电功率随机变量，建立如下数学模型。

4.3.2　含机会约束的机组组合数学模型

在多区域的机组组合问题中，每个区域都是一个独立的系统，在模型构建时要充分地考虑到每个区域的功率平衡、旋转备用约束及机组出力约束等，以满足区域内系统的约束平衡。而区域与区域之间还需满足联络线功率传输约束。本节采用机会约束来表征旋转备用约束，以所有区域内发电成本及联络线传输成本最小为目标，构建的机组组合模型具体表达式如下所示。

1. 目标函数

多区域联合运行系统的机组组合问题是在满足各区域负荷及系统运行约束下合理地安排各区域机组启停和出力，使调度周期内发电成本最小：

$$f = \sum_{k=1}^{K} f^k(u^k, p^k) + \sum_{t=1}^{T} \sum_{l=1}^{K-1} \sum_{k=l+1}^{K} (d_{lk,t} \lambda_{lk,t} p_{lk,t} + d_{kl,t} \lambda_{kl,t} p_{kl,t}) + u_i^t (1 - u_i^{t-1}) S_i \quad (4\text{-}49)$$

$$f^k(u^k, p^k) = \sum_{i=1}^{N_G^k} \sum_{t=1}^{T} u_{i,t}^k [a_i^k (p_{i,t}^{G,k})^2 + b_i^k (p_{i,t}^{G,k}) + c_i^k] \quad (4\text{-}50)$$

式中，k 表示区域数，$k=1,\cdots,K$，K 为系统分区总数；N_G^k 表示第 k 区域的机组总数；N_W^k 表示第 k 区域的风电场总数；表示 k 区域 i 机组在 t 时段的启停状态，$u_{i,t}^k=1$ 表示开机，$u_{i,t}^k=0$ 表示停机；a_i^k、b_i^k、c_i^k 表示 k 区域 i 机组发电成本函数系数；$\lambda_{lk,t}$ 表示 t 时段区域 k 和区域 l 之间的联络线交换功率的价格系数；$d_{lk,t}$ 表示时刻 t 区域 k 与区域 l 的联络线状态；$d_{lk}=1$ 表示区域 k 和区域 l 之间有联络线功率，方向为区域 l 传输到区域 k，$d_{lk}=0$ 表示区域 k 和区域 l 之间没有联络线功率；S_i 表示机组启动费用。

2. 约束条件

1）功率平衡约束

$$\sum_{i=1}^{N_G^k} u_{i,t}^k p_{i,t}^{G,k} + \sum_{j=1}^{N_W^k} p_{j,t}^{W^F,k} + \left(\sum_{l \in K} d_{lk,t} p_{lk,t} - \sum_{l \in K} d_{kl,t} p_{kl,t} \right) = p_t^{D,k}, \qquad t=1,2,\cdots,T ;$$
$$k=1,2,\cdots,K \tag{4-51}$$

式中，$p_{j,t}^{W^F,k}$ 为 k 区域 j 风电场在时刻 t 的预测风电功率值；$p_t^{D,k}$ 为时刻 t 区域 k 负荷预测功率值。

2）旋转备用约束

正旋转备用约束：各区域火电机组的额定出力总上限与联络线输入功率上限之和应在一定置信度水平下大于净负荷与旋转备用容量（各区域系统总负荷的10%）之和。

$$\Pr \left\{ \sum_{i=1}^{N_G^1} u_{i,t}^1 \overline{p}_i^{G,1} + \sum_{j=1}^{N_W^1} p_{j,t}^{W^A,1} + d_{l1,t} \sum_{l \in 1} \overline{p}_{l1} - p_t^{D,1} \geqslant 0.1 p_t^{D,1}, \cdots, \right.$$
$$\left. \sum_{i=1}^{N_G^K} u_{i,t}^K \overline{p}_i^{G,K} + \sum_{j=1}^{N_W^K} p_{j,t}^{W^A,K} + d_{lK,t} \sum_{l \in K} \overline{p}_{lK} - p_t^{D,K} \geqslant 0.1 p_t^{D,K} \right\} \geqslant \beta \tag{4-52}$$

负旋转备用约束：各区域系统净负荷与旋转备用容量之差应在一定置信度水平下大于系统火电机组额定下限与联络线输出功率上限之和。

$$\Pr \left\{ p_t^{D,1} - \sum_{i=1}^{N_G^1} u_{i,t}^1 \underline{p}_i^{G,1} - \sum_{j=1}^{N_W^1} p_{j,t}^{W^A,1} + d_{1l,t} \sum_{l \in 1} \overline{p}_{1l} \geqslant 0.1 p_t^{D,1}, \cdots, \right.$$
$$\left. p_t^{D,K} - \sum_{i=1}^{N_G^K} u_{i,t}^K \underline{p}_i^{G,K} - \sum_{j=1}^{N_W^K} p_{j,t}^{W^A,K} + d_{Kl,t} \sum_{l \in K} \overline{p}_{Kl} \geqslant 0.1 p_t^{D,K} \right\} \geqslant \beta \tag{4-53}$$

式中，$p_{j,t}^{W^A,K}$ 为随机变量，表示 t 时刻区域 K 风电场 j 风功率实际值；$\bar{p}_{Kl}$ 表示区域 l 传输至区域 K 交换功率上限；β 为置信度水平；$\bar{p}_i^{G,K}$ 及 $\underline{p}_i^{G,K}$ 分别表示 K 区域机组 i 出力上限、下限。

3）机组及联络线交换功率上下限约束

$$d_{lk,t}\underline{p}_{lk} \leqslant p_{lk,t} \leqslant d_{lk,t}\bar{p}_{lk} \tag{4-54}$$

$$d_{kl,t}\underline{p}_{kl} \leqslant p_{kl,t} \leqslant d_{kl,t}\bar{p}_{kl} \tag{4-55}$$

$$u_{i,t}^k \underline{p}_i^{G,k} \leqslant p_i^{G,k} \leqslant u_{i,t}^k \bar{p}_i^{G,k} \tag{4-56}$$

4）爬坡约束

$$u_{i,t}^k \max\{\underline{p}_i^{G,k}, p_{i,t-1}^{G,k} - \Delta p_i^{G,k}\} \leqslant p_{i,t}^{G,k} \leqslant u_{i,t}^k \min\{\bar{p}_i^{G,k}, p_{i,t-1}^{G,k} + \Delta p_i^{G,k}\} \tag{4-57}$$

式中，$\Delta p_i^{G,k}$ 表示区域 k 机组 i 的爬坡功率。

5）启停时间约束

$$u_{i,t}^k \in \{0,1\} \tag{4-58}$$

$$u_{i,t}^k = \begin{cases} 1, & 1 \leqslant T_i^{k,\text{on}} \leqslant \underline{T}_i^{k,\text{on}} \\ 0, & 1 \leqslant T_i^{k,\text{off}} \leqslant \underline{T}_i^{k,\text{off}} \\ 0\text{或者}1, & \text{其他} \end{cases} \tag{4-59}$$

式中，$T_i^{k,\text{on}}$ 及 $T_i^{k,\text{off}}$ 分别表示第 k 区域第 i 台机组的运行时间和停运时间；$\underline{T}_i^{k,\text{on}}$ 及 $\underline{T}_i^{k,\text{off}}$ 分别表示第 k 区域第 i 台机组的最小运行时间和最小停运时间。

4.3.3　基于 p-有效点理论机会约束机组组合问题的求解分析

1. 随机规划 p-有效点理论

机会约束规划的一般形式为

$$\begin{cases} \min\limits_{x} & c(x) \\ \text{s.t.} & \Pr\{g(x) \geqslant Z\} \geqslant p \\ & x \in X \end{cases} \tag{4-60}$$

式中，x 为确定变量；$X \subset \mathbf{R}^n$；Z 为 m 维随机变量；$g: \mathbf{R}^n \to \mathbf{R}^m$。

假设随机变量 Z 的累积概率分布函数为 $F_z(z) = \mathrm{Pr}\{Z \leqslant z\}$，定义 p 水平集合 (p-level set) 为

$$Z_p = \left\{ z \in \mathbf{R}^m : F_z(z) \geqslant p \right\} \tag{4-61}$$

从而，式(4-60)可等价为

$$\begin{cases} \min\limits_{x} & c(x) \\ \text{s.t.} & g(x) \in Z_p \\ & x \in X \end{cases} \tag{4-62}$$

下面给出 p-有效点的定义。

定义：若点 $v \in \mathbf{R}^m$ 满足 $F_z(v) \geqslant p$，$p \in (0,1)$ 且不存在任意一点 $z \leqslant v$，$z \neq v$ 使 $F_z(v) \geqslant p$，则称点 v 为累积概率分布函数 F_Z 的 p-有效点[22]。

由定义可知，若求得累积概率分布函数 F_Z 的 p-有效点，记为 v_p，则由式(4-62)，可将式(4-60)转换为

$$\begin{cases} \min\limits_{x} & c(x) \\ \text{s.t.} & g(x) \geqslant v_p \\ & x \in X \end{cases} \tag{4-63}$$

从而将机会约束(4-60)转换为确定性约束(4-63)。

由上可见，获取随机变量的 p-有效点 v_p 是概率约束转换为确定性约束的关键。

2. 基于 p-有效点的机会约束条件转化过程

1) p-有效点的获取方法

定义一个有限场景集 S 来刻画 n 维随机向量 $Z = (Z_1, \cdots, Z_n)^{\mathrm{T}}$ 的概率分布。在场景集 S 中，假设 $d_i^s (i = 1, \cdots, n, s \in S)$ 表示随机变量 Z_i，则 n 维随机向量 Z 的决策向量为 $d^s = (d_1^s, \cdots, d_n^s)^{\mathrm{T}}$。设场景 d^s 对应的概率为 $p_s, s \in S$ 且 $p_s = \mathrm{Pr}\{Z = d^s\} > 0$，$\sum\limits_{s \in S} p_s = 1$。

利用决策向量 d^s 生成多维随机变量 Z 的 p-有效点数学优化模型如下：

$$\begin{cases} \min \quad \sum_{i=1}^{n} v_i \\ v_i \geqslant d_i^s \delta_s, \quad i = 1, \cdots, n, s \in S \\ \sum_{s \in S} p_s \delta_s \geqslant p \\ \delta \in \{0,1\}^{|S|} \\ v \in \mathbf{R}_+^n \end{cases} \tag{4-64}$$

式中，v 为 n 维决策变量；δ_s 为二进制变量，当约束条件 $v_i \geqslant d_i^s, i = 1, \cdots, n$ 都满足时，$\delta_s = 1$，否则，$\delta_s = 0$。则 $v_i \geqslant d_i^s \delta_s$ 和 $\sum_{s \in S} p_s \delta \geqslant p$ 保证 $\Pr\{v \geqslant Z\} > p$。

下面以 2 维随机变量 $Z = (Z_1, Z_2)^{\mathrm{T}}$ 为例，对模型(4-64)进行解释说明。

设场景 d^s 为 2 维随机变量 $Z = (Z_1, Z_2)^{\mathrm{T}}$ 的决策向量，即用离散的概率分布 d^s 来近似描述随机变量 $Z = (Z_1, Z_2)^{\mathrm{T}}$，表 4-6 为场景 d^s 及其对应概率，其中，s 表示场景总数。

表 4-6　随机变量 $Z=(Z_1,Z_2)^{\mathrm{T}}$ 的场景 d^s 及其对应概率 p_s (s=4)

场景 d^s	$(d_1^s, d_2^s)^{\mathrm{T}}$			
	$(d_1^1, d_2^1)^{\mathrm{T}}$	$(d_1^2, d_2^2)^{\mathrm{T}}$	$(d_1^3, d_2^3)^{\mathrm{T}}$	$(d_1^4, d_2^4)^{\mathrm{T}}$
概率 p_s	p_1	p_2	p_3	p_4
二进制 δ_s	δ_1	δ_2	δ_3	δ_4

设随机变量 $Z = (Z_1, Z_2)^{\mathrm{T}}$ 的 p-有效点为 $(v_1, v_2)^{\mathrm{T}}$，由模型(4-64) $v_i \geqslant d_i^s \delta_s$ 有

$$\begin{cases} v_1 \geqslant d_1^1 \delta_1 \\ v_2 \geqslant d_2^1 \delta_1 \\ v_1 \geqslant d_1^2 \delta_2 \\ v_2 \geqslant d_2^2 \delta_2 \\ v_1 \geqslant d_1^3 \delta_3 \\ v_2 \geqslant d_2^3 \delta_3 \\ v_1 \geqslant d_1^4 \delta_4 \\ v_2 \geqslant d_2^4 \delta_4 \end{cases} \tag{4-65}$$

而 δ_s 的取值由式(4-66)决定：

$$\delta_1=\begin{cases}1, & \text{当} v_1 \geqslant d_1^1 \text{且} v_2 \geqslant d_2^1 \\ 0, & \text{其他}\end{cases}$$

$$\delta_2=\begin{cases}1, & \text{当} v_1 \geqslant d_1^2 \text{且} v_2 \geqslant d_2^2 \\ 0, & \text{其他}\end{cases}$$

$$\delta_3=\begin{cases}1, & \text{当} v_1 \geqslant d_1^3 \text{且} v_2 \geqslant d_2^3 \\ 0, & \text{其他}\end{cases} \quad (4\text{-}66)$$

$$\delta_4=\begin{cases}1, & \text{当} v_1 \geqslant d_1^4 \text{且} v_2 \geqslant d_2^4 \\ 0, & \text{其他}\end{cases}$$

因此，由多维随机变量 p-有效点的数学优化模型(4-64)，求解获得 p-有效点 Z_p，将其代入式(4-63)，从而将机会约束转换为确定性约束。

基于多维随机变量 p-有效点的数学模型求取 p-有效点 v 的基本思想：首先，离散化随机变量 Z，即用一组离散概率分布 d^s 来近似描述随机变量。将离散概率分布 d^s 及其概率代入优化模型(4-64)进行求解。具体过程如下所示。

步骤 1：以 m 表示样本总数，n 表示随机变量维数，输入 $m \times n$ 维的历史数据样本。

步骤 2：以 d^s 作为聚类中心，将 $m \times n$ 维数据样本分为 s 类，统计各类中样本所占比例作为各类概率值 p_s。

步骤 3：将步骤 2 中获得的场景 d^s 及其概率 p_s 代入优化模型(4-64)中，求取随机变量 Z 的 p-有效点 v。

2)机会约束条件的转化过程

4.3.2 节所提到的模型中旋转备用约束表达式为

$$\Pr\left\{\sum_{i=1}^{N_G^1} u_{i,t}^1 \overline{p}_i^{G,1} + \sum_{j=1}^{N_W^1} p_{j,t}^{W^A,1} + d_{I1,t}\sum_{l\in1}\overline{p}_{l1} - p_t^{D,1} \geqslant 0.1 p_t^{D,1},\cdots,\right.$$

$$\left.\sum_{i=1}^{N_G^K} u_{i,t}^K \overline{p}_i^{G,K} + \sum_{j=1}^{N_W^K} p_{j,t}^{W^A,K} + d_{lK,t}\sum_{l\in K}\overline{p}_{lK} - p_t^{D,K} \geqslant 0.1 p_t^{D,K}\right\} \geqslant \beta \quad (4\text{-}67)$$

$$\Pr\left\{p_t^{D,1} - \sum_{i=1}^{N_G^1} u_{i,t}^1 \underline{p}_i^{G,1} - \sum_{j=1}^{N_W^1} p_{j,t}^{W^A,1} + d_{1l,t}\sum_{l\in1}\overline{p}_{1l} \geqslant 0.1 p_t^{D,1},\cdots,\right.$$

$$\left.p_t^{D,K} - \sum_{i=1}^{N_G^K} u_{i,t}^K \underline{p}_i^{G,K} - \sum_{j=1}^{N_W^K} p_{j,t}^{W^A,K} + d_{Kl,t}\sum_{l\in K}\overline{p}_{Kl} \geqslant 0.1 p_t^{D,K}\right\} \geqslant \beta \quad (4\text{-}68)$$

由式(4-67)和式(4-68)可知，旋转备用约束中均包含有 K 维随机变量 $(p_{j,t}^{WA,1},\cdots,p_{j,t}^{WA,K})$，据此，首先将式(4-67)和式(4-68)转化成如式(4-60)中机会约束的一般形式：

$$\mathrm{Pr}\left\{\sum_{i=1}^{N_G^1}u_{i,t}^1\overline{p}_i^{G,1}+d_{l1,t}\sum_{l\in 1}\overline{p}_{l1}-1.1p_t^{D,1}\geqslant-\sum_{j=1}^{N_W^1}p_{j,t}^{WA,1},\cdots,\right.$$

$$\left.\sum_{i=1}^{N_G^K}u_{i,t}^K\overline{p}_i^{G,K}+d_{lK,t}\sum_{l\in K}\overline{p}_{lK}-1.1p_t^{D,K}\geqslant-\sum_{j=1}^{N_W^K}p_{j,t}^{WA,K}\right\}\geqslant\beta \tag{4-69}$$

$$\mathrm{Pr}\left\{0.9p_t^{D,1}-\sum_{i=1}^{N_G^1}u_{i,t}^1\underline{p}_i^{G,1}+d_{1l,t}\sum_{l\in 1}\overline{p}_{1l}\geqslant\sum_{j=1}^{N_W^1}p_{j,t}^{WA,1},\cdots,\right.$$

$$\left.0.9p_t^{D,K}-\sum_{i=1}^{N_G^K}u_{i,t}^K\underline{p}_i^{G,K}+d_{Kl,t}\sum_{l\in K}\overline{p}_{Kl}\geqslant\sum_{j=1}^{N_W^K}p_{j,t}^{WA,K}\right\}\geqslant\beta \tag{4-70}$$

令变量 $(v_{j,p}^1,\cdots,v_{j,p}^K)$，使式(4-71)成立：

$$\mathrm{Pr}\left\{p_{j,t}^{WA,1}\leqslant v_{j,p}^1,\cdots,p_{j,t}^{WA,K}\leqslant v_{j,p}^K\right\}=\beta \tag{4-71}$$

由概率论以及 p-有效点的定义，结合式(4-71)，可知 $(v_{j,p}^1,\cdots,v_{j,p}^K)$ 为 p-有效点，并将式(4-70)转换为式(4-72)：

$$\left\{0.9p_t^{D,1}-\sum_{i=1}^{N_G^1}u_{i,t}^1\underline{p}_i^{G,1}+d_{1l,t}\sum_{l\in 1}\overline{p}_{1l}\geqslant\sum_{j=1}^{N_W^1}v_{j,p}^1,\cdots,\right.$$

$$\left.0.9p_t^{D,K}-\sum_{i=1}^{N_G^K}u_{i,t}^K\underline{p}_i^{G,K}+d_{Kl,t}\sum_{l\in K}\overline{p}_{Kl}\geqslant\sum_{j=1}^{N_W^K}v_{j,p}^K\right\} \tag{4-72}$$

同理，将式(4-69)转换为

$$\left\{\sum_{i=1}^{N_G^1}u_{i,t}^1\overline{p}_i^{G,1}+d_{l1,t}\sum_{l\in 1}\overline{p}_{l1}-1.1p_t^{D,1}\geqslant-\sum_{j=1}^{N_W^1}v_{j,1-p}^1,\cdots,\right.$$

$$\left.\sum_{i=1}^{N_G^K}u_{i,t}^K\overline{p}_i^{G,K}+d_{lK,t}\sum_{l\in K}\overline{p}_{lK}-1.1p_t^{D,K}\geqslant-\sum_{j=1}^{N_W^K}v_{j,1-p}^K\right\} \tag{4-73}$$

式中，$(v_{j,1-p}^1,\cdots,v_{j,1-p}^K)$ 表示 $1-p$ 有效点。其转化过程如下所示。

式 (4-69) 的一般形式为

$$\Pr\{g(x) \geqslant -Z_p\} \geqslant \beta \tag{4-74}$$

式中

$$g(x) = \left[\sum_{i=1}^{N_G^1} u_{i,t}^1 \overline{p}_i^{G,1} + d_{l1,t} \sum_{l \in 1} \overline{p}_{l1} - 1.1 p_t^{D,1}, \cdots, \sum_{i=1}^{N_G^K} u_{i,t}^K \overline{p}_i^{G,K} + d_{lK,t} \sum_{l \in K} \overline{p}_{lK} - 1.1 p_t^{D,K} \right] \tag{4-75}$$

$$Z_p = \left[\sum_{j=1}^{N_W^1} p_{j,t}^{W^A,1}, \cdots, \sum_{j=1}^{N_W^K} p_{j,t}^{W^A,K} \right] \tag{4-76}$$

由概率论的知识可知：

$$\Pr\{Z_p \geqslant -g(x)\} = 1 - \Pr\{Z_p \leqslant -g(x)\} \geqslant \beta \tag{4-77}$$

即

$$F(-g(x)) = \Pr\{Z_p \leqslant -g(x)\} \leqslant 1 - \beta \tag{4-78}$$

而对于随机变量 Z_p 的分布函数 $F(x)$，当 $x = v_{1-\beta}$ 时，有

$$F(v_{1-\beta}) = \Pr\{X \leqslant v_{1-\beta}\} = 1 - \beta \tag{4-79}$$

式中，$v_{1-\beta}$ 为分布函数 $F(x)$ 的 $1-p$ 有效点。对比式 (4-78) 及式 (4-79)，并由分布函数的单调不减性可知：

$$F(-g(x)) \leqslant F(v_{1-\beta}) \tag{4-80}$$

即有

$$-g(x) \leqslant v_{1-\beta} \tag{4-81}$$

将式 (4-75) 代入式 (4-81) 可得

$$\left\{ \sum_{i=1}^{N_G^1} u_{i,t}^1 \overline{p}_i^{G,1} + d_{l1,t} \sum_{l \in 1} \overline{p}_{l1} - 1.1 p_t^{D,1} \geqslant -\sum_{j=1}^{N_W^1} v_{j,1-p}^1, \cdots, \right.$$

$$\left. \sum_{i=1}^{N_G^K} u_{i,t}^K \overline{p}_i^{G,K} + d_{lK,t} \sum_{l \in 1} \overline{p}_{lK} - 1.1 p_t^{D,K} \geqslant -\sum_{j=1}^{N_W^K} v_{j,1-p}^K \right\} \tag{4-82}$$

式(4-82)即式(4-73)，从而完成从式(4-60)到式(4-73)的转化过程。

从而实现将机会约束(式(4-52)、式(4-53))转换为确定性约束(式(4-72)、式(4-73))。

3. 算例分析

1) 算例说明

采用改造的 33 机系统[23]及 IEEE-118 节点系统改造的 54 机系统[24]对上述算法进行说明。如图 4-14 所示，将系统分为 3 个供电区域，即分为区域 1、区域 2、区域 3，分区之间存在电气联系。各分区均分布有风电场及常规机组，其中风电功率预测值采用爱尔兰风电场 2015 年 5 月 30 日改造数据。

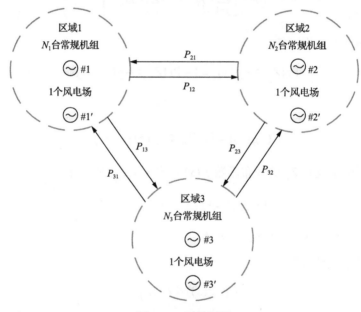

图 4-14　系统框架

对于两个系统，3 个分区的用电负荷特性及风电分布情况见表 4-7。利用预测所得的系统负荷及风电出力，制定 33 机及 54 机系统日机组组合计划。

表 4-7　3 个区域的负荷及风电情况

系统	区域	最高负荷/MW	占全网负荷比例/%	风电装机容量/MW	占全网风电装机比例/%	常规机组台数/台	常规机组容量/MW	占全网机组总装机比例/%
54 机系统	1	1580	24.6	800	23.5	14	1810	24.7
	2	1020.2	15.9	600	17.6	11	1290	17.6
	3	3812.8	59.5	2000	58.9	29	4230	57.7

续表

系统	区域	最高负荷/MW	占全网负荷比例/%	风电装机容量/MW	占全网风电装机比例/%	常规机组台数/台	常规机组容量/MW	占全网机组总装机比例/%
33 机系统	1	1510.2	25.0	450	24.3	10	1662	23.8
	2	2010.5	33.4	620	33.5	10	2358	33.8
	3	2510	41.6	780	42.2	13	2960	42.4

由图 4-14 可知，系统区域之间存在电气连接，在某个区域用电高峰或低谷时，区域可以通过联络线进行功率交换，以确保区域不失负荷或弃风。引入联络线功率价格系数，以确保买卖电平衡。其中联络线价格参数如表 4-8 所示。

表 4-8　联络线价格参数

联络线	P_{12}	P_{21}	P_{13}	P_{31}	P_{23}	P_{32}
价格/美元	13	5	6	8	8	9

为体现方法的优越性，本节提出采用抽样平均算法（SAA）及 p-有效点（P-EFF）算法将 4.3.2 节提到的机会约束多区域联合运行机组组合模型转化为确定性模型，并分别通过商用软件 CPLEX 进行求解，分别就两种算法得到的机组启停计划、联络线传输成本及旋转备用功率配置等方面进行对比。其中，系统旋转备用容量计算公式如下所示。

正旋转备用容量：

$$\overline{R}=\sum_{i=1}^{N_G^k} u_{i,t}^k \overline{p}_i^{G,k} + d_{lk,t}\sum_{l\in 1}\overline{p}_{lk} - p_t^{D,k} + v_{1-p}^k \tag{4-83}$$

负旋转备用容量：

$$\underline{R}=p_t^{D,k} - \sum_{i=1}^{N_G^k} u_{i,t}^k \underline{p}_i^{G,k} + d_{kl,t}\sum_{l\in 1}\overline{p}_{kl} - v_p^k \tag{4-84}$$

式中，$\overline{R}$ 表示配置的正备用；$\underline{R}$ 表示配置的负备用。

2) p-有效点的获取

分别采用 33 机系统及 54 机系统对应的 2015 年 1 月 1 日至 2015 年 5 月 31 日的每日 24 点各区域历史风电预测数据求取系统各区域 p-有效点，根据 4.3.3 节所述，将风电随机变量历史数据代入模型，获得 33 机系统，p-有效点（600.3,

797.1，900.6)及 1–p 有效点(30.5，34.9，38.5)，54 机系统 p-有效点(817.12，600.32，1500.56)及 1–p 有效点(24.96，20.56，28.48)。

3)机组启停计划及联络线传输成本结果对比

图 4-15 展示了 SAA 算法与 p-有效点算法(P-EFF)所制定的机组启停计划中机组启停不相同的部分。图 4-16 展示了两种算法制定的各区域联络线输出功率成本。分析 33 机系统区域 1、区域 2 和区域 3 机组启停计划可知，相对于 SAA 算法，为减轻联络线负担及更好地配置旋转备用容量，P-EFF 算法在区域 1 增开了相对灵活的机组 4 和机组 5 及机组 9，相应地减少了成本较高的机组 3 的启动；区域 2 相对增开了相对灵活的小机组 8～10，而停开大容量机组 3；但 SAA 算法区域 3 增开了机组 12。可见 SAA 算法中，通过区域 3 增开机组及联络线传输至区域 1、区域 2 以使功率平衡，而 P-FEE 算法则是通过增开自身区域小机组来达到平衡，致使区域间交换功率减少，联络线上的输出功率成本均有所下降。由图 4-16 可知，SSA 算法区域 2、区域 3 联络线输出功率成本相对 P-EFF 算法都有所偏高。

由此可知，P-EFF 算法各区域负荷功率基本由本区域机组提供，以满足系统功率平衡，且存在极少交换功率的情况。而 SAA 算法中，虽然主要由经济性较好的机组承担负荷以达到系统功率平衡，但该算法机组组合结果存在极大的交换功率情况。由图 4-16(a)可知，SAA 算法在 06:00～12:00、16:00～22:00 时段内，区域 2、区域 3 联络线输出功率成本都较 P-EFF 算法高，这是由于这两个时段区域 1 用电到达高峰期，P-EFF 算法开启了部分小机组(如区域 1 中机组 4、机组 5、机组 9)，充分地发挥小机组快速反应的特点，以满足风电及负荷的要求。从系统安全性及经济性考虑，理论上应尽量地减少区域间电气联系，当大规模风电并网时，应当尽量地发挥本区域机组的主观能动性。而 SAA 算法则通过增加区域间电气联系牺牲本区域小机组，这样不仅造成了本区域资源的浪费，也增加了联络线负担。

54 机系统运行结果更为明显地展示了这一对比。由图 4-15(b)可知，P-EFF 算法在用电高峰时段 08：00～13：00、18：00～21：00，区域 1 相对增开了机组 1～3、机组 6、机组 8 及机组 11 和机组 12。在图 4-16(b)中，虽然 P-EFF 在区域 1 的联络线输出功率成本较 SAA 算法偏高 0～100 美元，但相对于区域 3 中 P-EFF 算法传输成本在每个时段都较 SAA 算法偏低 300～1100 美元，区域 1 的传输成本可忽略不计。总体而言，图 4-16(b)SAA 算法的传输总成本都较 P-EFF 算法偏高，更进一步验证了 33 机系统结果分析所得结论。

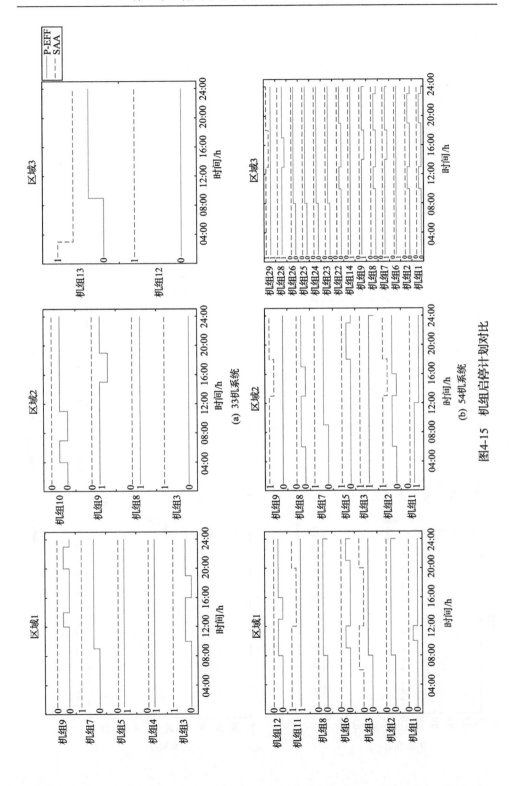

图4-15　机组启停计划对比

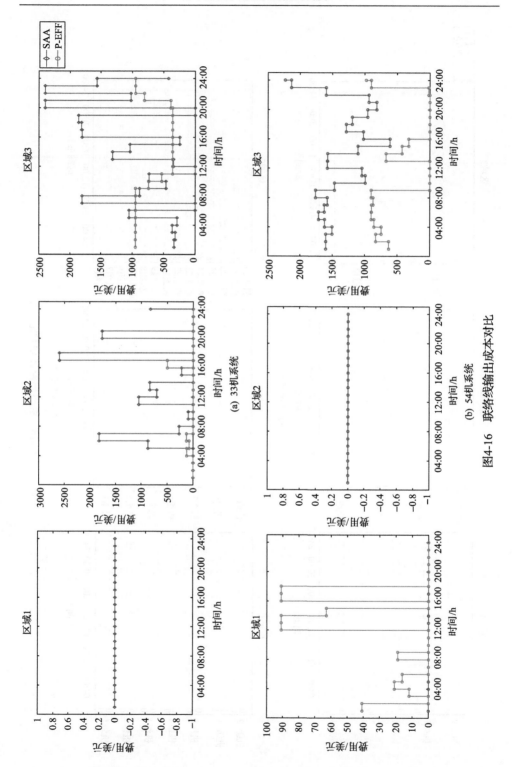

图4-16　联络线输出成本对比

4) 系统旋转备用容量配置计划及对比

为验证所配置旋转备用容量及日机组启停计划能否有效地应对在风电预测误差范围内的风电出力，甚至包括极端风电场景集下的系统功率平衡。引入 200 个近似系统各区域风电预测分布的随机风电功率场景值 $\Delta P_{j,t}^{W,s}$。通过计算各个风电场景值下的失负荷功率 P_{lost}^{k}，计算两种算法的电力不足概率 L_{lost}。其中 P_{lost}^{k} 及 L_{lost} 计算公式如下：

$$\overline{P}_{\text{lost}}^{k} = \sum_{i=1}^{N_G^k} u_{i,t}^{k} \overline{p}_{i,t}^{G,k} + \Delta P_{j,t}^{W,s} + \left(\sum_{l\in K} d_{lk,t} \overline{p}_{lk,t} - \sum_{l\in K} d_{kl,t} \overline{p}_{kl,t} \right) - p_t^{D,k} \tag{4-85}$$

$$\underline{P}_{\text{lost}}^{k} = p_t^{D,k} - \sum_{i=1}^{N_G^k} u_{i,t}^{k} \underline{p}_{i,t}^{G,k} - \Delta P_{j,t}^{W,s} - \left(\sum_{l\in K} d_{lk,t} \overline{p}_{lk,t} - \sum_{l\in K} d_{kl,t} \overline{p}_{kl,t} \right) \tag{4-86}$$

$$L_{\text{lost}} = P'_{\text{lost}} / P_{\text{lost}} \tag{4-87}$$

式中，$\overline{P}_{\text{lost}}^{k}$($\overline{P}_{\text{lost}}^{k} < 0$) 及 $\underline{P}_{\text{lost}}^{k}$($\underline{P}_{\text{lost}}^{k} < 0$) 分别定义为正失负荷功率及负失负荷功率，其分别表示为，当风电功率过小及过大时，已有的日机组组合计划及联络线导通计划不能满足负荷需求或不能够完全消纳过大的风电，此时需要保留足够的正备用以应对风电的不足或足够的负备用应对风电的盈余。P'_{lost} 表示配置的旋转备用未能囊括失负荷功率 $\overline{P}_{\text{lost}}^{k}$($\overline{P}_{\text{lost}}^{k} < 0$) 及 $\underline{P}_{\text{lost}}^{k}$($\underline{P}_{\text{lost}}^{k} < 0$) 的功率点。

为验证两种算法所制定的机组启停计划及联络线导通计划能否应对所有风电场景值，以满足系统功率平衡以及两种算法所配置的旋转备用容量是否能够囊括所有的失负荷功率，将 P-FEE 算法及 SAA 算法计算得到的 33 机系统及 54 机系统旋转备用容量及失负荷功率进行比较，分别如图 4-17 与图 4-18 所示。

在图 4-17 与图 4-18 中，曲线表示两种算法配置的旋转备用容量的大小，针状曲线表示根据前面所述得到的失负荷功率值。由图 4-17 区域 1 的结果表明，两种算法的日机组启停计划均能够满足所有风电场景集，保证风电的全部消纳。但在区域 2、区域 3 中，SAA 算法得到的日机组启停计划不能满足所有风电场景，导致产生了相当一部分的失负荷功率(图 4-17 中针状曲线)。并且，由图 4-17 可知，区域 2 中，SAA 算法配置的正负旋转备用分别在 22:00～24:00 及 11:00～19:00 时段未能囊括所有的失负荷功率值，其区域 2 电力不足概率为 16.65%；区域 3 中，P-EFF 算法及 SAA 算法均产生了失负荷功率，但 P-FEE 算法配置的旋转备用基本将失负荷功率囊括在内，即 P-EFF 算法配置的旋转备用能够应对所有可能出现的

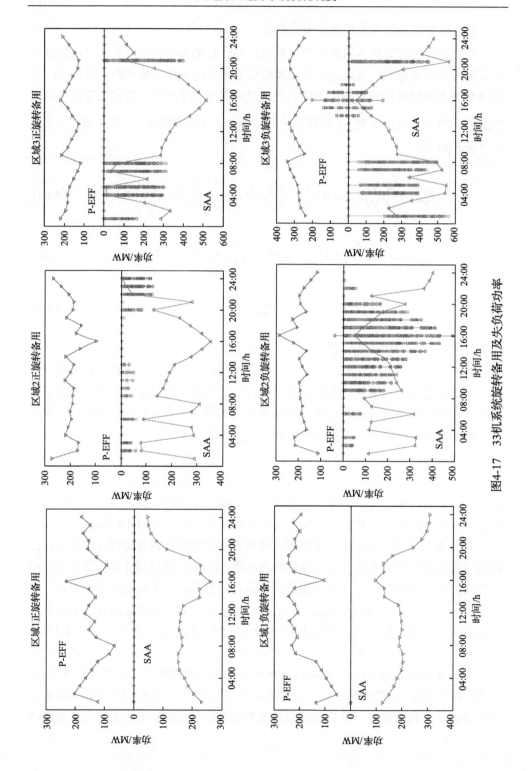

图4-17　33机系统旋转备用及失负荷功率

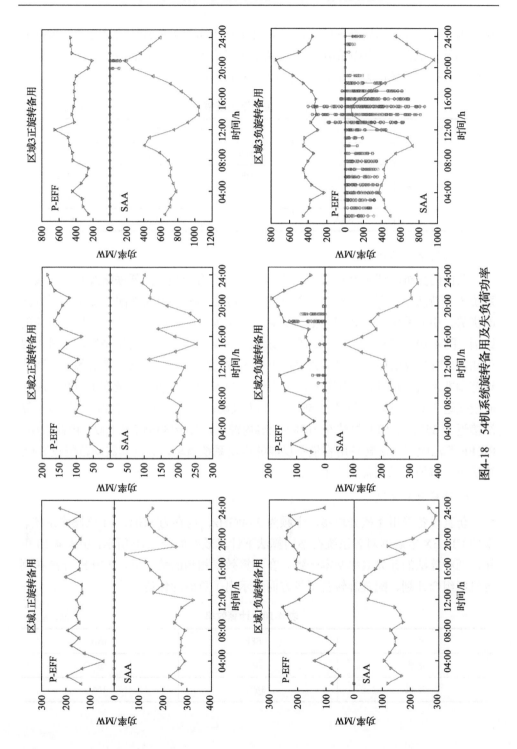

图4-18　54机系统旋转备用及失负荷功率

风电场景集，满足系统功率的平衡。如图 4-18 所示 54 机验证结果更进一步阐明了 P-EFF 方法在配置旋转备用容量及制定机组启停计划等方面的有效性。其中，两种算法在各区域电力不足概率 L_{lost} 如表 4-9 所示。

表 4-9　电力不足概率　　　　　　　　　　单位：%

系统	算法	区域 1	区域 2	区域 3
33 机	P-FEE	0.00	0.00	0.00
	SAA	0.00	16.65	22.42
55 机	P-FEE	0.00	0.00	0.063
	SAA	0.00	0.00	6.40

5) 旋转备用系数对比

前面的分析验证了 P-FEE 算法在制定机组组合计划、降低联络线负担、减少系统失负荷功率方面的优越性。本节进一步讨论 P-FEE 算法在配置旋转备用方面的优势，引入系统旋转备用系数，其意义表示为所配置的旋转备用容量占负荷的比例。图 4-19 为 33 机系统及 54 机系统在两种算法下的旋转备用系数，由图 4-19 可知，P-EFF 算法旋转备用系数整体小于 SAA 算法。并且 SAA 算法备用系数波动范围非常大，以 33 机系统区域 3 为例，SAA 算法正备用系数在 04:00～08:00 时段接近于 0%，PEFF-算法在 5%～10%内波动；而在 13:00～17:00 时段 SAA 算法接近于 25%，P-EFF 算法在 10%～15%内波动，其余区域情况类似。由此表明，P-EFF 算法配置的旋转备用容量不仅能够满足系统需求，并且其波动范围较 SAA 算法小，节约了系统备用成本。

6) 计算速度对比

仿真设备采用 4 核处理器，主频为 3.00GHz，内存为 8GB，64 位操作系统。采用 CPLEX 求解器对各系统在不同算法下计算效率如表 4-10 所示，由表 4-10 可知，两种算法的计算效率基本一致。在计算效率相当的情况下，P-EFF 算法在制定机组组合计划、配置旋转备用等方面展示出了更好的优势。

表 4-10　计算效率　　　　　　　　　　单位：s

系统	P-EFF	SAA
33 机	20	50
55 机	160	164

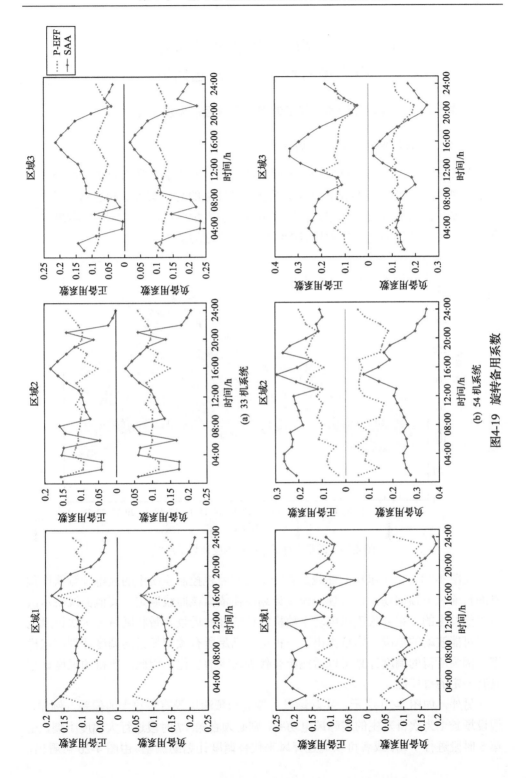

(a) 33 机系统

(b) 54 机系统

图4-19　旋转备用系数

4.4　考虑调度计划调节量和弃风量的电力系统经济调度问题研究

4.4.1　考虑调度计划调节量和弃风量的电力系统经济调度模型

1. 基于多种风电场景的经济调度

预测多个场景来表示风电功率的随机特性，并建立满足所有风电功率场景的调度计划制定模型，是形成电力系统经济调度计划的另一类方法和思路。风电预测不准确可能会导致发电机的大幅度调节或产生大量弃风。下面利用图 4-20 来解释这一现象，并说明满足多种场景的经济调度计划的概念。

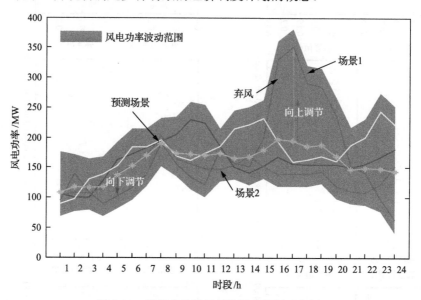

图 4-20　满足多种场景经济调度计划示意图

在图 4-20 中，带星标的曲线是数据采集与监视控制系统中的风电预测软件预测的日前风电预测场景，常规的调度计划往往依据该曲线制定。其他曲线表示次日可能发生的一系列代表风电功率随机统计特性的场景。带状区域表示次日风电功率可能波动的范围。本章提出了一种可以满足所有预测场景的调度计划制定模型，因为所得的调度计划可以适应所有代表场景的变化，因此，所得的调度计划具有一定的鲁棒性。

另外，如图 4-20 所示，实际场景可能会和预测场景有着较大的偏差。例如，假设场景 1 为次日发生的实际风电功率，则必须在第 17 时段进行大幅度上调，在第 5 时段进行下调。或者可以通过弃风来代替调度计划的调整。由图 4-20 可看出，第 15 到第 20 时段通过弃风使得实际场景更接近风电预测场景, 调度计划的调整幅度大大减少。此外, 通过弃风, 可以减少风电爬坡事件, 这样可以大幅度地减轻调度计划的调节负担。然后, 在实际运行中, 调度计划的大幅度调整以及弃风均不是好的解决方案。为此, 本章在满足的所有代表场景下, 尽可能地限制调度计划的调节量和弃风量。具体的数学优化模型如下所示。

2. 目标函数

$$\min \quad f_C(P_{i,t}^G) + f_A(r_{i,t}^s, v_{i,t}^s) + f_W(P_{j,t}^{W,s}) \tag{4-88}$$

$$f_C(P_{i,t}^G) = \sum_{i=1}^{N_G} (a_i + b_i P_{i,t}^G + c_i (P_{i,t}^G)^2) \tag{4-89}$$

$$f_A(r_{i,t}^s, v_{i,t}^s) = \sum_{s=1}^{N_S} p^s \sum_{i=1}^{N_G} \sum_{t=1}^{T} C_r(r_{i,t}^s + v_{i,t}^s) \tag{4-90}$$

$$f_W(P_{j,t}^{W,s}) = \sum_{s=1}^{N_S} p^s \sum_{j=1}^{N_W} \sum_{t=1}^{T} C_W(\overline{P}_{j,t}^{W,s} - P_{j,t}^{W,s}) \tag{4-91}$$

式中, 式(4-89)～式(4-91)分别是燃料成本、机组调节成本和弃风成本。$r_{i,t}^s$ 和 $v_{i,t}^s$ 分别是为应对场景 s 的上、下限调节量; $\overline{P}_{j,t}^{W,s}$ 表示场景 s 在 t 时段可获得的风电功率, $P_{j,t}^{W,s}$ 表示场景 s 在 t 时段的实际风电功率, $\overline{P}_{j,t}^{W,s} - P_{j,t}^{W,s}$ 表示场景 s 下的弃风量。

3. 约束条件

1) 系统功率平衡约束

预测负荷等于火电机组计划出力、风电功率和火力发电机组调节量的总和。为了应对不同风电功率场景, 必须向上或者向下调节火电机组的输出, 具体表示为式(4-92)。

$$\sum_{i=1}^{N_G} P_{i,t}^G + \sum_{j=1}^{N_W} P_{j,t}^{W,s} + \sum_{i=1}^{N_G} (r_{i,t}^s - v_{i,t}^s) = P_t^D \tag{4-92}$$

2) 调节量约束

发电机的调节量上下限由发电机的爬坡能力决定。

$$0 \leqslant r_{i,t}^s \leqslant (\overline{P}_{i,t}^G - P_{i,t}^G) \tag{4-93}$$

$$0 \leqslant v_{i,t}^s \leqslant (P_{i,t}^G - \underline{P}_{i,t}^G) \tag{4-94}$$

3）旋转备用约束

为了确保调度计划在 t 时段提供足够的旋转备用，必须满足如下约束：

$$\sum_{i=1}^{N_G} (\overline{P}_{i,t}^G - P_{i,t}^G) + \sum_{j=1}^{N_W} (\overline{P}_{j,t}^{W,s} - P_{j,t}^{W,s}) \geqslant \mathrm{SR}_t^{\mathrm{up}} \tag{4-95}$$

$$\sum_{i=1}^{N_G} (P_{i,t}^G - \underline{P}_{i,t}^G) + \sum_{j=1}^{N_W} P_{j,t}^{W,s} \geqslant \mathrm{SR}_t^{\mathrm{down}} \tag{4-96}$$

式中，$(\overline{P}_{j,t}^{W,s} - P_{j,t}^{W,s})$ 和 $P_{j,t}^{W,s}$ 分别表示风电场 j 在 t 时段 s 场景的上旋转备用和下旋转备用。$(\overline{P}_{i,t}^G - P_{i,t}^G)$ 和 $(P_{i,t}^G - \underline{P}_{i,t}^G)$ 分别表示火电机组 i 在 t 时段的上旋转备用和下旋转备用，其定义如下：

$$\overline{P}_{i,t}^G - P_{i,t}^G = \min\{(\overline{P}_i^G - P_{i,t}^G), R_i^{\mathrm{up}}\} \tag{4-97}$$

$$P_{i,t}^G - \underline{P}_{i,t}^G = \min\{(P_i^G - \underline{P}_{i,t}^G), R_i^{\mathrm{down}}\} \tag{4-98}$$

4）爬坡约束

火电机组在相邻时段，改变输出功率的能力有限，可分为向上爬坡约束和向下爬坡约束。

向上爬坡约束：

$$P_{i,t}^G - P_{i,t-1}^G \leqslant R_i^{\mathrm{up}}, \qquad P_{i,t}^G > P_{i,t-1}^G \tag{4-99}$$

向下爬坡约束：

$$P_{i,t-1}^G - P_{i,t}^G \leqslant R_i^{\mathrm{down}}, \qquad P_{i,t}^G < P_{i,t-1}^G \tag{4-100}$$

式 (4-88)～式 (4-100) 为通过调节火电机组出力和弃风以应对所有风电场景 $(\overline{P}_{j,t}^{W,s}, p^s)_{t=1,\cdots,T;s=1,\cdots,N_S}$ 的经济调度模型。与针对单一风电场景的传统优化模型不同的是其目标函数包含最小化火电机组调节量和弃风量。从电力平衡约束 (4-94) 可以看出，火电机组的调度计划可以应对所有的日风电场景。

可见，本节中的调度计划是根据优化平衡机组调节量和弃风量来制定的。此外，为了应对风电的不可预测性，制定的调度计划能够应对一系列场景而非单一场景。也就是说，通过调节量和弃风量最小化来优化调度计划，以适应所有的可能的风电场景。提出的调度计划模型有以下优点。

（1）与一般经济性调度模型不同，本节提出的模型使用了一组日前风电功率预测场景，而不是单个风电预测场景。与单一场景相比，一组风电场景可以包含更多的风电功率的可能性。因此本节提出的调度模型比传统的模型具有更好的鲁棒性。

（2）将机组调节量作为优化变量引入本节所提模型中，以机组调节量和弃风量最小作为目标函数。可以在满足所有代表场景的同时，限制了调度计划的调节量和弃风量。

4.4.2　日风电场景的预测方法

为了解决 4.4.1 节中提出的问题，需要日风力发电预测场景。采用了文献[25]所提出的预测方法的具体步骤。

步骤 1：从电力系统的数据采集与监视控制（supervisory control and data acquisition，SCADA）系统中获取样本数据，包括风力发电测量曲线、风力发电预测曲线。在这项工作中，历史数据的时间范围设置为 0.5 年。

步骤 2：对所述样本数据进行处理。使用步骤 1 中获得的数据，通过式（4-101）计算历史预测误差。

$$e_t^{W,s'} = (P_t^{W^A,s'} - P_t^{W^F,s}) / P_t^{W^A,s'}, \qquad t=1,\cdots,T, s'=1,\cdots,N^{S'} \qquad (4\text{-}101)$$

式中，$e_t^{W,s'}$ 为第 s' 个场景的第 t 个时段的预测误差；$P_t^{W^A}$ 和 $P_t^{W^F}$ 分别表示第 t 个时段的实际的、预测的风电出力；$N^{S'}$ 是原始场景的总数。

步骤 3：建立优化模型减少原始场景。获得预测误差的缩减场景，记作 $\{e_t^{W_s}\}_{t=1,\cdots,T; s=1,\cdots,N_s}$。

步骤 4：从 SCADA 系统中获取日前风电功率预测。通过式（4-101）推导出式（4-102），得到日风力功率场景。

$$P_t^{W_s^A} = P_t^{W^F} / (1 - e_t^{W_s}), \qquad t=1,\cdots,T, s=1,\cdots,N^S \qquad (4\text{-}102)$$

式中，$P_t^{W^F}$ 是第 t 个时段的日前风电出力预测；$P_t^{W_s^A}$ 是第 t 个时段风电的第 s 个预测场景。

4.4.3　算例分析

1. 仿真算例说明

为了验证本章所提出方法的有效性，本节采用 1 个含有 11 台火电机组 1 个风电场的系统，利用场景分析方法，制定发电调度计划，并对所制定的发电调度计划进行分析说明。

　　仿真系统中，火电机组的最大和最小出力分别为 3200MW 和 1285MW。风电场的容量为 500MW。本章所研究的负荷曲线如图 4-21 所示。从图 4-21 中可以看出，系统负荷高峰为 3000MW，低谷为 1872.9MW，最小负荷与最大负荷的比例为 0.62。

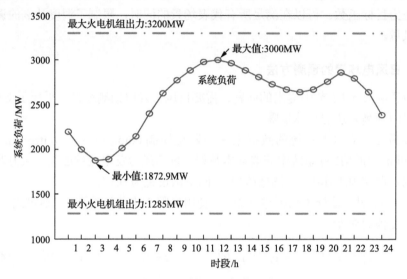

图 4-21　系统 24h 负荷曲线

2. 风力发电场景预测的分析

　　系统中，风电的代表场景如图 4-22 所示。图 4-22 中包含了 29 个预测的代表风电场景，这些风电的场景代表了该日风电可能的出力情况。从图 4-22 中可以看出，预测的风电场景的出力为 27.4%~100% 的额定功率。图 4-22 中含有空心圈的实线为实际发生的风电功率曲线，含有空心圈的虚线为 SCADA 系统中风电功率预测软件预测的风电功率曲线。对比可见，实际的风电功率曲线落在预测的风电功率场景所包含的范围内。因此，制定出满足所有代表场景的发电调度计划可以应对实际的风电功率。

　　从图 4-22 中可以看出，实际值与任何风电场景均不相近，但预测情景的范围涵盖了实际风电出力。图 4-23 是一小时内风电爬坡的统计分析。大多数情况下，爬坡率在 [-0.2，0.2] 的范围内。但爬坡率有时会达到 60%，这对调度的灵活性提出了更高的要求。

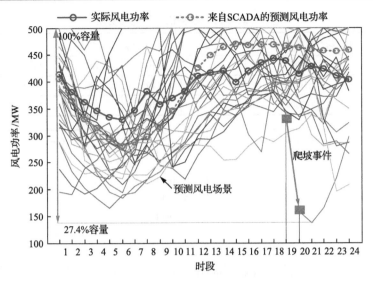

图 4-22　风电功率的代表场景

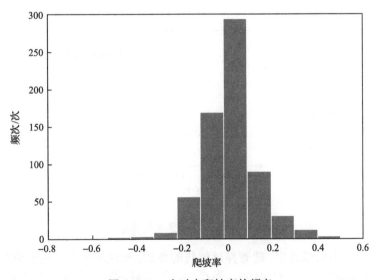

图 4-23　一小时内爬坡率的频率

3. 惩罚因子的分析

本节分析惩罚因子的影响，在此基础上，系统运营商可以选择具有不同调度目的的惩罚因子。

在表 4-11 中设置不同的惩罚因子 C_r 和 C_W。计算结果如图 4-24 所示。图 4-24(a)~(c)分别对应了案例 1、2、3。图 4-24 中发电机的调节量和弃风是 29 种情景和 24 个时段的平均值。

表 4-11　各种情况下的总费用

方案	C_r/(美元/MW·h)	C_W/(美元/MW·h)				
方案1	100	0	10	100	1000	10000
方案2	1000	0	10	100	1000	10000
方案3	10000	0	10	100	1000	10000

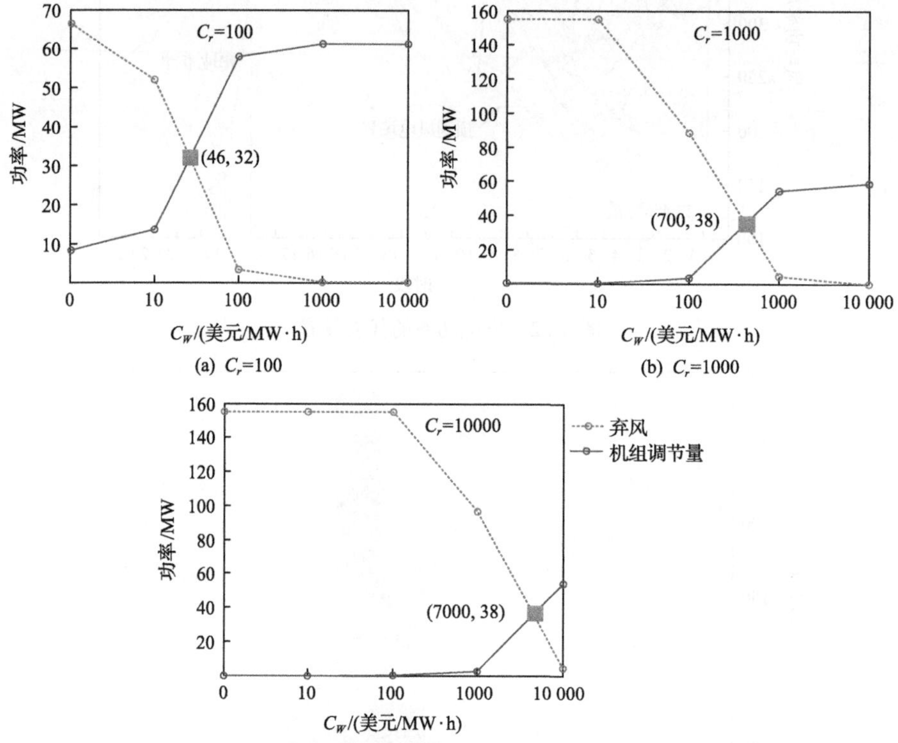

(a) C_r=100

(b) C_r=1000

(c) C_r=10000

图 4-24　受惩罚因子影响的计算结果

从图 4-24 中可以看出，随着弃风惩罚的增加，弃风减少而机组的调节量增加。例如，在图 4-24(a) 中，C_r=100，当 C_W 大于 1000 时弃风为 0。同样地，当 C_r 足够大时，发电机的调节量可以控制为 0。

随着风电的减小，对发电机的调节将增大。我们可以在发电机调节和弃风之间找到一个折中的方案。在图 4-24 中，折中的解决方案是弃风曲线和机组调节曲线的交叉实点。与图 4-24(b) 和图 4-24(c) 相比，图 4-24(a) 中的弃风和调节量是最小的。因此此图 4-24(a) 中，实点处的惩罚因子较好，此时 C_W=46，C_r=100。

4. 不同惩罚因子的调度比较

我们选择不同惩罚因子的 3 种方案来比较它们的调度情况，如表 4-12 所示。

本节从发电计划、目标函数值、弃风、火电机组的调节方面进行比较。

表 4-12　3 种情况的惩罚因子

方案	惩罚因子
方案 a	$C_W=1000, C_r=100$
方案 b	$C_W=46, C_r=100$
方案 c	$C_W=10, C_r=1000$

1) 发电计划

图 4-25 展示了 11 个火电机组和 1 个风电场的发电计划。空白区域是风电实际运用的情况。比较三种方案，方案 a 调度的风电最多，方案 c 最少。在方案 c 中，弃风惩罚因子很小，弃风较高，但也避免了发电机的调节。

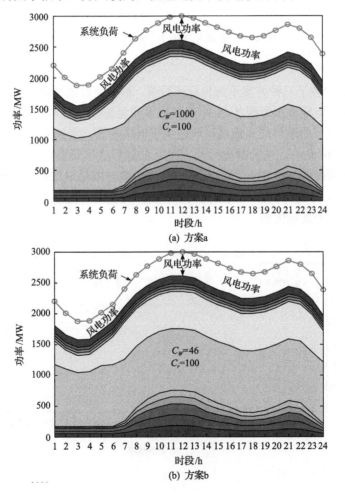

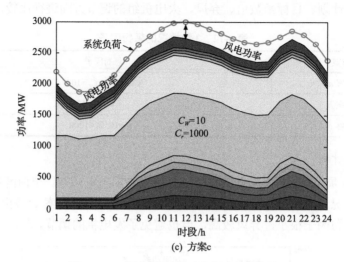

(c) 方案c

图 4-25　不同惩罚因子下发电计划的比较

2) 目标函数值

图 4-26 比较了三种方案下的目标函数值。目标函数值包括两部分：燃料成本和惩罚成本。运行成本为图 4-26 中燃料成本和惩罚成本之和。从图 4-26(a) 中可以看出，方案 c 的燃料成本最高，这是由于弃风较高，大部分负荷由火电机组提供。在图 4-26(b) 中，在大部分时段方案 c 的运行成本最高，因为发电机的调节惩罚成本是最高的。方案 b 的运行成本在大多数时段是最低的。比较图 4-26(a) 和图 4-26(b)，方案 b 在协调发电机调节和弃风方面具有最佳的性能，这意味着方案 b 的惩罚因子是最优的。

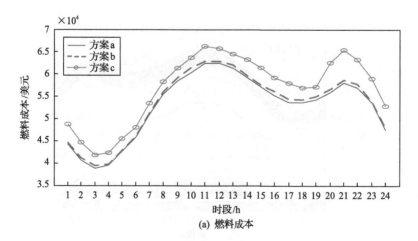

(a) 燃料成本

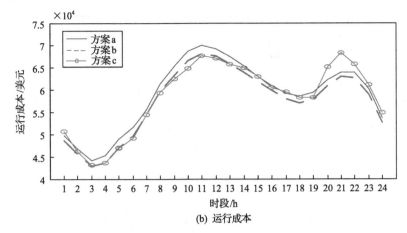

(b) 运行成本

图 4-26　不同惩罚因子下目标函数的比较

3) 弃风

图 4-27 比较了三种方案下的弃风率。

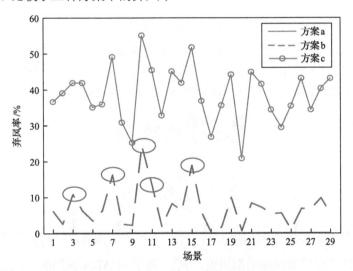

图 4-27　不同惩罚因子下的弃风比较

弃风率等于弃风量与可用风电的比值。图 4-27 中，方案 a 的弃风为 0。由于方案 c 的弃风惩罚因子很小，在所有的风电场景下弃风率都高于 20%。方案 b 的弃风率在方案 a 和方案 c 之间，方案 b 有 5 种场景的弃风率超过了 10%。

4) 发电机的调节

图 4-28 比较了为适应所有预测场景的调度计划。图 4-28 中的调度调整是 24 个时间段机组输出的平均调节量。方案 c 的调度调节为 0，这是以大量弃风为代价的。方案 b 的调节量在方案 a 和方案 c 之间。

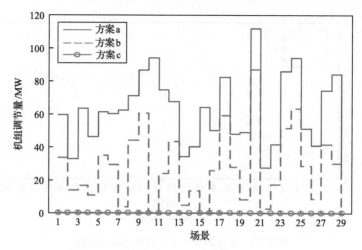

图 4-28 不同惩罚因子下发电机调节的比较

5. 不同模型的调度比较

为了验证 4.4.1 节提出的模型(以下称模型 1)的鲁棒性,我们与其他两种调度模型进行比较。这两种调度模型都考虑了单个风电预测场景。模型 2 根据期望值进行调度,模型 3 根据特定的预测场景进行调度。也就是说,在模型 2 中,4.4.1 节中的式(4-92)改为式(4-103);在模型 3 中,式(4-92)改为式(4-104)。

$$\sum_{i=1}^{N_G} P_{i,t}^G + \sum_{j=1}^{N_W} P_{j,t}^{W,\text{AVG}} = P_t^D \tag{4-103}$$

$$\sum_{i=1}^{N_G} P_{i,t}^G + \sum_{j=1}^{N_W} P_{j,t}^{W,F} = P_t^D \tag{4-104}$$

式中,$P_{j,t}^{W,\text{AVG}}$ 是风电出力的期望值;$P_{j,t}^{W,F}$ 为风电的预测值;$P_{j,t}^{W,\text{AVG}}$ 等于图 4-22 给出的 29 种风电情景预测的期望值。$P_{j,t}^{W,F}$ 等于 SCADA 预测的风电功率。

下面从计算时间、弃风、火电机组的调节、目标函数值方面对三种模型进行比较。

1)计算时间

表 4-13 比较了三种模型的 CPU 计算时间。

模型 1 的计算时间比其他两个模型长,因为模型 1 需要对 29 种场景进行处理,而其他两个模型只需分别处理一个场景。然而,模型 1 花费的时间并没有过长,对于实际应用来说是可以接受的。

表 4-13　三种模型的 CPU 计算时间

模型	计算时间/s
模型 1	40.21
模型 2	36.04
模型 3	36.41

2) 弃风

三种模型中 29 种场景的弃风情况如图 4-29 所示。

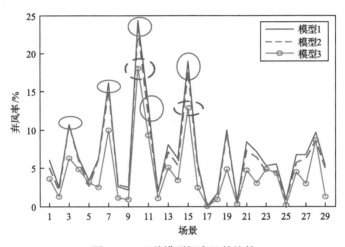

图 4-29　三种模型间弃风的比较

从图 4-29 中可以看出，模型 1 和模型 2 的弃风较为相近，这意味着本书所提方法与调度期望在弃风方面有相似的特性。模型 3 的弃风小于其他的方法。模型 3 有两种场景，弃风率超过了 10%，而模型 1 和模型 2 有 5 种情景。

3) 火电机组的调节

图 4-30 对比了 29 种预测情景功率平衡时火力机组的调节情况。

从图 4-30 中可以看出，模型 3 的调节量最高。虽然模型 1 和模型 2 的弃风接近，但模型 1 的调节小于模型 2。因此，考虑到调度的调节量，为应对一系列场景的模型 1 的优化调度具有明显的优势。

4) 目标函数值

图 4-31(a) 中可以看出，由于模型 3 的弃风量最小，火电机组提供的功率也最小。因此，模型 3 的燃料费用最小。由图 4-31(b) 可以看出，模型 3 的总成本最高。这表明模型 3 的调节严重。对比模型 1 和模型 2，无论是燃料成本还是运行成本，模型 1 都比模型 2 的略小。因此，相对于其他模型来说，模型 1 的调度具有较高的经济性。

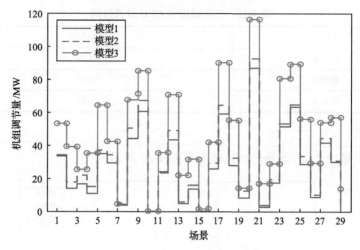

图 4-30　不同模型间发电机调节量的比较

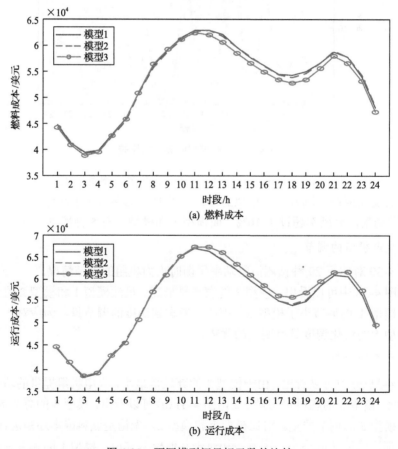

(a) 燃料成本

(b) 运行成本

图 4-31　不同模型间目标函数的比较

4.5　本章小结

本章在场景分析法的基础上制定了三种含风电并网电力系统 Wait-and-See 机组组合模型，并对三种模型的调度计划特点进行了详细的分析。随后，引入随机规划机会约束理论构建了含风电电力系统机会约束机组组合模型。对机会约束规划机组组合模型进行了简单线性化处理。两类模型的建立为研究含风电并网电力系统机组组合模型的建模提供了有利参考。

针对 Here-and-Now 机组组合问题，提出了一种基于 p-有效点理论求解含机会约束机组组合模型的方法。该方法解决了求解模型时机会约束条件转化为确定性约束的难点问题。最终将不确定的机会约束机组组合模型转化为确定性模型。

最后，提出了协调火电机组调节和弃风的优化调度方法。与传统的经济调度不同，该调度模型嵌入了风电时间序列的多个场景。通过考虑一系列日风电预测情景，该调度方案比传统调度方案具有更强的鲁棒性。另外，该方法优化权衡了发电机调节与弃风，有助于实现系统安全与经济运行的最优平衡。该模型还提供了一种方法，分析惩罚因子对调度的影响，为不同管理目的的系统运营商提供了参考。

参 考 文 献

[1] Surender R S, Bijwe P R, Abhyankar A R. Real-time economic dispatch considering renewable power generation variability and uncertainty over scheduling period[J]. IEEE Systems Journal, 2015, 9(4): 1440-1451.

[2] 董晓天, 严正, 冯冬涵, 等. 计及风电出力惩罚成本的电力系统经济调度[J]. 电网技术, 2012, 36(8): 76-80.

[3] Villanueva D, Feijóo A, Pazos J L. Simulation of correlated wind speed data for economic dispatch evaluation[J]. IEEE Transactions on Sustainable Energy, 2012, 3(1): 142-149.

[4] 翁振星, 石立宝, 徐政, 等. 计及风电成本的电力系统动态经济调度[J]. 中国电机工程学报, 2014, 34(4): 514-523.

[5] Jabr R, Pal B C. Intermittent wind generation in optimal power flow dispatching[J]. IET Generation, Transmission and Distribution, 2009, 3(1): 66-74.

[6] Wang J, Shahidehpour M, Li Z. Security-constrained unit commitment with volatile wind power generation[J]. IEEE Transactions on Power Systems, 2008, 23(3): 1319-1327.

[7] Zhang S, Song Y, Hu Z, et al. Robust optimization method based on scenario analysis for unit commitment considering wind uncertainties[C]. IEEE Power and Energy Society General Meeting, Detroit, 2011: 1-7.

[8] 张晓辉, 闫柯柯, 卢志刚, 等. 基于场景概率的含风电系统多目标低碳经济调度[J]. 电网技术, 2014, 38(7): 1835-1841.

[9] Li J H, Fang J K, Wen J Y, et al. Optimal trade-off between regulation and wind curtailment in the economic dispatch problem[J]. CSEE Journal of Power and Energy Systems, 2015, 1(4): 1-8.

[10] 黎静华, 朱敦麟, 潘毅. 含风电电力系统经济调度 Wait-and-See 模型的对比分析[J]. 电力建设, 2016, 37(6): 62-69.

[11] 朱敦麟. 考虑风电随机性的电力系统机组组合模型与方法研究[D]. 南宁: 广西大学, 2017.

[12] Hoyland K, Kaut M, Wallace S W. A heuristic for moment-matching scenario generation[J]. Computational Optimization and Applications, 2003, 24(2): 169-185.

[13] Hochreiter R, Pflug G C. Financial scenario generation for stochastic multi-stage decision processes as facility location problems[J]. Annals of Operations Research, 2007, 152(1): 257-272.

[14] Cai D, Shi D, Chen J. Probabilistic load flow computation with polynomial normal transformation and Latin hypercube sampling[J]. IET Generation, Transmission and Distribution, 2013, 7(5): 474-482.

[15] Vattani A. K-means requires exponentially many iterations even in the plane[J]. Discrete and Computational Geometry, 2011, 45(4): 596-616.

[16] Cheng S H, Higham N J. A modified Cholesky algorithm based on a symmetric indefinite factorization[J]. SIAM Journal on Matrix Analysis and Applications, 1998, 19(4): 1097-1110.

[17] Ross O. Interest rate scenario generation for stochastic programming[D]. Copenhagen: The Technical University of Denmark, 2007.

[18] Xu D, Chen Z, Yang L. Scenario tree generation approaches using K-means and LP moment matching methods[J]. Journal of Computational and Applied Mathematics, 2012, 236(17): 4561-4579.

[19] Cui M, Ke D, Sun Y, et al. Wind power ramp event forecasting using a stochastic scenario generation method[J]. IEEE Transactions on Sustainable Energy, 2015, 6(2): 422-433.

[20] Wang Y, Guo C, Wu Q, et al. Adaptive sequential importance sampling technique for short-term composite power system adequacy evaluation[J]. IET Generation, Transmission and Distribution, 2013, 8(4): 730-741.

[21] Liu X, Xu W. Economic load dispatch constrained by wind power availability: A here-and-now approach[J]. IEEE Transactions on Sustainable Energy, 2010, 1(1): 2-9.

[22] 黎静华, 文劲宇, 程时杰, 等. 基于 p-有效点理论的含大规模风电电力系统最小储能功率配置方法[J]. 中国电机工程学报, 2013, 33(13): 45-52.

[23] Soroudi A, Rabiee A. Optimal multi-area generation schedule considering renewable resources mix: A real-time approach [J]. IET Generation Transmission and Distribution, 2013, 7(9): 1011-1026.

[24] Moralesespaña G. Unit commitment, computational performance, system representation and wind uncertainty management[D]. Madrid: Universidad Pontificia Comillas, 2014.

[25] Li J H, Lan F, Wei H. A scenario optimal reduction method for wind power time series[J]. IEEE Transactions on Power Systems, 2016, 31(2): 1657-1658.

第5章　含风电电力系统风险评估问题

5.1　概　　述

随着风能等新能源接入电力系统运行，电力系统运行增加了新的不确定性因素，国内外研究人员对风电并网做了大量工作，主要有风电功率的预测、风电场模型的搭建、风电机组的控制运行等，但对于风电接入后电力系统运行风险的研究相对较少。近年来，随着风电接入电网容量的不断增大，风电功率波动带来的预测误差问题得到越来越多研究者的重视，在该背景下，系统风险评估的研究有了新的进展。

本章提出一种考虑风电和负荷不确定性的电力系统运行风险评估模型。与传统的电力系统运行风险评估模型不同，本章所提模型同时考虑风电和负荷不确定性，在计及风电随机特性的情况下，评估风电并网后电力系统的运行风险。

5.2　计及风电随机特性的电力系统运行风险评估模型

5.2.1　考虑风电和负荷随机特性的电力系统运行风险评估模型

1. 传统的电力系统运行风险评估模型

传统的电力系统运行风险评估模型包括四个方面的内容：建立元件停运模型、计算系统状态的概率、评估系统状态的后果、计算风险指标[1]。具体如下所示。

1) 建立元件停运模型

风险评估的元件停运模型通过元件的故障率和修复率建立。由于运行风险评估的周期短，可将运行风险评估中的元件当作不可修复元件处理，即修复率取零[2]。此时，元件实时停运概率如式(5-1)所示：

$$p_1(T) = 1 - e^{-\lambda T} \tag{5-1}$$

式中，$p_1(T)$ 表示元件在 T 时刻的实时停运概率；λ 表示元件的故障率。

2) 计算系统状态的概率

系统状态由所有元件状态组合得到。假设所有元件的状态(运行或者停运)是相互独立的，设 PP_x 表示第 x 个元件处于运行状态的概率，QQ_x 表示第 x 个元件处于停运状态的概率，E_{ii} 表示第 ii 个可能发生的系统状态，$P_r(E_{ii})$ 表示第 ii 个系统状态发生的概率，则系统状态概率 $\Pr(E_{ii})$ 由式(5-2)给出：

$$\Pr(E_{ii}) = \prod_{x=1}^{N'_f} QQ_x \prod_{x=1}^{N'-N'_f} PP_x \tag{5-2}$$

3) 评估系统状态的后果

进行系统状态分析和评估系统状态后果。运行风险评估中系统状态后果通常采用后果严重程度表征，包括切负荷后果严重程度、电压越限后果严重程度、线路有功功率越限后果严重程度、电压崩溃后果严重程度等。

4) 计算风险指标

风险指标通过风险评估公式计算。风险评估公式表示为系统状态概率和系统状态后果严重函数的乘积。传统的电力系统运行风险评估公式定义为式(5-3)[3]。

$$\text{Risk}(X_{t,f}) = \sum_{ii} \Pr(E_{ii}) \left[\sum_{jj} P_x(X_{t,jj} \big| X_{t,f}) \times S_{\text{ev}}(E_{ii}, X_{t,jj}) \right] \tag{5-3}$$

式中，$X_{t,f}$ 表示未来时刻 t 系统运行条件预测值；$X_{t,jj}$ 表示第 jj 个可能的运行条件；$P_x(X_{t,jj} \big| X_{t,f})$ 表示预测值为 $X_{t,f}$ 时实际值为 $X_{t,jj}$ 的条件概率值；E_{ii} 表示第 ii 个可能发生的系统状态；$\Pr(E_{ii})$ 表示第 ii 个系统状态发生的概率；$S_{\text{ev}}(E_{ii}, X_{t,jj})$ 表示在条件 $X_{t,jj}$ 下发生系统状态 E_{ii} 时的严重程度。

从式(5-3)可见，传统的运行风险评估模型综合考虑了系统状态概率和系统状态后果严重程度。它用系统状态概率表征了故障发生的不确定性，同时考虑了预测值和实际值的差异，应用条件概率量化预测值出现的可能性大小。

传统的运行风险评估模型可以广泛地应用于电力系统运行风险评估中，但是它没有考虑风电不确定性，不能评估风电随机特性影响下的电力系统运行风险。对此，本书建立同时考虑风电和负荷不确定性的电力系统运行风险评估模型，可以计及风电随机特性，评估风电并网后电力系统的运行风险。

2. 考虑风电和负荷不确定性的电力系统运行风险评估模型

针对传统运行风险评估的不足，本书考虑了风电和负荷的不确定性，将风电有功功率的概率和负荷的概率加入风险评估公式，得到考虑风电和负荷不确定性的运行风险评估公式，如式(5-4)所示[4]。

$$\text{Risk} = \sum_{ii} p_{\text{wt}}(E_{ii}) p_{\text{ge}}(E_{ii}) p_{\text{line}}(E_{ii}) \left[\sum_{I=1}^{7} \sum_{J=1}^{7} p_{\text{w-power}}^I p_{\text{load}}^J \times S_{\text{ev}}(E_{ii}) \right] \tag{5-4}$$

式中，$p_{\text{wt}}(E_{ii})$ 表示系统状态 E_{ii} 下风电机部分的实时状态概率；$p_{\text{ge}}(E_{ii})$ 表示系统状

态 E_{ii} 下发电机部分的实时状态概率；$p_{line}(E_{ii})$ 表示系统状态 E_{ii} 下线路部分的实时状态概率；I 是风电场有功功率预测误差离散化分段的区间序号 ($I=1,2,\cdots,7$)；J 是负荷预测误差离散化分段的区间序号 ($J=1,2,\cdots,7$)；$p_{w\text{-power}}^{I}$ 表示风电有功功率在第 I 个区间段的概率值；p_{load}^{J} 表示节点负荷在第 J 个区间段的概率值；$S_{ev}(E_{ii})$ 表示在系统状态 E_{ii} 下的严重程度，可以代表切负荷后果严重程度 $S_{ev\text{-cut}}$、电压越限后果严重程度 $S_{ev\text{-v}}$、线路有功功率越限后果严重程度 $S_{ev\text{-P1}}$ 和电压崩溃后果严重程度 $S_{ev\text{-col}}$ (计算方法见 5.3.1 节)。

从式 (5-4) 可见，同时考虑风电和负荷不确定性后，电力系统运行风险评估公式中增加了风电的概率因素。本章所提模型在元件停运建模方面引入了风电机停运模型，在系统状态概率中同时考虑了系统接入风电功率的概率和负荷的概率。风电接入后电力系统不仅受到随机事故和负荷需求不确定性的影响，而且受到由间歇性风电导致的不可预期电能供应的影响。已有研究表明，在分钟级评估时段内，风电波动对系统运行风险的影响相对较小，但是在小时评估时段内或者风电高渗透率时，其影响不容忽视[5]。本书研究的是小时评估时段，因此，在本书的运行风险评估公式中，有必要同时计及风电和负荷的概率。

风电功率是风电场预测有功功率与风电场有功功率预测误差之和，负荷是预测负荷和负荷预测误差之和，而预测误差是服从一定分布的，风电场有功功率预测误差的概率可以表示风电有功功率的概率，负荷预测误差的概率可以表示负荷的概率。为了将风电不确定性对运行风险评估的影响量化，有必要在运行风险评估中引入风电场预测误差分布模型，但预测误差的连续型概率分布难以直接应用，对此通常做法是将连续型分布用离散化分布替代。连续型的误差分布通常用 7 分段表示[1,5]，因此本书将预测误差用离散化的 7 段表示，风电有功功率和负荷相应地分为 7 段，这样就可以在运行风险评估中量化风电和负荷不确定性的影响。

3. 考虑风电和负荷不确定性的电力系统运行风险评估模型的特点

本书考虑风电和负荷不确定性的电力系统运行风险评估模型改进了运行风险评估过程，它和传统含风电风险评估过程的区别如图 5-1 所示。不同流程图之间的虚线表示评估在该模块进行了改进。

从图 5-1 可见，在长期规划方面，含风电的风险评估，考虑了风电可靠性模型，对抽样得到的系统状态计算事故概率，基于最优切负荷模型计算切负荷概率、电力不足期望值、期望切负荷频率、负荷切除平均持续时间等指标。在短期运行方面，含风电的电力系统风险评估，用正态分布描述预测误差分布，采用基于直流潮流的最优切负荷模型计算切负荷量，应用交流潮流法计算节点电压和线路功率，计算切负荷风险、低电压风险等运行风险指标，评估风电从某节点接入后的系统风险值。

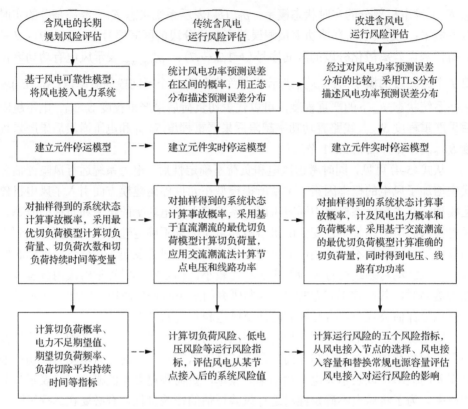

图 5-1 改进含风电运行风险评估和传统含风电风险评估的对比

本书所采用的考虑风电和负荷不确定性的电力系统运行风险评估模型与传统含风电的风险评估模型相比，有以下特点。

(1)在风电功率预测误差分布方面，通过比较不同分布对预测误差的描述效果，选择了 TLS(t-location scale)分布。

(2)在系统状态分析方面，采用基于交流潮流的最优切负荷模型，可以得到比直流法准确的切负荷量，同时得到电压、线路有功功率。

(3)在风险指标计算方面，设置了风电接入节点的变化、风电接入容量的变化、风电替换常规电源容量的变化三个情景，在不同情景中计算了切负荷风险指标、电压越限风险指标、线路有功功率越限风险指标、电压崩溃风险指标、综合风险指标。在多个情景下，同时计算五个风险指标可以更全面地评估系统运行风险。

5.2.2 风电功率预测误差概率模型建立

风电有功功率可以表示为风电场有功功率预测值与其预测误差的和，因此，本书采用风电场有功功率预测误差的概率来表征风电有功功率的概率。设 P_w 表示风电有功功率，P'_w 表示风电场有功功率预测值，ε 表示风电场有功功率预测误差（风电功率预测误差），$p_{w\text{-power}}$ 表示风电有功功率的概率，$p_{w\text{-}p\text{-}\varepsilon}$ 表示风电场有功功率预测误差的概率，则风电有功功率可以表示为式(5-5)，风电有功功率的概率可表示为式(5-6)：

$$P_w = P'_w + \varepsilon \tag{5-5}$$

$$p_{w\text{-power}} = p_{w\text{-}p\text{-}\varepsilon} \tag{5-6}$$

风电场有功功率预测误差 ε 是服从一定概率分布的，传统的预测误差概率模型采用正态分布或 Logistic 分布，但文献[6]指出 TLS 分布对于风电功率预测误差的模拟效果优于正态分布和 Logistic 分布。对此，本书做了验证。

1. 风电功率预测误差分布模型的选择

本书首先采用正态分布、Logistic 分布和 TLS 分布拟合风电功率预测误差，然后根据拟合效果选择风电功率预测误差分布模型。正态分布、Logistic 分布和 TLS 分布的概率密度函数如下所示。

1) 正态分布

设正态分布[7]随机变量 X 的概率密度函数为

$$f(x) = \frac{1}{\sqrt{2\pi}\sigma_1} \mathrm{e}^{\frac{(x-\mu_1)^2}{2\sigma_1^2}}, \quad -\infty < x < +\infty \tag{5-7}$$

式中，$\mu_1 > 0$，$\sigma_1 > 0$，称随机变量 X 服从参数为 μ_1、σ_1 的正态分布。

2) Logistic 分布(逻辑分布)

设逻辑分布[8]随机变量 X 的概率密度函数为

$$f(x) = \frac{\mathrm{e}^{\frac{x-\mu_2}{\sigma_2}}}{\sigma_2 \left(1 + \mathrm{e}^{\frac{x-\mu_2}{\sigma_2}}\right)^2} \tag{5-8}$$

式中，μ_2 为 Logistic 分布的位置参数；σ_2 为尺度参数。

3) TLS 分布

设 TLS 分布[6]随机变量 X 的概率密度函数为

$$f(x) = \frac{\Gamma\left(\dfrac{v_3+1}{2}\right)}{\sigma_3\sqrt{v_3\pi}\,\Gamma\left(\dfrac{v_3}{2}\right)}\left[\frac{v_3+\left(\dfrac{x-\mu_3}{\sigma_3}\right)^2}{v_3}\right]^{-v_3+0.5} \tag{5-9}$$

式中，μ_3 表示位置参数；σ_3 表示尺度参数；v_3 表示形状参数；$\Gamma(\cdot)$ 表示伽马函数，定义为

$$\Gamma(x) = \int_0^{+\infty} t_3^{x-1}\mathrm{e}^{-t_3}\mathrm{d}t_3 \tag{5-10}$$

本书使用某装机容量为 300MW 的风电场 2013 年 1 月～2013 年 12 月一年内每小时的数据，包括了风电场内测风塔风速均值、风电场有功率等历史数据。设 P_w' 表示风电场有功功率预测值，并采用式(5-11)计算[8]：

$$P_w'(v) = \begin{cases} 0 & v < v_{\mathrm{in}}\text{或}v > v_{\mathrm{cut}} \\ \dfrac{NP_{wr}}{v_r^3 - v_{\mathrm{in}}^3}(v^3 - v_{\mathrm{in}}^3), & v_{\mathrm{in}} \leqslant v \leqslant v_r \\ NP_{wr}, & v_r < v \leqslant v_{\mathrm{cut}} \end{cases} \tag{5-11}$$

式中，v_{in} 表示切入风速；v_r 表示额定风速；v_{cut} 表示切出风速；P_{wr} 表示风电机组额定有功功率；N 表示接入风电机组数量。

风电场有功功率预测误差等于风电场有功功率历史数据与风电场有功功率预测值之差。本章所采用风电场的有功功率历史数据为 0～320MW，风电场有功功率预测值数据为 0～300MW，风电场有功功率预测误差变化为–48～48MW。用正态分布、Logistic 分布和 TLS 分布拟合风电功率预测误差分布的步骤如下所示。

第 1 步，将风电场有功功率预测误差区间离散化。风电场有功功率预测误差的区间一般分为 32 个离散的子区间[6]。本书风电功率预测误差的每个子区间如表 5-1 中第一列所示。

第 2 步，统计每个风电功率预测误差子区间内所包含的预测误差个数，并计算每个预测误差子区间内误差个数与误差总数的比值，即计算该子区间内的误差出现的概率值，如表 5-1 所示。

第 3 步，根据风电功率预测误差数据，采用 MATLAB 的 normfit 函数求正态分布的参数，使用 MATLAB 的 mle 函数求解 Logistic 分布和 TLS 分布的分布参数，计算结果如表 5-2 所示。

表 5-1　风电场有功功率预测误差在各误差区间的概率统计值

误差子区间/MW	统计个数	概率值	误差子区间/MW	统计个数	概率值
[−48,−45)	1	0.000114	[0,3]	2365	0.269977
[−45,−42)	1	0.000114	(3,6]	1840	0.210046
[−42,−39)	1	0.000114	(6,9]	613	0.069977
[−39,−36)	1	0.000114	(9,12]	263	0.030023
[−36,−33)	1	0.000114	(12,15]	167	0.019064
[−33,−30)	2	0.000228	(15,18]	79	0.009018
[−30,−27)	2	0.000228	(18,21]	2	0.000228
[−27,−24)	2	0.000228	(21,24]	2	0.000228
[−24,−21)	4	0.000457	(24,27]	2	0.000228
[−21,−18)	2	0.000228	(27,30]	2	0.000228
[−18,−15)	72	0.008219	(30,33]	1	0.000114
[−15,−12)	175	0.019977	(33,36]	2	0.000228
[−12,−9)	263	0.030023	(36,39]	1	0.000114
[−9,−6)	526	0.060046	(39,42]	1	0.000114
[−6,−3)	876	0.10000	(42,45]	1	0.000114
[−3,0)	1489	0.169977	(45,48]	1	0.000114

表 5-2　分布参数计算结果

分布类型	分布参数计算结果
正态分布	$\mu_1=1.3668$，$\sigma_1=6.1575$
Logistic 分布	$\mu_2=1.6906$，$\sigma_2=3.2272$
TLS 分布	$\mu_3=1.9287$，$\sigma_3=4.2086$，$\nu_3=3.2739$

第 4 步，根据表 5-1 做出风电场有功功率预测误差的频率统计图，同时由正态分布参数、Logistic 分布参数和 TLS 分布参数拟合得到正态分布曲线、Logistic 分布曲线和 TLS 分布曲线，如图 5-2 所示。

图 5-2 中虚线表示正态分布拟合曲线，星号实线表示 Logistic 分布拟合曲线，实线表示 TLS 分布拟合曲线。从图 5-2 中可见，尽管风电场有功功率预测误差的频率统计图从外形上看可近似看作正态分布或 Logistic 分布，但 TLS 分布比正态分布或 Logistic 分布能够更好地拟合预测误差的分布情况。另外，可以在各误差子区间计算正态分布、Logistic 分布和 TLS 分布的概率值与表 5-1 中统计概率值的偏差百分比，以比较分布的拟合效果。为了便于分析比较，可以选择表 5-1 中风电功率预测误差的概率值大于 0.01 的子区间段，这些子区间段的偏差百分比如表 5-3 所示。

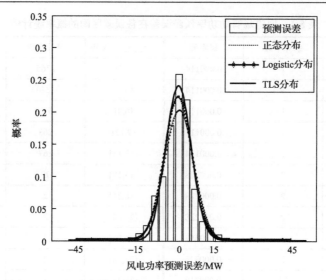

图 5-2　不同分布模型拟合风电场有功功率预测误差结果对比

表 5-3　不同分布的计算概率值与统计概率值的偏差百分比

误差子区间/MW	统计概率值	正态分布的偏差百分比/%	Logistic 分布的偏差百分比/%	TLS 分布的偏差百分比/%
[−15,−12)	0.019977	−4.9426	−4.9518	−4.9535
[−12,−9)	0.030023	−4.1708	−4.2712	−4.3041
[−9,−6)	0.060046	−12.043	−10.6219	−9.059
[−6,−3)	0.100000	−4.4021	−4.5217	2.4202
[−3,0)	0.169977	−7.1639	−3.2753	2.2135
[0,3]	0.269977	−17.696	−14.326	−3.2286
(3,6]	0.210046	−14.304	−5.7512	−4.6827
(6,9]	0.069977	8.613	5.3244	5.3234
(9,12]	0.030023	10.877	8.2149	8.2149
(12,15]	0.019064	5.6281	5.6212	5.1372

　　表 5-3 中偏差百分比有正值和负值，正值表示正态分布、Logistic 分布或 TLS 分布在该子区间的概率值大于统计概率值，负值表示该分布在子区间的概率值小于统计概率值。偏差百分比的绝对值越小，概率值偏离程度越小，拟合效果越好。从表 5-3 中可见，除了[−15,−9]区间 TLS 分布的负向偏离程度稍大于正态分布和 Logistic 分布的偏离程度，在其他区间，TLS 分布的概率偏差百分比的绝对值都比正态分布和 Logistic 分布的概率偏差百分比的绝对值小得多，即说明 TLS 分布的概率值偏离程度小，拟合效果好。因此，本书选择 TLS 分布对风电功率预测误差进行拟合。

2. 基于 TLS 分布的风电概率模型建立

风电场有功功率预测误差 ε 的概率密度函数采用 TLS 分布模型表达,如式(5-12)所示:

$$f(\varepsilon;\mu',\sigma,v') = \frac{\Gamma\left(\dfrac{v'+1}{2}\right)}{\sigma\sqrt{v'\pi}\Gamma\left(\dfrac{v'}{2}\right)}\left[\frac{v'+\left(\dfrac{\varepsilon-\mu'}{\sigma}\right)^2}{v'}\right]^{-v'+0.5} \tag{5-12}$$

式中,μ' 表示预测误差分布的位置参数;σ 表示预测误差分布的尺度参数;v' 表示预测误差分布的形状参数。

文献[6]指出对于切入风速和额定风速之间不同的风速区间,风电场有功功率预测误差在 TLS 分布的分布参数不同。对此,本书将风速划分为多个区间,在各个区间内再拟合得到一组分布参数,这样可以更好地表征风电随机特性。具体步骤如下所示[9]。

第 1 步,划分风速区间。本书风电场的切入风速是 3m/s,额定风速是 12m/s,即考虑风速为 3~12m/s,可以用 1m/s 为间隔将风速区间分为 9 个子区间。

第 2 步,计算 9 个风速子区间内风电场有功功率历史数据与风电场预测有功功率之差,得到每个风速子区间下风电场有功功率预测误差。

第 3 步,将每个风速子区间下风电场有功功率预测误差数据代入 MATLAB 的 mle 函数,求解每个风速子区间下 TLS 分布的拟合参数。计算结果如表 5-4 所示。

表 5-4　风电场有功功率预测误差在不同风速段的分布参数计算结果

风速/(m/s)	μ' / MW	σ / MW	v'	风速/(m/s)	μ' / MW	σ / MW	v'
[3,4]	1.3373	3.7002	4.6175	[8,9]	2.595689	4.247399	3.2022
[4,5]	1.4260	4.5927	8.3189	[9,10]	2.082047	3.766235	3.0030
[5,6]	1.7905	4.8022	3.4269	[10,11]	1.648604	3.971437	3.3775
[6,7]	1.7334	4.6701	3.5082	[11,12]	2.410962	5.003475	8.1718
[7,8]	2.1328	4.6435	3.5152	—	—	—	—

得到各个风速子区间下 TLS 分布的拟合参数后,可以求出该风速子区间下的风电场有功功率预测误差的连续型概率分布。由于风电场预测误差的连续型概率分布难以直接应用,文献[5]指出可以将连续型概率分布用典型的七段离散概率分布替代。据此,本书采用七段离散概率分布表示风电场有功功率预测误差的连续型概率分布。具体步骤如下所示。

第 1 步，将表 5-4 中不同风速子区间下的位置参数 μ'、尺度参数 σ 和形状参数 ν' 代入式 (5-12) 求出各个风速段的风电场有功功率预测误差的连续型概率分布。

第 2 步，将每个风速子区间下预测误差区间分为七段。根据文献[5]对风电功率预测误差分段的方法，预测误差 ε 用七个离散数值替代，离散数为 " -3σ " " -2σ " " $-\sigma$ " " 0 " " σ " " 2σ " " 3σ "，其中 σ 为尺度参数，同时这七个数作为七个离散分段的中点，每个分段用中点表示，如图 5-3 所示。

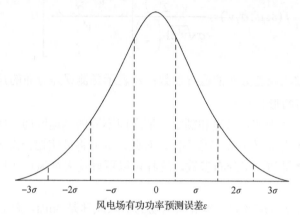

风电场有功功率预测误差ε

图 5-3　风电场有功功率预测误差七段示意图

第 3 步，计算每个风速子区间下七个离散分段的概率值。设 I 表示风电场有功功率预测误差离散化分段的第 I 个区间段 $(I=1,2,\cdots,7)$，$p_{w\text{-}p\text{-}\varepsilon}^{I}$ 表示第 I 段预测误差的离散概率值。求每个风速子区间下的 $p_{w\text{-}p\text{-}\varepsilon}^{I}$。计算结果如表 5-5 所示。

在表 5-5 每个风速区间中，每个分段的风电场有功功率预测误差的概率值就是风电有功功率在该段的概率。

表 5-5　不同风速区间的风电场有功功率预测误差的离散概率值 $p_{w\text{-}p\text{-}\varepsilon}^{I}$

ν 区间	I						
	1	2	3	4	5	6	7
[3,4]	0.003386	0.021564	0.132516	0.410153	0.336817	0.082818	0.012746
[4,5]	0.002338	0.018281	0.133543	0.426513	0.335891	0.073974	0.009460
[5,6]	0.003743	0.021746	0.134434	0.414216	0.333026	0.080105	0.01273
[6,7]	0.004406	0.023426	0.134865	0.408184	0.331688	0.08313	0.014301
[7,8]	0.004662	0.02372	0.131894	0.400853	0.335473	0.087596	0.015802
[8,9]	0.004896	0.023505	0.125904	0.387802	0.343289	0.096081	0.018523
[9,10]	0.005348	0.024043	0.123048	0.379354	0.346425	0.101176	0.020606
[10,11]	0.005531	0.02458	0.123819	0.379102	0.345163	0.101053	0.020752
[11,12]	0.005092	0.023196	0.121429	0.381225	0.349335	0.100086	0.019637

在得到每个风速子区间下七个离散分段的概率值 $p_{w\text{-}p\text{-}\varepsilon}^I$ 之后，需要求出式(5-4)中的风电有功功率在第 I 段的概率值 $p_{w\text{-power}}^I$。由式(5-6)可知 $p_{w\text{-power}}^I = p_{w\text{-}p\text{-}\varepsilon}^I$，据此，可以求出不同风速区间下风电有功功率的七段离散化概率，不妨以风速子区间[8,9]和[10,11]为例，结果如表 5-6 所示。

表 5-6　不同风速区间下风电有功功率的七段离散化概率 $p_{w\text{-power}}^I$

风速[8,9]区间				风速[10,11]区间			
区间段序号 I	ε	P_W	$p_{w\text{-power}}^I$	区间段序号 I	ε	P_W	$p_{w\text{-power}}^I$
1	-3σ	$P_W' - 3\sigma$	0.004896	1	-3σ	$P_W' - 3\sigma$	0.005531
2	-2σ	$P_W' - 2\sigma$	0.023505	2	-2σ	$P_W' - 2\sigma$	0.02458
3	$-\sigma$	$P_W' - \sigma$	0.125904	3	$-\sigma$	$P_W' - \sigma$	0.123819
4	0	P_W'	0.387802	4	0	P_W'	0.379102
5	σ	$P_W' + \sigma$	0.343289	5	σ	$P_W' + \sigma$	0.345163
6	2σ	$P_W' + 2\sigma$	0.096081	6	2σ	$P_W' + 2\sigma$	0.101053
7	3σ	$P_W' + 3\sigma$	0.018523	7	3σ	$P_W' + 3\sigma$	0.020752

表 5-6 表示了其中两个风速子区间下风电有功功率在七个离散分段的离散概率值 $p_{w\text{-power}}^I$，两个风速子区间 $p_{w\text{-power}}^I$ 的取值和表 5-5 同一风速区间的七段概率值相等。七个分段用中点(图 5-3)表示该段的预测误差 ε，可以将 $p_{w\text{-power}}^I$ 直接代入式(5-4)参与运行风险指标的计算。

5.2.3　负荷的预测误差概率模型建立

风险评估必须考虑负荷的随机波动，为了描述负荷的不确定性，将负荷表示为预测负荷与负荷预测误差的和。因此，负荷的概率可以用负荷预测误差的概率来表示。设 P_{Di} 表示节点 i 的负荷值，P_{Di}' 表示预测负荷值，ζ 表示负荷预测误差，p_{load} 表示节点负荷的概率，$p_{load\text{-}\zeta}$ 表示负荷预测误差的概率，则节点负荷值可表示为式(5-13)，节点负荷的概率可表示为式(5-14)：

$$P_{Di} = P_{Di}' + \zeta \tag{5-13}$$

$$p_{load} = p_{load\text{-}\zeta} \tag{5-14}$$

负荷的预测误差 ζ 采用正态分布的随机变量来表征。与风电场有功功率预测误差相似，可以将负荷预测误差的连续概率分布用典型的七段离散概率分布替代，每个分段区间的中点是负荷预测误差 ζ，可用它表示该分段的取值。设 J 表示负荷预测误差离散化分段的第 J 个区间段($J=1,2,\cdots,7$)，p_{load}^{J} 表示节点负荷在第 J 个区间段的概率值。根据式(5-14)可知，每个区间段负荷预测误差的概率值就是节点负荷在该段的概率值，即 $p_{\text{load}}^{J}=p_{\text{load-}\zeta}^{J}$。负荷预测误差 ζ 用七个离散数值替代，离散数为 $-3\sigma'$、$-2\sigma'$、$-\sigma'$、0、σ'、$2\sigma'$、$3\sigma'$，其中 σ' 为正态分布的标准差，如图 5-4 所示。

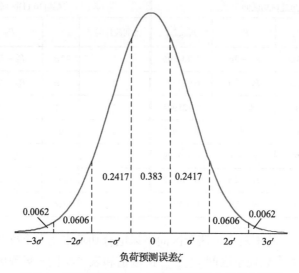

图 5-4　负荷预测误差的七段区间离散化概率示意图

图 5-4 中标识的数值是各个分段的面积，它代表负荷预测误差在各个分段的离散概率值，等于节点负荷七段离散化概率 p_{load}^{J}。p_{load}^{J} 可代入式(5-4)参与运行风险指标的计算，它的取值如表 5-7 所示。

表 5-7　节点负荷的七段离散化概率

区间段序号 J	ζ	P_{Di}	p_{load}^{J}
1	$-3\sigma'$	$P_{Di}'-3\sigma'$	0.0062
2	$-2\sigma'$	$P_{Di}'-2\sigma'$	0.0606
3	$-\sigma'$	$P_{Di}'-\sigma'$	0.2417
4	0	P_{l}'	0.383
5	σ'	$P_{Di}'+\sigma'$	0.2417
6	$2\sigma'$	$P_{Di}'+2\sigma'$	0.0606
7	$3\sigma'$	$P_{Di}'+3\sigma'$	0.0062

5.2.4 系统其他组成部分的概率模型建立

1) 风电机部分的概率模型

设 p_{wt} 表示风电机组集合的实时状态概率，它是由所有风电机组的实时状态（停运或运行）概率相乘得到的，如式 (5-15) 所示：

$$\begin{cases} p_{wt} = \prod_h p_w(h) \prod_{h'}[1 - p_w(h')] \\ p_w = 1 - \mathrm{e}^{-\lambda_w T} \end{cases} \tag{5-15}$$

式中，p_w 表示风电机的实时停运概率，它是将式 (5-1) 中的元件用风电机代入得到的。λ_w 表示风电机的故障率；h 表示停运的风电机；h' 表示运行的风电机。

2) 发电机部分的概率模型

同风电机部分相似，设 p_{ge} 表示发电机集合的实时状态概率，它是通过将所有发电机的实时状态（停运或运行）概率相乘来获取的。如式 (5-16) 所示：

$$\begin{cases} p_{ge} = \prod_{n'} p_g(n') \prod_{s'}[1 - p_g(s')] \\ p_g = 1 - \mathrm{e}^{-\lambda_g T} \end{cases} \tag{5-16}$$

式中，p_g 表示发电机的实时停运概率，它也是将发电机元件代入式 (5-1) 求出的。λ_g 表示发电机的故障率；n' 表示停运的发电机；s' 表示运行的发电机。

3) 线路部分的概率模型

同样地，设 p_{line} 表示线路集合的实时状态概率，它是将所有线路的实时状态（停运或运行）概率相乘获得的。如式 (5-17) 所示：

$$\begin{cases} p_{line} = \prod_{m'} p_{lin}(m') \prod_{w'}[1 - p_{lin}(w')] \\ p_{lin} = 1 - \mathrm{e}^{-\lambda_l T} \end{cases} \tag{5-17}$$

式中，p_{lin} 表示线路的实时停运概率，同理，它是将式 (5-1) 中的元件用线路替换获得的。λ_l 表示线路的故障率；m' 表示停运的线路；w' 表示运行的线路。

5.3　电力系统运行风险评估的指标计算

5.3.1　含风电的电力系统事故后果严重程度计算

风险指标等于故障状态概率和故障后果严重程度的乘积。本书的后果严重程度包括切负荷后果严重程度、电压越限后果严重程度、线路有功功率越限后果严重程度和电压崩溃后果严重程度。

1) 切负荷后果严重程度

切负荷后果严重程度用最小切负荷量占当前负荷的百分比表示[10,11]。设 C_d 表示最小切负荷量标幺值，p_{load} 表示当前负荷标幺值，$S_{ev\text{-}cut}$ 表示切负荷后果严重程度，如式(5-18)所示。

$$S_{ev\text{-}cut} = \frac{C_d}{p_{load}} \times 100\% \qquad (5\text{-}18)$$

2) 电压越限后果严重程度

电压越限后果严重程度通过效用函数将电压越限量转化为效用值表示。效用函数可以描述决策行为的满意程度，在风险评估中可以用作后果严重程度的量化方法[12]。效用函数有风险厌恶型、风险中立型、风险偏好型三种形式，运行风险一般采用风险偏好型效用函数计算后果严重程度，这样可以弥补评估中难以区分高损失低概率及低损失高概率情况的不足[13,14]。因此，本书采用风险偏好型效用函数计算事故后果严重程度。设 $u(\alpha)$ 表示风险偏好型效用函数，S_{ev} 是式(5-4)的事故后果严重程度，此时 $S_{ev} = u(\alpha)$，$u(\alpha)$ 如式(5-19)所示。

$$u(\alpha) = \frac{e^{\alpha} - 1}{e - 1} \qquad (5\text{-}19)$$

式中，e 表示自然对数；α 表示故障损失值。

在风险评估中 α 通常用反映变量变化多少的量表征，例如，变量的越限值。当 $\alpha = 0$ 时，表示变量在正常范围内变化，因此后果严重程度为 0。当 $0 < \alpha < 1$ 时，表示变量超出正常范围变化，后果严重程度介于 0 和 1 之间。当 $\alpha = 1$ 时，后果严重程度为 1。相应地，风险偏好型效用函数如图 5-5 所示。

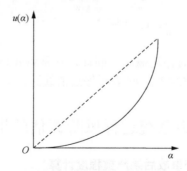

图 5-5　风险偏好型效用函数

设 α_{Vi} 表示节点 i 电压越限大小，$S_{\text{ev-V}}$ 表示电压越限后果严重程度，将 $S_{\text{ev-V}}$ 用风险偏好型效用函数表达，如式(5-20)所示。

$$\begin{cases} S_{\text{ev-V}} = \sum_{i=1}^{n} u(\alpha_{Vi}) = \sum_{i=1}^{n} \dfrac{\text{e}^{\alpha_{Vi}} - 1}{\text{e} - 1} \\ \alpha_{Vi} = \max(0.9 - V_i, V_i - 1.1, 0) \end{cases} \tag{5-20}$$

式中，V_i 表示节点 i 的电压标幺值；n 表示节点个数。

3) 线路有功功率越限后果严重程度

同理，采用风险偏好型效用函数计算线路有功功率越限后果严重程度。设 α_{Pl} 表示线路 l 的有功功率越限大小，$S_{\text{ev-Pl}}$ 表示线路有功功率越限后果严重程度，将 $S_{\text{ev-Pl}}$ 用风险偏好型效用函数表达，如式(5-21)所示。

$$\begin{cases} S_{\text{ev-Pl}} = \sum_{l=1}^{m} u(\alpha_{\text{Pl}}) = \sum_{l=1}^{m} \dfrac{\text{e}^{\alpha_{\text{Pl}}} - 1}{\text{e} - 1} \\ \alpha_{\text{Pl}} = \max(P_l - P_l^{\max}, 0) \end{cases} \tag{5-21}$$

式中，P_l 表示线路 l 的有功功率标幺值；$P_l^{\max}$ 表示线路 l 允许的最大有功功率标幺值；m 表示线路条数。

4) 电压崩溃后果严重程度

由于电压稳定性 L 指标[15]的大小可以反映电压崩溃，故将 L 指标数值代入风险偏好型效用函数得到电压崩溃后果严重程度。电压崩溃后果严重程度只是反映一个系统状态的程度，并不是与发生电压崩溃等同。设 $S_{\text{ev-col}}$ 表示电压崩溃后果严重程度，如式(5-22)所示。

$$\begin{cases} S_{\text{ev-col}} = \dfrac{\text{e}^L - 1}{\text{e} - 1} \\ L = \max_{i \in \mathbf{ND}} \left\{ L_i = \left| 1 + \dfrac{V_{0i}}{V_i} \right| \right\} \\ V_{0i} = - \sum_{j \in \mathbf{NG}} \boldsymbol{F}_{ij} \cdot V_j \end{cases} \tag{5-22}$$

式中，$\mathbf{ND}$ 表示负荷节点的集合；$\mathbf{NG}$ 表示发电节点的集合；V_{0i} 表示所有发电机在节点 i 处形成的等值电压；$\boldsymbol{F}_{ij}$ 是方程(5-23)中 $\boldsymbol{H}$ 矩阵的子矩阵 $\boldsymbol{F}_{\text{LG}}$ 的相应元素，$\boldsymbol{H}$ 矩阵可以从节点导纳矩阵 $\boldsymbol{Y}$ 变化得到，将未知向量中的负荷节点电压 V_L 和它们的电流 I_L 交换位置[13]可得

$$\begin{bmatrix} V_L \\ I_G \end{bmatrix} = H \begin{bmatrix} I_L \\ V_G \end{bmatrix} = \begin{bmatrix} Z_{LL} & F_{LG} \\ K_{GL} & Y_{GG} \end{bmatrix} \begin{bmatrix} I_L \\ V_G \end{bmatrix} \tag{5-23}$$

$$\begin{bmatrix} I_L \\ I_G \end{bmatrix} = Y \begin{bmatrix} V_L \\ V_G \end{bmatrix} \rightarrow \begin{bmatrix} V_L \\ I_G \end{bmatrix} = H \begin{bmatrix} I_L \\ V_G \end{bmatrix} \tag{5-24}$$

式中，V_L、I_L 表示负荷节点的电压向量和电流向量；V_G、I_G 表示发电机节点的电压向量和电流向量；Z_{LL}、F_{LG}、K_{GL}、Y_{GG} 表示 H 矩阵的子矩阵。

5.3.2　电力系统风险评估指标的建立

　　风险评估通常根据风险指标从多角度多方面对系统进行评估。风险评估指标可分为两大类：传统风险评估指标和运行风险评估指标。传统风险评估指标大多沿用了传统可靠性指标，是对可靠性研究的拓展。而运行风险评估指标比较关注实时性，多采用能反映状态的一类指标。对可靠性指标的研究已经比较成熟，在此基础上，容易得到传统风险评估指标。而以往文献研究的运行风险指标不尽相同。因此本书总结了多种运行风险指标，并计及风电和负荷的随机特性，在最优切负荷模型的基础上得到了改进的运行风险指标。

　　传统风险评估指标和运行风险评估指标的比较如图 5-6 所示。

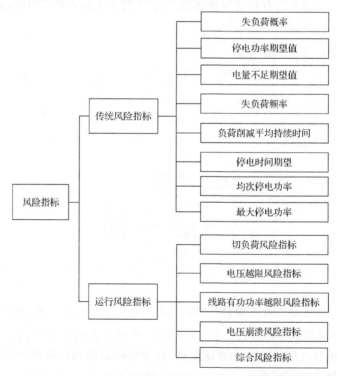

图 5-6　传统风险评估指标和运行风险评估指标的比较

1. 传统风险评估指标

传统风险评估是在可靠性评估的基础上发展而来，大多评估指标沿用了可靠性指标，从长期规划的角度对系统进行风险评估。主要有以下指标[1]。

1) 失负荷概率

失负荷概率(loss of load probability，LOLP)表示由于系统元件容量不足导致失负荷的可能性大小，如式(5-25)所示。

$$\text{LOLP} = \sum_{i'=1}^{\text{NL}} \left[\sum_{s \in F_{i'}} P(s) \right] \frac{T_i'}{T'} \tag{5-25}$$

式中，$P(s)$ 是状态 s 的概率；$F_{i'}$ 是多级负荷模型中第 i' 个负荷水平下系统全部失效状态的集合；T_i' 是第 i' 个负荷水平的时间长度；NL 是负荷水平分级数；T' 是负荷曲线的时间长度。

2) 停电功率期望值

停电功率期望值(expected demand not supplied，EDNS)表示平均每年缺电力的多少，单位为兆瓦/年，如式(5-26)所示。

$$\text{EDNS} = \frac{M_s}{M} \sum_{i'=1}^{M_s} C_{i'}(s) \tag{5-26}$$

式中，M 是抽样总次数；M_s 是抽样中的切负荷次数；$C_{i'}(s)$ 表示抽样模拟中第 i' 次抽样中的切负荷功率。

3) 电量不足期望值

电量不足期望值(expected energy not supplied，EENS)表示电力系统由于机组受迫停运而造成的对用户少供电能的期望值。这一指标能说明故障的严重程度，单位为兆瓦时/年，如式(5-27)所示。

$$\text{EENS} = \frac{8760 \times M_s}{M} \sum_{i'=1}^{M_s} C_{i'}(s) \tag{5-27}$$

4) 失负荷频率

失负荷频率(expected frequency of load curtailment，EFLC)表示平均每年停电次数，单位为次/年，如式(5-28)所示。

$$\text{EFLC} = \sum_{i'=1}^{\text{NL}} \sum_{s \in F_{i'}} \left[P(s) \sum_{j'=1}^{M_s} \lambda'_{j'} \right] \frac{T'_i}{T'} \tag{5-28}$$

式中，$\lambda'_{j'}$ 是元件离开状态 s 的第 j' 个转移率。

5）负荷削减平均持续时间

负荷削减平均持续时间（average duration of load curtailment，ADLC）表示平均每次发生负荷削减的持续时间长短，单位为时/次，如式（5-29）所示。

$$\text{ADLC} = \frac{\text{LOLP} \times T'}{\text{EFLC}} \tag{5-29}$$

6）停电时间期望

停电时间期望（time loss of load expectation，T_{LOLE}）表示平均停电时间长短，单位为小时，如式（5-30）所示。

$$T_{\text{LOLE}} = \frac{1}{M} \sum_{i'=1}^{M_s} t_{i'}(s) \tag{5-30}$$

式中，$t_{i'}(s)$ 表示第 i' 次抽样中状态 s 的持续时间。

7）均次停电功率

均次停电功率（average expected demand not supplied，AEDNS）表示平均每次停电所缺的电力，单位为兆瓦/次，如式（5-31）所示。

$$\text{AEDNS} = \frac{\text{EDNS}}{\text{LOLP}} \tag{5-31}$$

8）最大停电功率

系统最大停电功率（static maximum power curtailment，P_{SMC}）指标可以用来反映系统的最严重故障，单位为兆瓦，如式（5-32）所示。

$$P_{\text{SMC}} = \max[C_{i'}(s)] \tag{5-32}$$

2. 运行风险评估指标

和传统的风险指标相比，运行风险评估指标可以反映系统短期（如数小时）内的风险水平。运行风险在故障概率计算方面，采用实时的马尔可夫过程，得到运行人员所关注的时间尺度为数小时的风险水平[16]。运行风险指标直接关系着节点电压变化、线路潮流动态等实时运行变量，可以为调度人员观察系统运行风险状况提供更准确的信息。本书总结了以下运行风险指标。

1) 切负荷风险指标

切负荷风险指标表示系统在某种运行条件下发生切负荷的风险大小[17]。风险数值越小，系统运行越可靠。根据风险数值大小判断切负荷风险所处的级别，当风险数值处于高风险水平时，说明此状态是不可接受的，该运行条件不可取。将最小切负荷量 C_d 代入式(5-18)求切负荷后果严重程度 $S_{\text{ev-cut}}$，再把 $S_{\text{ev-cut}}$ 代入式(5-4)中的 S_{ev} 可以获得切负荷风险指标 Risk_{cut}，如式(5-33)所示。

$$\text{Risk}_{\text{cut}} = \sum_{ii} p_{wt} p_{ge} p_{\text{line}} \sum_{I=1}^{7} \sum_{J=1}^{7} \left[\sum_{I=1}^{7} \sum_{J=1}^{7} p_{\text{wind}}^{I} p_{\text{load}}^{J} \times S_{\text{ev-cut}} \right] \tag{5-33}$$

2) 电压越限风险指标

电压越限风险指标表示系统在某运行条件下发生电压越上限或电压越下限的风险大小[15]。同样，根据风险数值大小判断电压越限风险的级别，以确定此运行条件是否可行。将节点电压 V_i 代入式(5-20)求电压越限后果严重程度 $S_{\text{ev-V}}$，再把 $S_{\text{ev-V}}$ 代入式(5-4)中的 S_{ev} 可以得到电压越限风险指标 Risk_V，如式(5-34)所示。

$$\text{Risk}_V = \sum_{ii} p_{wt} p_{ge} p_{\text{line}} \sum_{I=1}^{7} \sum_{J=1}^{7} (p_{\text{wind}}^{I} p_{\text{load}}^{J} \times S_{\text{ev-V}}) \tag{5-34}$$

3) 线路有功功率越限风险指标

相似地，线路有功功率越限风险指标表示系统在某运行条件下线路有功功率超过允许的最大有功功率的风险大小[17]，由风险数值大小评估线路有功功率越限风险的级别，据此判断该运行条件是否可接受。将线路有功功率 P_l 代入式(5-21)求线路有功功率越限后果严重程度 $S_{\text{ev-Pl}}$，再把 $S_{\text{ev-Pl}}$ 代入式(5-4)中的 S_{ev} 可以推出线路有功功率越限风险指标 $\text{Risk}_{\text{line}}$，如式(5-35)所示。

$$\text{Risk}_{\text{line}} = \sum_{ii} p_{wt} p_{ge} p_{\text{line}} \sum_{I=1}^{7} \sum_{J=1}^{7} (p_{\text{wind}}^{I} p_{\text{load}}^{J} \times S_{\text{ev-Pl}}) \tag{5-35}$$

4) 电压崩溃风险指标

电压崩溃风险指标[12,15,18]表示系统在某运行条件下发生电压崩溃的风险大小。由风险数值大小评估电压崩溃风险的级别，以此评判该运行条件是否可行。电压崩溃风险值只是反映一个系统状态所处的程度，以及风险大小，并不是与发生电压崩溃等同。将节点电压 V_i 代入式(5-22)求电压崩溃后果严重程度 $S_{\text{ev-col}}$，再把 $S_{\text{ev-col}}$ 代入式(5-4)中 S_{ev} 求出电压崩溃风险指标 Risk_{col}，如式(5-36)所示。

$$\text{Risk}_{\text{col}} = \sum_{ii} p_{wt} p_{ge} p_{\text{line}} \sum_{I=1}^{7} \sum_{J=1}^{7} (p_{\text{wind}}^{I} p_{\text{load}}^{J} \times S_{\text{ev-col}}) \tag{5-36}$$

5) 综合风险指标

综合风险指标[11,19]定义为切负荷风险指标、电压越限风险指标、线路有功功率越限风险指标和电压崩溃风险指标这四个指标乘以各自风险权重系数后相加之和，它用于表征全系统在当前电网运行条件下的综合风险[19]。综合风险值方便用户根据自身侧重点调整风险权重系数，从而得到符合用户需求的综合风险指标[11]。同样，由风险数值大小评定综合风险的级别，若处于高风险，则此运行条件不可采取。

设 w_1 表示切负荷风险权重系数、w_2 表示电压越限风险权重系数、w_3 表示线路有功功率越限风险权重系数、w_4 表示电压崩溃风险权重系数，且 $w_1+w_2+w_3+w_4=1$，它们根据层次分析法确定[11]，步骤如图 5-7 所示。

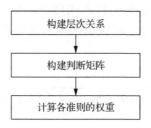

图 5-7　层次分析法流程

第 1 步，构建层次关系。层次关系主要指目标层和准则层的关系，目标层处于最高层次，是被分析问题的预定目标或待求结果。准则层处于目标层的下一层次，该层包括为了实现目标层的目标所涉及的各个准则，这些准则在该层中处于并列关系，并通过比较相互间的重要性构建判断矩阵。本书的目标层指待求的综合风险值 Risk_{com}，准则层由切负荷风险指标 Risk_{cut}、电压越限风险指标 Risk_{V}、线路有功功率越限风险指标 $\text{Risk}_{\text{line}}$、电压崩溃风险指标 Risk_{col} 组成，通过对准则层中四个风险指标的判断处理，最后确定目标层的综合风险指标。

第 2 步，构建判断矩阵。准则层中各个准则与目标层的目标都有一定的关联，可以用准则对目标的重要性反映这种关联性。定义一个矩阵，矩阵的每一行每一列都对应一个准则，矩阵的行数和列数与准则数目相同，比较矩阵元素所处行代表的准则和所处列代表的准则的重要性。重要性分为"前者比后者重要""一样重要""前者不如后者重要"三种情况，三种情况下矩阵元素分别记为 2、1、0。按照这个方法构建的矩阵就是判断矩阵。可以设 $\tau_{e'f'}$ 表示判断矩阵第 e' 行第 f' 列的元素，准则 $\text{AP}_{e'}$ 和 $\text{AP}_{f'}$ 分别表示判断矩阵行和列所代表的风险指标，矩阵元素的取值如式(5-37)所示。

$$\tau_{e'f'} = \begin{cases} 2, & AP_{e'}比AP_{f'}重要 \\ 1, & AP_{e'}与AP_{f'}同样重要 \\ 0, & AP_{e'}不如AP_{f'}重要 \end{cases} \tag{5-37}$$

$AP_{e'}$ 和 $AP_{f'}$ 包括切负荷风险指标 $Risk_{cut}$、电压越限风险指标 $Risk_V$、线路有功功率越限风险指标 $Risk_{line}$、电压崩溃风险指标 $Risk_{col}$，它们可以表示同一个指标，这时矩阵元素为 1。实际应用中，可以通过电网用户调查表得到不同风险指标的重要性，参考了文献[11]的重要性排序，从理论上做合理的假设或参考。文献[11]中切负荷风险指标比其他指标重要，电压越限风险指标和线路有功功率越限风险指标一样重要，另外，电压崩溃对系统的影响和危害很大，可令电压崩溃风险指标最重要。据此，可以得到风险评价指标的判断矩阵，如表 5-8 所示。

表 5-8　风险评价指标判断矩阵

$AP_{e'}$	$AP_{f'}$			
	$Risk_{cut}$	$Risk_V$	$Risk_{line}$	$Risk_{col}$
$Risk_{cut}$	1	2	2	0
$Risk_V$	0	1	1	0
$Risk_{line}$	0	1	1	0
$Risk_{col}$	2	2	2	1

第 3 步，计算各准则的权重。参考文献[11]的做法，在构造的判断矩阵基础上，计算出与判断矩阵相对应的最大特征值及特征向量，经归一化处理后，特征向量为相应准则层的权重。经过计算得到的风险权重系数计算结果如表 5-9 所示。

表 5-9　风险权重系数计算结果

风险权重系数类别	计算值
切负荷风险权重系数 w_1	$w_1=0.22$
电压越限风险权重系数 w_2	$w_2=0.06$
线路有功功率越限风险权重系数 w_3	$w_3=0.06$
电压崩溃风险权重系数 w_4	$w_3=0.66$

在表 5-9 中，由于电压崩溃风险指标和切负荷风险指标比其他指标重要，故得到的风险权重系数比其他指标的风险权重系数大。

求出风险权重系数后，可以计算综合风险指标，如式(5-38)所示。

$$\text{Risk}_{\text{com}} = w_1 \text{Risk}_{\text{cut}} + w_2 \text{Risk}_V + w_3 \text{Risk}_{\text{line}} + w_4 \text{Risk}_{\text{col}} \tag{5-38}$$

5.3.3 基于交流潮流模型的风险评估指标的计算

1. 风险评估指标计算的难点

风险指标通过事故概率和后果严重程度计算，事故概率用模拟法求解，事故后果严重程度需要已知最小切负荷量标幺值 C_d、电压标幺值 V_i 和线路有功功率值标幺值 P_l，如何计算这几个变量是难点。风险评估的基本方法有解析法和模拟法。解析法包括概率卷积法、串并联网络法、状态空间法、频率持续时间法。解析法一般用于简单系统的计算，不能求解切负荷量、电压值和线路有功功率。因此，本书风险指标计算需要采用模拟法。用模拟法生成系统状态后，需要进行系统事故概率和事故后果严重程度计算，通常采用最优切负荷模型求解。最优切负荷模型分为直流潮流的最优切负荷模型和交流潮流的最优切负荷模型，前者是一种简化近似方法，但是得不到与电压有关的风险指标。为了得到电压方面的风险指标，同时得到比直流潮流的最优切负荷模型更加准确的切负荷量和线路有功功率，可以采用交流潮流的最优切负荷模型计算，不过这使得求解过程变得复杂，求解速度减慢。综合各方面利弊，为了得到准确的切负荷风险指标、线路有功功率越限风险指标以及计算电压有关的风险指标，本书采用基于交流潮流模型的最优切负荷算法计算风险评估指标。

2. 传统的风险评估指标计算方法存在的不足

传统风险评估指标计算需要求解最小切负荷量、线路有功功率、切负荷次数和切负荷持续时间等变量。对于运行风险指标所需的变量，通常采用基于直流潮流的最优化切负荷模型求解最小切负荷量和线路有功功率。基于直流潮流的最小切负荷模型如下所示。

1) 目标函数

系统所有节点总的切负荷量最小。设 C_i 表示节点 i 的切负荷量标幺值，**ND** 表示负荷节点集合。

$$C_d = \min \sum_{i \in \mathbf{ND}} C_i \tag{5-39}$$

2) 约束条件

(1) 线路有功功率约束。

电力系统运行中线路有功功率需满足：

$$\boldsymbol{P}_l(s) = \boldsymbol{A}(s)(\mathbf{PG} + \mathbf{PW} - \mathbf{PD} + \boldsymbol{C}) \tag{5-40}$$

式中，$P_l(s)$ 表示停运状态的有功功率标幺值矢量；PG 表示发电机输出有功功率标幺值矢量；PW 表示风电机输出有功功率标幺值矢量；PD 表示负荷功率标幺值矢量；$A(s)$ 表示停运状态 s 的有功功率和注入功率间的关系矩阵。

$$|P_{lk}(s)| \leqslant P_{lk}^{\max}, \quad k \in \mathbf{Line} \tag{5-41}$$

式中，$P_{lk}(s)$ 表示 $P_l(s)$ 矢量的元素；$\mathbf{Line}$ 表示线路集合；k 表示线路集合中第 k 条线路。

(2)有功功率平衡约束。

系统要维持功率平衡，满足

$$\sum_{i \in \mathbf{NG}} PG_i + \sum_{i \in \mathbf{NW}} PW_i + \sum_{i \in \mathbf{ND}} C_i = \sum_{i \in \mathbf{ND}} PD_i \tag{5-42}$$

式中，$\mathbf{NG}$ 表示发电机节点集合；$\mathbf{NW}$ 表示风电机节点集合；PG_i 表示 PG 矢量的元素；PW_i 表示 PW 矢量的元素；PD_i 是 PD 矢量的元素。

(3)发电机节点输出有功功率约束。

$$PG_i^{\min} \leqslant PG_i \leqslant PG_i^{\max}, \quad i \in \mathbf{NG} \tag{5-43}$$

式中，$PG_i^{\min}$ 表示发电机节点输出有功功率标幺值的最小值；$PG_i^{\max}$ 表示发电机节点输出有功功率标幺值的最大值。

(4)节点切负荷量约束。

每个节点切负荷量值存在下限和上限，一般下限为 0，上限是节点负荷值。因此，节点切负荷量约束如下：

$$0 \leqslant C_i \leqslant PD_i, \quad i \in \mathbf{ND} \tag{5-44}$$

从上述模型可见，基于直流潮流的最优切负荷模型虽然是一种可行的线性简化计算方法，但是不能解算电压有关的风险指标，得到的切负荷量和线路有功功率也都是近似值。这主要是因为

①直流潮流将电力系统各节点电压近似地看作额定电压，标幺值为 1，不考虑电压变化，各节点之间电压相角差看作 0。而运行中的网络各节点电压标幺值并不都等于 1，因此电压标幺值为 1 的简化条件会带来误差，同时这也造成了直流潮流法算不了电压有关的风险。

②直流潮流法认为支路电阻小到可以忽略，而实际上支路电阻并不是无限地接近于 0，从交流潮流法来看支路电阻并没有小到可以忽略的程度。因此，忽略电阻也会带来误差。

针对以上不足，下面采用交流潮流的最优切负荷模型计算风险指标。

3. 基于交流潮流模型的风险评估指标计算方法

交流潮流的最优切负荷模型，以切负荷最少为目标函数，节点交流潮流模型作为功率平衡约束，考虑发电机功率约束、节点负荷约束和线路功率约束，建立优化模型，解算出最小切负荷量 C_d、节点电压值 V_i、线路有功功率值 P_l，与直流潮流模型相比，该模型可以计算与电压有关的风险。所述模型具体如下所示。

1) 目标函数

电网调度运行过程中希望切除负荷尽可能的少，故以最小切负荷量为目标函数：

$$C_d = \min \sum_{i \in \mathbf{ND}} (P_{Di} - P_{di}) \tag{5-45}$$

式中，$\mathbf{ND}$ 表示系统中的负荷节点集合；P_{Di} 表示节点切负荷前的有功功率标幺值；P_{di} 表示节点切负荷后的有功功率标幺值。

2) 约束条件

系统优化过程中必须满足如下约束条件。

(1) 系统功率平衡约束。

交流潮流模型考虑了有功功率平衡和无功功率平衡，如下所示。

$$V_i \sum_{j=1}^{n} V_j (G_{ij} \cos \delta_{ij} + B_{ij} \sin \delta_{ij}) + P_{di} - P_{gi} - P_{wi} = 0 \tag{5-46}$$

$$V_i \sum_{j=1}^{n} V_j (G_{ij} \sin \delta_{ij} - B_{ij} \cos \delta_{ij}) + Q_{di} - Q_{gi} - Q_{wi} = 0 \tag{5-47}$$

式中，G_{ij} 和 B_{ij} 分别表示节点 i 与节点 j 之间导纳矩阵的实部和虚部；δ_{ij} 表示节点 i 的电压相角和节点 j 的电压相角之差；P_{gi}、Q_{gi} 分别表示节点 i 处发电机的有功功率标幺值和无功功率标幺值；P_{wi}、Q_{wi} 分别表示节点 i 处风电的有功功率标幺值和无功功率标幺值，假定风电机组的功率因数恒定不变，这样风电机组的无功功率 $Q_{wi} = P_{wi} \tan \varphi$ [20]，φ 为功率因数角。

(2) 发电机功率约束。

发电机功率考虑有功功率和无功功率，二者满足如下约束：

$$P_{gi}^{\min} \leqslant P_{gi} \leqslant P_{gi}^{\max} \tag{5-48}$$

$$Q_{gi}^{\min} \leqslant Q_{gi} \leqslant Q_{gi}^{\max} \tag{5-49}$$

式中，$P_{gi}^{\min}$ 和 $Q_{gi}^{\min}$ 分别表示发电机有功功率标幺值和无功功率标幺值的最小值；$P_{gi}^{\max}$ 和 $Q_{gi}^{\max}$ 分别表示发电机有功功率标幺值和无功功率标幺值的最大值。

(3) 节点负荷量约束。

节点负荷量考虑切负荷后的有功功率和无功功率，它们满足如下约束：

$$0 \leqslant P_{di} \leqslant P_{Di} \tag{5-50}$$

$$0 \leqslant Q_{di} \leqslant Q_{Di} \tag{5-51}$$

式中，P_{Di}、P_{di} 分别表示节点切负荷前后的有功功率标幺值；Q_{Di}、Q_{di} 分别表示节点切负荷前后的无功功率标幺值。

(4) 线路功率约束。

线路功率不大于线路最大传输容量，约束如式(5-52)所示。

$$P_l^2 + Q_l^2 \leqslant S_{l\max}^2 \tag{5-52}$$

$$\begin{cases} P_l &= V_i\,V_j\,(G_{ij}\cos\delta_{ij} + B_{ij}\sin\delta_{ij}) - V_i^2 G_{ij} \\ Q_l &= -V_i\,V_j\,(B_{ij}\cos\delta_{ij} - G_{ij}\sin\delta_{ij}) + V_i^2 B_{ij} \end{cases} \tag{5-53}$$

式中，P_l 表示线路 l 的有功功率标幺值；Q_l 表示线路 l 的无功功率标幺值；$S_{l\max}$ 表示线路 l 的最大传输容量标幺值。某个系统状态的计算过程中 P 有可能大于 $P_{\max}$，设越限时有功功率为 P_1，无功为 Q_1，这时候 $P_1 > P_{\max}$，而 $P_1^2 + Q_1^2 \leqslant S_{l\max}^2$。

本书采用上述基于交流潮流的最优切负荷模型对系统状态进行分析，计算后果严重程度，具体流程如图 5-8 所示。

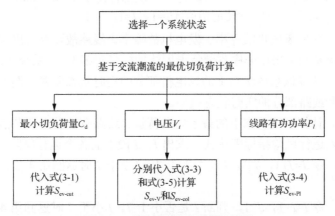

图 5-8　后果严重程度计算流程图

第 1 步，首先选择一个系统状态，该状态由系统状态抽样得到，本书采用非序贯蒙特卡罗法抽样，具体在 5.4.2 节介绍。

第 2 步，用基于交流潮流的最优切负荷模型计算得出该状态下的最小切负荷量 C_d、电压 V_i、线路有功功率 P。

第 3 步，将 C_d 代入式(5-18)计算 $S_{ev\text{-}cut}$，若该状态下切负荷为 0，则 $S_{ev\text{-}cut}=0$，否则 $S_{ev\text{-}cut}>0$。同理，将 V_i 代入式(5-20)和式(5-22)计算 $S_{ev\text{-}V}$ 和 $S_{ev\text{-}col}$，P_l 代入式(5-21)计算 $S_{ev\text{-}Pl}$，若电压不越限，线路有功功率不越限，则 $S_{ev\text{-}V}=0$，$S_{ev\text{-}col}=0$，$S_{ev\text{-}Pl}=0$，否则 $S_{ev\text{-}V}>0$，$S_{ev\text{-}col}>0$，$S_{ev\text{-}Pl}>0$。

通过上述后果严重程度的计算，完成了一个系统状态分析，然后再分析下一个状态。

5.4　计及风电随机特性的运行风险评估方法

本章在前面的基础上，总结计及风电随机特性的运行风险整体评估流程，详述各个步骤，并介绍作为核心抽样法的非序贯蒙特卡罗模拟法。最后，根据风险分级理论给出风险等级评判的方法，以更好地对计算得到的风险指标进行分析说明。

5.4.1　计及风电随机特性的运行风险整体评估流程

在前面介绍的计及风电随机特性的电力系统运行风险评估模型和运行风险指标计算方法的基础上，运用非序贯蒙特卡罗模拟法抽样形成系统状态，进行含风电的电力系统运行风险评估，整个评估流程具体如下所示。

第 1 步，确定输入参数，包括风速、负荷、风电机容量、发电机最大输出有功功率、线路阻抗、线路长度、线路最大传输功率、风电机故障率、发电机故障率、线路故障率数据。设定非序贯蒙特卡罗法抽样总次数 M=1000，M_n 表示其中某次抽样($M_n=1,2,\cdots,M$)，设定初值 $M_n=1$，$I=1$，$J=1$。

第 2 步，根据风电机故障率、发电机故障率、线路故障率求出实时故障率，在实时故障率基础上采用非序贯蒙特卡罗法抽样得到第 M_n 个系统状态。

第 3 步，计算该系统状态下的风电机部分的实时状态概率、发电机部分的实时状态概率和线路部分的实时状态概率。

第 4 步，计算系统状态下的最小切负荷量、线路有功功率和节点电压，将这些计算值代入运行风险指标表达式，求出 I、J 段下的各个运行风险指标值。

第 5 步，令 $J=J+1$，判断 J 是否小于 7。J 小于 7 时返回第 4 步，否则，进入第 6 步。

第 6 步，令 $I=I+1$，$J=1$，判断 I 是否小于 7。I 小于 7 时返回第 4 步，否则，进入第 7 步。

第 7 步，令 $M_n=M_n+1$，$I=1$，判断 M_n 是否小于 M。M_n 小于 M 时返回第 2 步，

否则，进入第 8 步。

第 8 步，累加相同风险指标在各个状态下的风险值，输出各个运行风险指标，并根据风险指标评判风险等级。

将上述步骤用流程图表示，如图 5-9 所示。

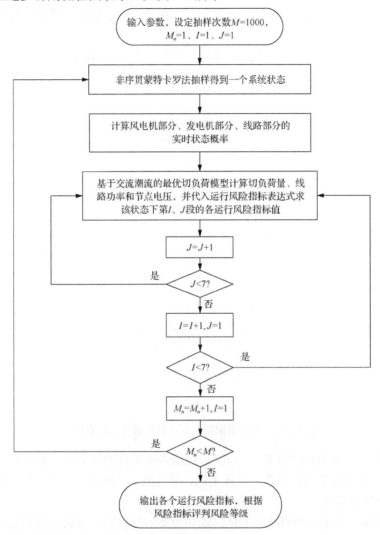

图 5-9　计及风电随机特性的电力系统运行风险评估流程

5.4.2　非序贯蒙特卡罗抽样模拟法

非序贯蒙特卡罗法被广泛地应用于电力系统风险评估中。本书选择非序贯蒙特卡罗法作为系统抽样的方法。该方法依据：一个系统状态是所有元件状态的组合，且每一元件的状态可由对元件出现在该状态的概率进行抽样来确定[1]。

实现非序贯蒙特卡罗法抽样的思想如下：设元件都有停运和运行两个状态，"1"表示停运状态，"0"表示运行状态，元件的停运状态是相互独立的。通过产生一个服从[0,1]区间均匀分布的随机数来判断元件的状态：如果随机数大于元件停运概率，则元件处于运行状态，否则，元件处于停运状态。所有元件的状态组成系统状态集合。

本书抽样形成一个系统状态的过程，具体如图 5-10 所示。

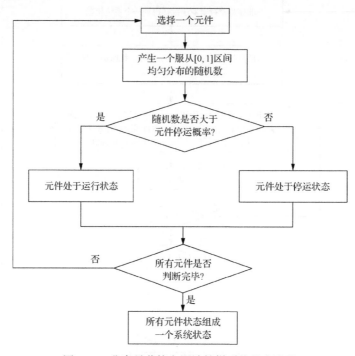

图 5-10　非序贯蒙特卡罗法抽样系统状态流程

第 1 步，从系统中选择一个元件（包括系统所有的风电机、发电机和线路元件）。为了能够选中所有元件，将风电机、发电机、线路依次编号，按照编号顺序依次选择各个元件。

第 2 步，产生一个服从[0,1]区间均匀分布的随机数，以随机数的随机性模拟元件状态的随机性。

第 3 步，比较第 2 步中产生的随机数和元件停运概率的大小，元件停运概率按照式(5-1)计算得到，若随机数大于元件停运概率，设元件处于运行状态，否则，设元件处于停运状态。由于从[0,1]分布产生的随机数大多远大于元件停运概率，元件抽到运行状态的概率非常大，这和实际运行中元件处于运行概率远大于停运概率是一致的。

第 4 步，判断是否所有元件都被选中，可以根据当前元件的编号是不是最后一个编号判断。如果是，则进入第 5 步，否则，返回第 1 步选择下一个元件。

第 5 步，将所有元件的状态组合得到一个系统状态。

在得到一个系统状态后，就可以参照 5.3.3 节的图 5-8 计算每个状态下的风险指标。

5.4.3　风险等级的评判

风险评估算出的风险值数值一般不大，但是由于电力系统运行的高可靠性要求，有些不大的风险数值实际上已经达到了较高的风险水平。因此，就风险数值大小判断风险水平主观性很强，且不容易达成一致认可。为了将这些风险值所表达的含义较为清晰地描述出来，有必要采用风险分级的办法。通过风险分级，知道哪些风险值实际上已经达到了高风险，哪些风险值处于中等风险，哪些风险值处于低风险。

以往风险评估研究，大多没有重视风险值分级。一般通过将得到的所有风险值降序排列，选取前几个值，并分析这些风险值对应的系统状态。这种描述方法，可以从众多计算结果中把握重点的几个，但是在一些情况下，计算得到的风险值普遍很小，处于低风险水平，此时选取前几个值意义不大。而有些情况下，计算得到的风险值有很多处于高风险或中等风险水平，此时选取前几个值又会遗漏很多不该忽略的风险数值。而风险分级可以有效地避免这种缺陷，既方便进行同风险水平下的风险值排序并抓住重点情况，又能从整体上全面地把握风险状况。

安全风险管理实践中广泛地采用最低合理可行(as low as reasonably practically，ALARP)准则根据风险值对风险指标进行分级，以此表征不同的风险水平[9]。ALARP 准则有两条风险分界线，第一条是不可接受风险水平线，第二条是可忽略风险水平线。ALARP 准则通过这两条分界线的数值将风险划分为三个区域，包括不可接受区、合理可行区和可忽略区。此风险分级方法如图 5-11 所示。图 5-11 中，横轴表示需要进行分级的风险指标，纵轴表示风险值大小，随着箭头指向，风险值不断增大，风险指标所处的风险区域也相应变化。

ALARP 准则应用到电力系统运行风险评估中，首先要确定两条风险水平线的数值。不可接受风险水平线的数值等于国家历年元件失效概率与不可接受后果水平的乘积，相似地，可忽略风险水平线的数值等于国家历年元件失效概率与最低应重视后果水平的乘积[11,21,22]。文献[8]和[19]以《国家电网公司安全事故调查规程》为依据，经过计算，得到不可接受风险水平线的风险数值为 1.79×10^{-5}，而可忽略风险水平线的风险数值为 2.39×10^{-6}。根据两条风险水平线可将所计算得到的风险指标分级，运行风险评估中将分级后的三个区域定义为高风险区域、中等风险区域和低风险区域，它们分别对应图 5-11 的三个区域，如图 5-12 所示。

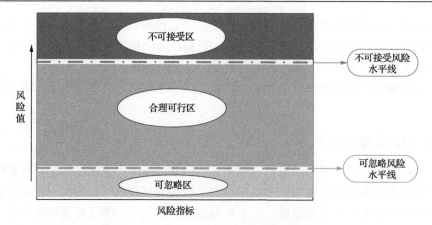

图 5-11　采用 ALARP 准则的风险分级示意图

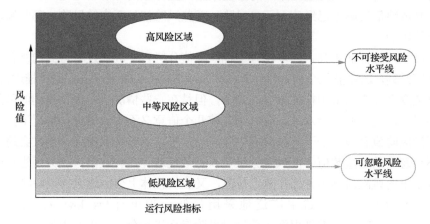

图 5-12　运行风险指标分级示意图

本书的两条风险水平线数值可以采用文献[8]和[19]的计算结果，以准确地对风险指标进行分级。运行风险指标采用切负荷风险指标、电压越限风险指标、线路有功功率越限风险指标、电压崩溃风险指标和综合风险指标。Risk 代表运行风险指标，当其中某个风险指标数值大于等于 1.79×10^{-5} 时，风险值处于高风险区域，风险等级评估为高风险；当某风险指标数值不小于 2.39×10^{-6}，同时不在高风险区域时，那么可判断风险值处于中等风险区域，风险等级评估为中等风险；当某风险指标数值小于 2.39×10^{-6} 时，则风险值处于低风险区域，风险等级评估为低风险。此评判方法如表 5-10 所示。

表 5-10　风险分级表

风险等级	Risk 范围
高风险	$\text{Risk} \geqslant 1.79 \times 10^{-5}$
中等风险	$2.39 \times 10^{-6} \leqslant \text{Risk} < 1.79 \times 10^{-5}$
低风险	$\text{Risk} < 2.39 \times 10^{-6}$

5.5　电力系统运行风险评估的仿真方案设置与对比分析

为了验证本书方法的有效性，本章设置了多种仿真方案，采用改进的 IEEE RTS-79 系统进行全面的仿真计算。所设置的方案包括：分别基于直流潮流模型和交流潮流模型的风险指标计算、考虑不同风电功率预测误差分布的运行风险评估对比、不同风电接入情景的运行风险评估对比。其中，针对不同风电接入情景又设置了三个子方案：考虑不同风电接入节点的运行风险评估对比、考虑不同风电接入容量的运行风险评估对比、考虑风电替换常规电源的运行风险评估对比。通过对仿真结果的对比分析，可知交流潮流模型计算结果准确、风电功率预测误差采用 TLS 分布评估结果优于采用传统正态分布的评估结果。特别是通过不同风电接入情景的评估分析，能找到理想的风电接入节点、判断合理的风电接入容量和风电替换常规电源容量，为电力系统规划风电接入容量和接入节点提供参考。

5.5.1　仿真方案介绍

根据 5.2 节的改进运行风险评估模型和 5.3 节的运行风险评估指标，基于 MATLAB 平台，对 IEEE　RTS-79 可靠性测试系统进行风险指标计算，并采用第 4 章的风险分级方法评判风险等级。IEEE　RTS-79 测试系统由 32 台发电机、10 个发电节点、14 个负荷节点、5 台变压器和 33 条线路组成，总装机容量为 3405MW，峰荷为 2850MW，系统接线图如图 5-13 所示。

设置两个相同的风电场，每个风电场装了 150 台相同型号的风电机组，单台容量为 2MW，每个风电场总装机容量为 300MW，风电机组的功率因数 $\cos\varphi = 0.8$。设切入风速、额定风速、切出风速分别为 3m/s、12m/s 和 25m/s。设基准电压为 230kV，基准功率为 $100MV \cdot A$。本书设置了三个仿真方案，如表 5-11 所示。

5.5.2　分别基于直流潮流模型和交流潮流模型的风险指标计算

在节点 1、节点 2、节点 13、节点 15 分别接入 150 台风机，首先采用 5.3.3 节基于直流潮流的最优切负荷模型计算系统状态(5.4.2 节抽样得到)下的最小切负荷量 C_d 和线路有功功率 P_l，再将 C_d 代入式(5-33)计算切负荷风险指标，P_l 代入式(5-35)计算线路有功功率越限风险指标。然后，将基于直流潮流的最优切负荷模型换成 5.3.3 节基于交流潮流的最优切负荷模型，再进行同样的步骤计算切负荷风险指标和线路有功功率越限风险指标。具体计算结果如表 5-12 所示。

从表 5-12 看出，风电从节点 1、节点 2、节点 13、节点 15 接入系统后，采用直流潮流的最优切负荷模型计算的切负荷风险值和线路有功功率越限风险值同交

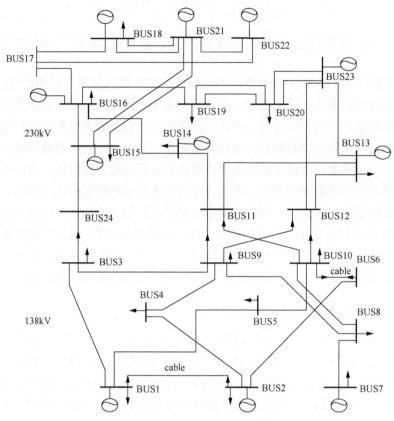

图 5-13　IEEE　RTS-79 系统接线图

表 5-11　仿真方案表

序号	仿真内容	仿真描述
方案 1	分别基于直流潮流模型和交流潮流模型的风险指标计算	分别采用直流潮流的最优切负荷模型和交流潮流的最优切负荷模型计算系统事故下的切负荷量和线路有功功率，进而计算风电接入电力系统后的切负荷风险值和线路有功功率越限风险值，再比较风险值和风险评估等级
方案 2	考虑不同风电功率预测误差分布的风险评估对比分析	分别假设风电功率预测误差服从正态分布和 TLS 分布，计算切负荷风险指标、电压越限风险指标、线路有功功率越限风险指标、电压崩溃风险指标和综合风险指标，比较两种分布下的评估结果
方案 3	不同风电接入情景的风险评估对比分析	①考虑不同风电接入节点的运行风险评估对比。从不同节点接入300MW 风电后计算系统运行风险指标，并评估风险等级，据此选择风电接入节点 ②考虑不同风电接入容量的运行风险评估对比。先在①中选择风电节点接入不同的风电容量，然后计算系统的各个运行风险指标，再根据指标评判风险等级，据此可以选择最优的风电接入节点和接入容量 ③考虑风电替换常规电源的运行风险评估对比。用风电容量替换等量的常规电源容量，风电从①中选择的节点接入，计算风电替换常规电源后系统的各个运行风险指标，再根据指标评判风险等级，据此可以选择最优的风电替换常规电源节点和替换常规电源容量

表 5-12　直流潮流的最优切负荷模型和交流潮流的最优切负荷模型计算结果比较

单位：$\times 10^{-6}$

风电接入节点	风险值类别	直流潮流的最优切负荷模型	交流潮流的最优切负荷模型
节点 1	切负荷风险值	4.44	4.93
	线路有功功率越限风险值	10.29	12.4
节点 2	切负荷风险值	1.06	1.07
	线路有功功率越限风险值	9.82	10.9
节点 13	切负荷风险值	3.02	3.32
	线路有功功率越限风险值	27.5	30.6
节点 15	切负荷风险值	2.20	2.51
	线路有功功率越限风险值	7.92	8.98

流潮流法计算出的风险值有一定的差异。结合 5.4.3 节的风险分级方法，将表 5-12 中结果用直方图描述，如图 5-14 所示，图中实线表示图 5-12（运行风险指标分级示意图）中的不可接受风险水平线，虚线表示图 5-12 中的可忽略风险水平线。

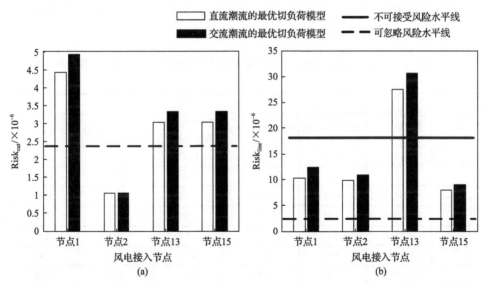

图 5-14　直流潮流的最优切负荷模型和交流潮流的最优切负荷模型计算风险值比较

注：图 5-14(a) 中虚线为可忽略风险水平线；图 5-14(b) 中上方实线为不可忽略风险水平线，下方虚线为可忽略风险水平线

图 5-14(a) 是分别采用直流潮流的最优切负荷模型和交流潮流的最优切负荷模型计算的切负荷风险比较图，图 5-14(b) 是线路有功功率越限风险比较图。从图 5-14 可见，基于交流潮流的最优切负荷模型计算的风险值和基于直流潮流的最优切负荷模型计算的风险值相比较，前者大于后者，这个差别是不同计算模型所产生的。与这个结果相似，文献[20]比较了交流潮流和直流潮流的最优切负荷模

型的计算结果，结果说明交流潮流的最优切负荷模型计算结果更准确。因此本书采用基于交流潮流的最优切负荷模型计算会得到更准确的风险值。另外，基于直流潮流的最优切负荷模型只能计算切负荷风险值和线路有功功率越限风险值，而不能计算与电压有关的风险，而基于交流潮流的最优切负荷模型可以计算与电压有关的风险，所以本书选用基于交流潮流的最优切负荷模型计算得到的风险指标更全面。

5.5.3 考虑不同风电功率预测误差分布的风险评估对比分析

在节点 1、节点 2、节点 13、节点 15 分别接入 150 台风机，首先假设风电功率预测误差服从正态分布，将正态分布的离散化七段的概率值作为风电功率的概率[5]考虑风电不确定性的运行风险评估公式(5-4)，用 5.4.2 节的非序贯蒙特卡罗抽样法抽取系统状态，采用 5.3.3 节基于交流潮流的最优切负荷模型计算最小切负荷量、节点电压和线路有功功率，按照 5.4.1 节评估流程计算切负荷风险指标、电压越限风险指标、线路有功功率越限风险指标、电压崩溃风险指标和综合风险指标。然后用 TLS 分布替换正态分布，再进行同样的步骤计算切负荷风险指标、电压越限风险指标、线路有功功率越限风险指标、电压崩溃风险指标和综合风险指标。两种分布下的风险值计算结果如表 5-13 所示。

表 5-13　风电功率预测误差分别服从正态分布和 TLS 分布时的风险值计算结果比较

单位：$\times 10^{-6}$

风电接入节点	风电功率预测误差分布	风险值类别				
		切负荷风险值	电压越限风险值	线路有功功率越限风险值	电压崩溃风险值	综合风险值
节点 1	正态分布	4.62	9.95	11.12	16.93	13.45
	TLS 分布	4.93	10.76	12.41	23.87	18.23
节点 2	正态分布	1.05	10.41	10.92	21.45	15.68
	TLS 分布	1.07	11.63	10.95	27.3	19.6
节点 13	正态分布	3.3	6.46	17.2	1.21	2.94
	TLS 分布	3.32	6.59	30.6	1.35	3.85
节点 15	正态分布	2.5	2.81	0.01	1.37	1.62
	TLS 分布	2.51	2.99	8.98	1.41	2.10

从表 5-13 看出，风电功率预测误差服从正态分布的计算结果和风电功率预测误差服从 TLS 分布的风险值计算结果有明显的差别。为了直观地描述两种分布下的计算结果区别，并且方便进行风险评估分析，结合 5.4.3 节的风险等级评判方法，将表 5-13 中结果用直方图绘出，如图 5-15 所示，图 5-15 中实线表示图 5-12(运行风险指标分级示意图)中的不可接受风险水平线，虚线表示图 5-12 中的可忽略风险水平线。

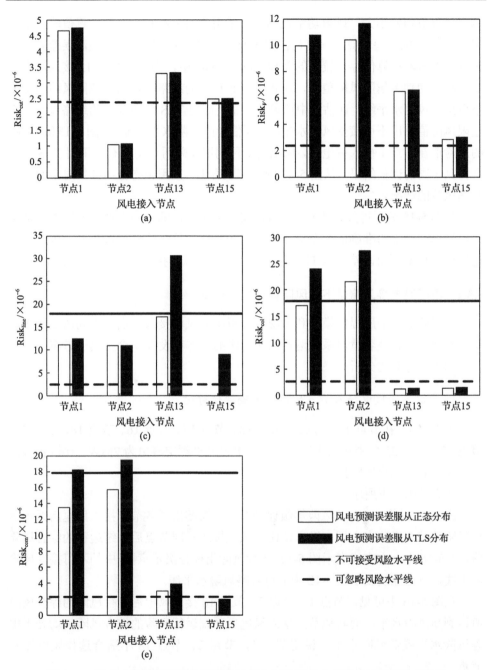

图 5-15　风电功率预测误差分别服从正态分布和 TLS 分布时的计算风险值比较

注：(a)、(b)中虚线为可忽略风险水平线；(c)～(e)中上方实线为不可接受风险水平线，
下方虚线为可忽略风险水平线

图 5-15(a)、(b)中，风电功率预测误差在两种分布下的切负荷风险值和电压

越限风险值相差不大，风电功率预测误差采用正态分布时的风险计算值略小于采用 TLS 分布的风险计算值。但是在图 5-15(c)～(e)中，风电功率预测误差采用两种分布的风险计算值存在较大的差异：图 5-15(c)中，当计算节点 13 接入风电后的线路有功功率越限风险值时，用正态分布算出的线路有功功率越限风险值接近不可接受风险水平线，评估为中等风险水平。而用 TLS 分布算出的线路有功功率越限风险值超出不可接受风险水平线，评估为高风险水平；同理，图 5-15(d)、(e)的风险值在节点 1 接入风电后，风电功率预测误差采用正态分布与采用 TLS 分布会得到不同的评估结果。从图 5-15 中还可以看出，采用正态分布计算时会忽略一些高风险的情况。

从图 5-15 分析可知，风电功率预测误差采用不同的分布会产生不同的评估结果，选择一种更为准确的分布对于含风电的系统运行风险评估很重要。因此本书选用风电功率预测误差服从 TLS 分布的情况计算风险指标和进行风险评估。

5.5.4　不同风电接入情景下的风险评估对比分析

为了验证本书所提的模型和方法，分析不同风电接入节点、不同风电接入容量、不同风电替换容量对系统运行风险的影响，本节设置 3 个仿真子方案，并对仿真结果进行对比分析。

1. 考虑不同风电接入节点的运行风险评估对比

子方案 1：在节点 1、节点 2、节点 13、节点 15、节点 16、节点 18、节点 21、节点 22、节点 23 分别接入 150 台风机，单台风机额定容量为 2MW。比较各节点接入风电后的综合风险值。

仿真结果如下所示。

图 5-16 结合 5.4.3 节风险等级评判方法，绘制出了各节点接入风电后系统运行风险的综合风险直方图，以方便比较风电接入不同节点后系统运行的综合风险值，图 5-16 中上方实线表示图 5-12(运行风险指标分级示意图)中的不可接受风险水平线，下方虚线表示图 5-12 中的可忽略风险水平线。

从图 5-16 中可见，节点 1、节点 2、节点 18 接入风电后运行风险的综合风险值达到高风险水平，而其他节点接入风电后系统运行风险的综合风险值均处于中等风险水平或低风险水平。说明节点 1、节点 2、节点 18 不适合选作风电接入节点。

然后进一步得到节点 13、节点 15、节点 16、节点 21、节点 22、节点 23 接入风电后的切负荷风险值、电压越限风险值、线路有功功率越限风险值、电压崩溃风险值，如表 5-14 所示。

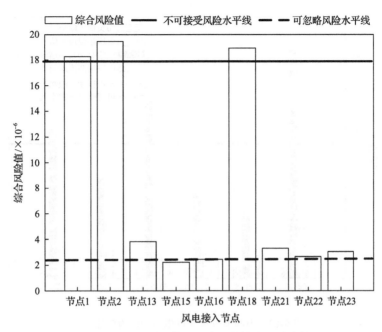

图 5-16　不同节点接入风电后的综合风险比较

表 5-14　不同节点接入风电后的风险值比较　　　单位：×10⁻⁶

风险值类别	风电接入节点					
	节点 13	节点 15	节点 16	节点 21	节点 22	节点 23
切负荷风险值	3.32	2.51	2.51	2.51	2.51	2.51
电压越限风险值	6.59	2.99	5.67	6.96	7.67	4.92
线路有功功率越限风险值	30.6	8.98	11.4	25.3	13.5	20.0
电压崩溃风险值	1.35	1.41	1.30	1.24	1.25	1.57

　　从表 5-14 中可见，各个节点接入风电后，除线路有功功率越限风险值，其他风险值相对较小。结合 5.4.3 节风险等级评判方法，将表 5-14 中结果用图形直观表达，如图 5-17 所示，图 5-17 中上方实线表示图 5-12（运行风险指标分级示意图）中的不可接受风险水平线，下方虚线表示图 5-12 中的可忽略风险水平线。

　　从图 5-17 可见，节点 13、节点 21、节点 23 接入风电后，线路有功功率越限风险处于高风险。因此，排除节点 13、节点 21、节点 23 接入风电的情况，可以选择节点 15、节点 16、节点 22 作为风电接入节点。

　　从以上分析可知，可以根据节点接入风电后综合风险值处于高风险的情况，将这些节点先予以排除。对于其他的节点，风电从这些节点接入后，综合风险值处于中等风险或低风险，而切负荷风险值、电压越限风险值、线路有功功率越限

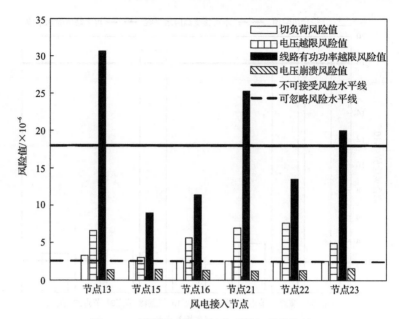

图 5-17　不同节点接入风电后的风险值比较

风险值、电压崩溃风险值可能处于高风险水平，将这些风险值处于高风险的接入
节点再予以排除。综上，可以通过综合风险值做初步判断，去除综合风险值处于
高风险的风电接入点。然后，根据其他节点接入风电后的各个运行风险值评判风
险等级，只要某个运行风险指标处于高风险水平，就排除这个风电接入节点。评
估某节点能或不能接入风电具有实际的物理意义，接入点与周边负荷水平有关，
而且周边潮流不同、网络拓扑不同都使得风电从该节点接入后风险水平不同。通
过评估某节点接入风电，了解该节点接入风电对系统负荷、电压、线路有功功率
的风险水平的影响。

2. 考虑不同风电接入容量的运行风险评估对比

子方案 2：在子方案 1 的基础上，选择节点 15、节点 16、节点 22 接入风电。
设计六种风电机组接入数量：50 台、100 台、150 台、200 台、250 台、300 台，
也就是接入系统的风电容量对应为 100MW、200MW、300MW、400MW、500MW、
600MW。在接入不同风电容量的情况下计算系统的切负荷风险指标、电压越限风
险指标、线路有功功率越限风险指标、电压崩溃风险指标和综合风险指标。

仿真结果如下所示。

节点 15、节点 16、节点 22 接入不同风电容量后的运行风险结果比较如表 5-15～
表 5-17 所示。

表 5-15　节点 15 接入不同风电容量后的风险值比较　单位：$\times 10^{-6}$

风险值类别	风电接入容量					
	100MW	200MW	300MW	400MW	500MW	600MW
切负荷风险值	10.2	5.38	2.51	2.15	1.92	1.89
电压越限风险值	2.92	2.89	2.99	4.83	18.42	20.1
线路有功功率越限风险值	8.52	8.68	8.98	10.6	16.3	18.8
电压崩溃风险值	1.45	1.43	1.41	4.29	19.38	23.9
综合风险值	3.88	2.82	2.20	4.23	15.3	18.5

表 5-16　节点 16 接入不同风电容量后的风险值比较　单位：$\times 10^{-6}$

风险值类别	风电接入容量					
	100MW	200MW	300MW	400MW	500MW	600MW
切负荷风险值	4.32	3.93	2.51	2.30	2.22	2.21
电压越限风险值	4.37	4.44	5.67	8.32	19.6	21.8
线路有功功率越限风险值	8.21	9.03	11.4	14.2	19.6	21.2
电压崩溃风险值	1.28	1.23	1.30	4.39	18.29	21.6
综合风险值	2.55	2.48	2.43	4.75	14.9	17.3

表 5-17　节点 22 接入不同风电容量后的风险值比较　单位：$\times 10^{-6}$

风险值类别	风电接入容量					
	100MW	200MW	300MW	400MW	500MW	600MW
切负荷风险值	5.31	3.92	2.51	2.18	2.15	2.09
电压越限风险值	6.94	5.79	7.67	11.3	20.2	23.3
线路有功功率越限风险值	9.46	10.04	13.50	15.4	20.2	21.3
电压崩溃风险值	1.26	1.19	1.25	6.38	21.2	25.3
综合风险值	2.98	2.59	2.65	6.29	16.9	19.8

从表 5-15～表 5-17 中可见，风电分别在节点 15、节点 16 和节点 22 接入后，系统的切负荷风险指标、电压越限风险指标、线路有功功率越限风险指标、电压崩溃风险指标、综合风险指标随着风电接入容量的变化有较大的改变。为了更好地描述这些风险指标的变化，同时比较风电从不同节点接入后的系统运行风险指标，并结合 5.4.3 节风险等级的评判方法对风险指标分级，可以将表 5-15～表 5-17 中结果用直方图描述，如图 5-18 所示，图 5-18 中上方实线表示图 5-12(运行风险指标分级示意图)中的不可接受风险水平线，下方虚线表示图 5-12 中的可忽略风险水平线。

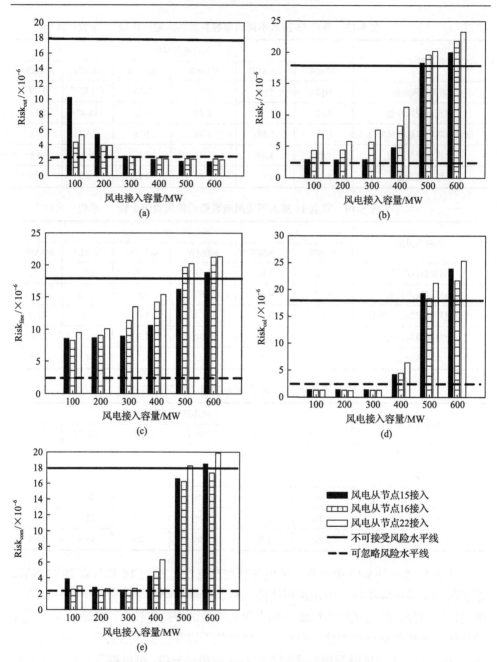

图 5-18 不同节点接入变化风电容量后的风险值比较

由图 5-18 可见：

(1)在图 5-18(a)中，风电接入容量在 300MW 以下时，三个节点接入风电后的切负荷风险值均处于中等风险，其中节点 15 接入风电后的切负荷风险值最大。

随着风电接入容量达到 300MW 及以上，切负荷风险值平缓下降，并处于低风险水平。

(2)在图 5-18(b)中，电压越限风险值随着风电接入容量的增加，开始变化不明显，后来明显上升。风电接入容量在 400MW 以下时，三个节点接入风电后的电压越限风险值高于可忽略风险水平线，处于中等风险。三个节点接入 400MW 以上风电后，电压越限风险值增加速度加快，超出不可接受风险水平线，达到高风险水平。

(3)在图 5-18(c)中，线路有功功率越限风险值随着风电接入容量的增加逐步上升。风电接入 500MW 以下时，三个节点接入风电后的线路有功功率越限风险值均处于中等风险水平。节点 16 或节点 22 接入 500MW 及以上风电容量时，线路有功功率越限风险值达到高风险水平，而节点 15 接入 600MW 风电容量时，线路有功功率越限风险值达到高风险水平。

(4)在图 5-18(d)、(e)中，电压崩溃风险和综合风险值随风电接入容量的增加，开始变化不明显，后突增至不可接受风险水平线附近。风电接入 400MW 及以下容量时，电压崩溃风险值处于低风险水平，综合风险值稍高可忽略风险水平线。风电接入 500MW 及以上时，电压崩溃风险处于高风险水平。

(5)如果运行风险只考虑其中个别风险指标，会得到不同结论：只评估切负荷风险指标或电压崩溃风险指标时，节点 16 接入风电最佳；而评估电压越限风险指标或线路有功功率越限风险指标时，认为节点 15 接入风电较好。因此，从不同的指标分析会有不同的结论，为了得到全面可信的结论，可以综合切负荷风险指标、电压越限风险指标、线路有功功率越限风险指标和综合风险指标的变化规律选择风电最优接入容量和接入节点。本书根据上述运行风险指标综合考虑，可以得知节点 16 接入风电容量 300～400MW 比较合适。

由分析可知，切负荷风险值随风电接入容量的增加而减小，这是由于风电的接入可以缓解发电不足，一定程度上提高了发电充裕性。但某些情况下风电在系统中没有合理消纳利用，其程度与风电接入节点和接入容量有关，将造成局部电网过载严重，系统电压分布略为失衡的情况。从不同风险指标对系统接入风电容量进行分析会得到不同结论，这些结论不可避免地是片面的，因此，本书采用切负荷风险指标、电压越限风险指标、线路有功功率越限风险指标、电压崩溃风险指标和综合风险指标的评估分析更全面。

3. 考虑风电替换常规电源的运行风险评估对比

子方案 3：在节点 15、节点 16、节点 22 用风电替换等量的常规电源。设计八种风电机组接入数量：25 台、50 台、75 台、100 台、125 台、150 台、175 台和 200 台，也就是风电容量相应为 50MW、100MW、150MW、200MW、250MW、

300MW、350MW 和 400MW，在风电替换等量常规电源的情况下计算系统的切负荷风险指标、电压越限风险指标、线路有功功率越限风险指标、电压崩溃风险指标和综合风险指标。

仿真结果如下所示。

节点 15、节点 16、节点 22 用风电替换常规电源后的运行风险结果比较如表 5-18～表 5-20 所示。

表 5-18　风电在节点 15 替换常规电源后的风险值比较　单位：×10⁻⁶

风险值类别	风电替换容量							
	50MW	100MW	150MW	200MW	250MW	300MW	350MW	400MW
切负荷风险值	3.18	4.09	6.34	9.45	10.57	18.25	19.07	20.1
电压越限风险值	2.57	2.87	3.86	4.22	8.15	18.34	19.35	22.2
线路有功功率越限风险值	5.36	5.47	4.95	3.86	2.46	2.49	1.68	1.49
电压崩溃风险值	1.41	1.47	1.54	2.37	6.53	18.1	22.6	25.8
综合风险值	2.11	2.37	2.94	4.13	7.27	17.2	20.3	22.8

表 5-19　风电在节点 16 替换常规电源后的风险值比较　单位：×10⁻⁶

风险值类别	风电替换容量							
	50MW	100MW	150MW	200MW	250MW	300MW	350MW	400MW
切负荷风险值	3.07	4.91	6.06	9.63	10.93	18.77	20.09	21.1
电压越限风险值	2.49	2.72	3.82	4.14	7.51	18.27	19.6	22.1
线路有功功率越限风险值	8.47	8.14	7.31	3.93	2.22	1.17	1.13	1.11
电压崩溃风险值	2.17	2.23	3.93	5.28	9.36	20.3	23.4	25.7
综合风险值	2.77	3.20	4.59	6.09	9.17	18.7	21.1	23.0

表 5-20　风电在节点 22 替换常规电源后的风险值比较　单位：×10⁻⁶

风险值类别	风电替换容量							
	50MW	100MW	150MW	200MW	250MW	300MW	350MW	400MW
切负荷风险值	3.12	4.19	6.19	9.39	9.74	16.76	17.92	19.77
电压越限风险值	2.22	2.75	3.86	5.81	8.18	18.66	18.87	20.25
线路有功功率越限风险值	7.52	7.25	6.11	4.12	3.29	2.17	2.04	1.98
电压崩溃风险值	1.93	2.06	2.12	3.21	7.31	19.9	22.2	24.4
综合风险值	2.54	2.88	3.36	4.78	7.66	18.1	19.8	21.8

从表 5-18～表 5-20 中可见，风电在某个节点替换常规电源后，系统的切负荷风险指标、电压越限风险指标、线路有功功率越限风险指标、电压崩溃风险指标、

综合风险指标随风电替换容量变化而有较大的变化。风电在三个节点替换 50MW 或 100MW 常规电源容量后，切负荷风险值、电压越限风险值、电压崩溃风险值和综合风险值均小于 $5×10^{-6}$，而风电在三个节点替换 300MW 及以上常规电源容量后，这四个风险值均大于 $1.65×10^{-5}$，特别是风电替换 400MW 常规电源容量时，上述风险值超过 $1.9×10^{-5}$，明显增加。另外，风电替换 50MW 或 100MW 常规电源容量后，线路有功功率越限风险值均大于 $5×10^{-6}$，而风电替换 300MW 及以上常规电源容量后，线路有功功率越限风险值有所下降，均小于 $2.5×10^{-6}$。为了更好地描述这些风险指标的变化，同时比较风电从不同节点替换常规电源后的系统运行风险指标，并结合 5.4.3 节风险等级的评判方法对风险指标分级，可以将表 5-18～表 5-20 中结果用直方图描述，如图 5-19 所示，图 5-19 中上方实线表示图 5-12(运行风险指标分级示意图)中的不可接受风险水平线，下方虚线表示图 5-12 中的可忽略风险水平线。

由图 5-19 可见：

(1)在图 5-19(a)中，风电在三个节点替换 300MW 以下常规电源容量时，切负荷风险值处于中等风险水平。风电替换容量 300MW 及以上时，风险值超过不可接受风险水平线，达到高风险水平。

(2)在图 5-19(b)中，电压越限风险值随着风电替换容量的增加，开始变化不明显，之后突然上升至不可接受风险水平线上方。风电在三个节点替换不超过 300MW 常规电源容量时，电压越限风险值略高于可忽略风险水平线且缓慢增加，处于中等风险水平。风电在三个节点替换 300MW 及以上常规电源容量时，电压越限风险值处于高风险区域。

(3)在图 5-19(c)中，线路有功功率越限风险值随着风电替换容量的增加逐步下降。风电在三个节点替换不超过 250MW 常规电源容量时，线路有功功率越限风险值处于中等风险水平。风电在三个节点替换超过 250MW 常规电源容量后，线路有功功率越限风险值变化不大，且略低于可忽略风险水平线，处于低风险水平。

(4)在图 5-19(d)中，电压崩溃风险随着风电替换容量的增加开始变化不大，之后突然上升至不可接受风险水平线上方。风电在三个节点替换不超过 200MW 常规电源容量时，电压崩溃风险值接近可忽略风险水平线，变化不明显。风电在三个节点替换超过 200MW 常规电源容量后，电压崩溃风险值明显增加。而替换 300MW 及以上常规电源容量后，电压崩溃风险值达到高风险水平。

(5)在图 5-19(e)中，综合风险值的变化趋势整体上与电压崩溃风险值变化趋势一致。

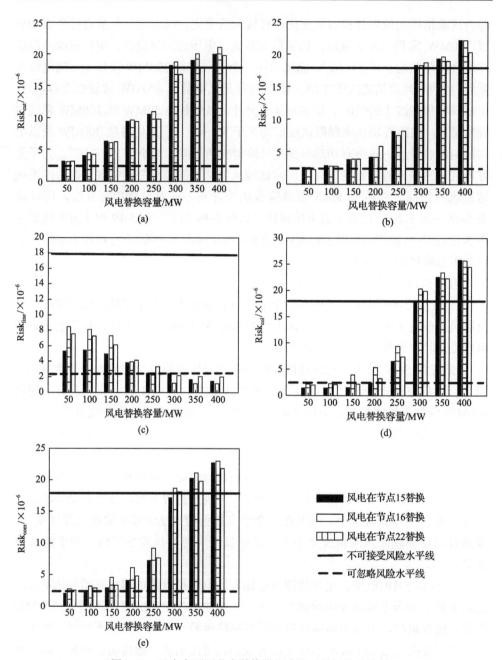

图 5-19　风电在不同节点替换常规电源后的风险值比较

(6)如果运行风险只考虑其中个别风险指标,例如,只评估切负荷风险指标或电压越限风险指标时,风电从三个节点替换常规电源容量后风险值相差不大,不容易得出结论。而本章通过同时采用切负荷风险指标、电压越限风险指标、线路有功功率越限风险指标、电压崩溃风险指标和综合风险指标全面评估，可以发现节点 15 替换 200~250MW 常规电源容量比较合适。

由分析可知，切负荷风险值随风电替换容量的增加而增加，这是由于常规电源的供电量较为稳定，而风电受随机性影响，供电稳定性比不上常规电源，且这将随着风电替换容量的增加而得到加强，使得系统发电越发显得不足，电压失衡开始变得较为严重，而线路功率随着发电不足和切负荷增加势必会有所减小。从不同风险指标判断风电替换常规电源的节点和替换容量，有些风险指标不一定能得到结论，因此，本书采用切负荷风险指标、电压越限风险指标、线路有功功率越限风险指标、电压崩溃风险指标和综合风险指标的综合评估很有必要。

5.6　本 章 小 结

本章围绕"风电接入电力系统后，考虑风电随机特性的电力系统运行风险评估"问题开展具体的研究工作，主要取得了以下研究成果。

(1)本章提出一种考虑风电和负荷不确定性的电力系统运行风险评估模型。与传统的电力系统运行风险模型不同，本章所提模型同时考虑风电和负荷不确定性，计及风电随机特性，可以评估风电并网后电力系统的运行风险。

(2)本章建立基于 TLS 分布的风电功率预测误差概率模型。在考虑风电随机特性方面，比较了传统正态分布、Logistic 分布和 TLS 分布对风电场有功功率预测误差拟合的效果，通过分析验证了 TLS 分布拟合效果更优。因此，本书采用 TLS 分布建立了风电概率模型。

(3)本章从风电接入系统后的运行风险角度，比较了基于直流潮流模型和交流潮流模型的风险指标计算、考虑不同风电功率预测误差分布的运行风险评估对比、不同风电接入情景的运行风险评估对比。得到以下结论。

①基于交流潮流的最优切负荷模型计算的风险值和基于直流潮流的最优切负荷模型计算的风险值相比较，前者大于后者，这个差别是不同计算模型所产生的。交流潮流的最优切负荷模型计算结果更准确。基于直流潮流的最优切负荷模型只能计算切负荷风险值和线路有功功率越限风险值，而不能计算与电压有关的风险，而基于交流潮流的最优切负荷模型可以计算与电压有关的风险，所以基于交流潮流的最优切负荷模型计算得到的风险指标更全面。

②风电功率预测误差采用正态分布与采用 TLS 分布会得到不同的评估结果，采用正态分布计算时会忽略一些高风险的情况。因此，选择一种更为准确的分布对于含风电的系统运行风险评估很重要。

③切负荷风险值随风电接入容量的增加而减小，这是由于风电的接入可以缓

解发电不足的情况，一定程度上提高发电充裕性。但某些情况下风电在系统中没有合理消纳利用，其程度与风电接入节点和接入容量有关，将造成局部电网过载严重，系统电压分布略为失衡。从不同风险指标对系统接入风电容量进行分析会得到不同结论，这些结论不可避免地是片面的，因此，本书同时采用切负荷风险指标、电压越限风险指标、线路有功功率越限风险指标、电压崩溃风险指标和综合风险指标的评估分析更全面。

④切负荷风险值随风电替换容量的增加而增加，这是由于常规电源的供电量较为稳定，而风电受随机性影响，其供电稳定性比不上常规电源，且这将随着风电替换容量的增加而得到加强，使得系统发电越发显得不足，电压失衡开始变得较为严重，而线路功率随着发电不足和切负荷增加势必会有所减小。从不同风险指标判断风电替换常规电源的节点和替换容量，有些风险指标不一定能得到结论，因此，本书同时采用切负荷风险指标、电压越限风险指标、线路有功功率越限风险指标、电压崩溃风险指标和综合风险指标进行评估，这是十分必要的。

参 考 文 献

[1] Li W Y. Risk Assessment of Power Systems Models, Method and Application[M]. Beijing: Science Press, 2006.

[2] 王成亮. 电力系统运行风险概率评估模型和算法研究[D]. 重庆: 重庆大学, 2008.

[3] 吴文传, 宁辽逸, 张伯明, 等. 电力系统在线运行风险评估与决策[J]. 电力科学与技术学报, 2009, 24(2): 28.

[4] 左俊军. 计及风电随机特性的电力系统运行风险评估[D]. 南宁: 广西大学, 2018.

[5] Michael N, Dinh H N, Marian P. Risk assessment for power system operation planning with high wind power penetration[J]. IEEE Transactions on Power System, 2015, 30(3): 1359-1368.

[6] 丁华杰, 宋永华, 胡泽春, 等. 基于风电场功率特性的日前风电预测误差概率分布研究[J]. 中国电机工程学报, 2013, 33(34): 136.

[7] 盛骤, 谢式千, 潘承毅. 概率论与数理统计[M]. 第四版. 北京: 高等教育出版社, 2008.

[8] 胡丹丹. 几种数据类型下两参数 Logistic 分布参数的近似似然估计[D]. 上海: 上海师范大学, 2017.

[9] 黎静华, 左俊军, 汪赛. 大规模风电并网电力系统运行风险评估与分析[J]. 电网技术, 2016, 40(11): 3503-3513.

[10] 蒋程, 刘文霞, 张建华. 含风电接入的发输电系统风险评估[J]. 电工技术学报, 2014, 29(2): 260.

[11] 张毅明, 张忠会, 姚峰, 等. 基于风险理论的电力系统元件风险评估[J]. 电力系统保护与控制, 2013, 41(23): 73.

[12] Zhu Z L, Zhou J Y, Yan C H, et al. Power system operation risk assessment based on a novel probability distribution of component repair time and utility theory[C]. Asia-Pacific Power and Energy Engineering Conference, Shanghai, 2012.

[13] 林卫星, 文劲宇, 艾小猛, 等. 风电功率波动特性的概率分布研究[J]. 中国电机工程学报, 2012, 32(1): 38-47.

[14] 张理. 含风电场的发输电系统运行风险评估[D]. 杭州: 浙江大学, 2013.

[15] 黄海伦. 基于现代内点法理论的电压稳定约束最优潮流[J]. 南宁: 广西大学, 2004.

[16] 汪隆君, 李博, 王钢, 等. 计及电网变化过程的地区电网运行风险评估[J]. 电力系统自动化, 2011, 35(1): 18-23.

[17] 李海南, 张建华, 朱星阳, 等. 计及天气影响的含风电场电力系统风险评估[J]. 华东电力, 2014, 42(6): 1084.

[18] 李海峰. 基于状态检修的电力系统安全风险评估[D]. 北京: 华北电力大学, 2012.

[19] 刘怡防. 电力系统静态安全性的风险评估方法研究[D]. 武汉: 华中科技大学, 2011.

[20] 郑睿敏, 李建华, 李作红, 等. 考虑尾流效应的风电场建模以及随机潮流计算[J]. 西安交通大学学报, 2008, 42(12): 1515.

[21] 王永强. 风险评估方法在大电网运行安全中的应用与研究[D]. 南昌: 南昌大学, 2013.

[22] 莫若慧, 左俊军, 龙裕芳, 等. 适合风雨气候的电力系统风险评估模型与方法[J]. 电力建设, 2015, 36(2): 21-26.

第6章　电力系统接纳风电能力的评估问题

6.1　概　　述

电力系统接纳风电能力是指在满足一定的技术约束前提下，电力系统所能接受的最大并网风电发电功率。电力系统可接纳的风电能力是多种因素共同作用的结果，归纳起来，电网接纳风电能力的影响因素可分为政策性、经济性、技术性等三大类。政策性因素包括电网收购政策、用户用电政策、风电电厂送出政策等；经济性因素包括接纳风电发电的补偿费用、配套投资费用、风电发电的补贴费用等；技术性因素分为电网影响和自然影响。电网影响包括负荷水平、负荷特性、电源结构、网架结构、机组的旋转备用水平、系统调峰能力、常规机组的优化调度、电能质量、系统稳定性；自然因素包括风电功率预测精度、风机低压穿越能力、机组类型、动态无功补偿。

6.2 节研究考虑系统充裕性指标的电力系统可接纳风电容量能力的评估方法，该评估方法探讨储能容量、风电容量与充裕性指标的解析关系；6.3 节研究储能与正常调峰、深度调峰、投油调峰和启停调峰等常规手段优化组合调峰的实用方法，为储能参与风电系统调峰提供参考；6.4 节建立考虑风电波动性的源荷互动调峰模型，利用基于启发式搜索算法的场景约减技术处理风电的波动，提高系统消纳风电的能力。

6.2　计及充裕性指标的电网接纳风电能力评估

6.2.1　含风电的电力系统的充裕性指标的计算

风电并网后，系统受风电随机特性和间歇特性的影响，调峰压力增大，采用常规电源的电力/电量不足期望和电力/电量不足概率等指标不能直接和准确地反映风电场对电力系统的影响。因此，需要针对风电并网对系统调峰特性的影响，引入更全面的评价指标进行评估，从多个角度对含风电的运行系统的充裕性进行研究和分析，据此评估电网接纳风电能力。

基于此，为了体现风电并网容量与系统调峰容量不足这一突出矛盾，本书引入了调峰不足概率和调峰不足期望指标量化风电并网对系统调峰充裕性的影响程度。因此，为了开展对含风电的电力系统的充裕性指标进行计算，本章主要进行了以下两方面的工作。

(1)采用核估计理论,分别统计考虑风电以及不考虑风电两种情况下电力系统峰谷差的累积概率分布函数,并基于此对系统峰谷差特性进行分析。

(2)采用核估计理论,建立净负荷分级水平和调峰需求分级水平,统计每个分级水平下的充裕性指标,从而得到系统整体的充裕性指标。

1. 含风电的电力系统充裕性指标计算的基本思路

含风电的电力系统充裕性指标的计算流程如图 6-1 所示,具体的计算过程如下所示。

步骤 1:采用电力系统的负荷功率和风电功率数据,获得含风电的电力系统净负荷曲线。

步骤 2:基于以上所得的净负荷曲线,分别获得含风电的电力系统的峰谷差和调峰需求曲线。

步骤 3:采用核估计理论,分别计算系统的净负荷、峰谷差和调峰需求的累积概率分布函数。

步骤 3-1:基于峰谷差的累积概率分布函数,继而分析系统的峰谷差特性。

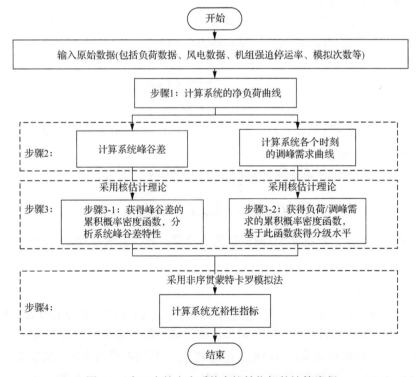

图 6-1　含风电的电力系统充裕性指标的计算流程

步骤 3-2：基于净负荷和调峰需求的累积概率分布函数，分别对负荷和调峰需求进行分级，得到每级的水平及其对应的概率。

步骤 4：基于以上分级水平，采用非序贯蒙特卡罗模拟法，计算系统的充裕性指标(包括调峰充裕性指标和发电充裕性指标)。

从含风电的电力系统充裕性指标的计算思路可知，净负荷曲线、系统峰谷差、各个时刻系统的调峰需求和负荷/调峰需求分级模型是目前研究的关键，下面将对它们进行具体地介绍。

2. 含风电的电力系统充裕性指标计算所涉及的模型

1)净负荷曲线计算

一般采用净负荷表示含风电的电力系统的负荷，即系统负荷减去风电出力。净负荷曲线如图 6-2 所示。计算过程如下所示。

假设计算情景中 $P_{wn} = l_1\Delta P$，$E = l_2\Delta E$，而当系统仅含风电时，$E = 0$；系统现有的风电容量为 P_{wn0}，历史风电出力数据为 $P_{wind0,d,t}$，历史负荷数据为 $P_{load,d,t}$，(d 表示天，$d = 1,2,\cdots,D$；t 表示时段，$t = 1,2,\cdots,T$，下同)，其中 $D = 365$，$T = 96$，净负荷的计算过程如下所示。

(1)按式(6-1)产生风电容量为 $l_1\Delta P$ 的第 d 天 t 时段的风电功率数据 $P_{wind,d,t}$，这样可以近似生成不同容量 P_{wn} 下风电的功率序列：

$$P_{wind,d,t} = \frac{P_{wind0,d,t}}{P_{wn0}} l_1\Delta P \tag{6-1}$$

式中，$P_{wind0,d,t}$ 为系统第 d 天 t 时段历史风电出力数据；P_{wn0} 为系统现有的风电容量；$l_1\Delta P$ 表示当前情景中的风电容量。

(2)按式(6-2)计算系统第 d 天 t 时段的净负荷 $P_{netload,d,t}$：

$$P_{netload,d,t} = P_{load,d,t} - P_{wind,d,t} \tag{6-2}$$

式中，$P_{load,d,t}$ 表示系统第 d 天 t 时段的历史负荷；$P_{wind,d,t}$ 表示第 d 天 t 时段的风电功率。

2)系统峰谷差计算

电力系统日负荷曲线刻画了电网的负荷在一天 24 小时内的变化情况。不考虑风电时，系统第 d 天的负荷曲线中最大值称为该日最大负荷，即峰荷，记为 $P''_{max,d}$；最小值称为该日最小负荷，即谷荷，记为 $P''_{min,d}$。系统的日调峰需求表现为峰荷与谷荷之间的差值，即峰谷差 $P''_{dval,d}$，则 $P''_{dval,d} = P''_{max,d} - P''_{min,d}$，如图 6-2 所示。

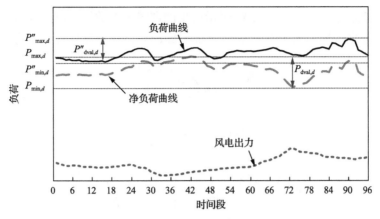

图 6-2　峰谷差示意图

考虑风电时，基于前面所得的净负荷曲线模型，将系统此时的日净负荷曲线最大值称为净负荷峰荷 $P_{\mathrm{max},d}$，最小值称为净负荷谷荷 $P_{\mathrm{min},d}$，此时系统的峰谷差 $P_{\mathrm{dval},d}=P_{\mathrm{max},d}-P_{\mathrm{min},d}$，如图 6-2 所示。

3) 调峰需求的计算

基于 6.2.1 节的计算方法，可得到系统净负荷。基于此，计算系统的调峰需求。计算方法如下：系统第 d 天 t 时段的调峰需求 $L_{\mathrm{peakreq},d,t}$ 等于该时段的净负荷值 $P_{\mathrm{netload},d,t}$ 与当天净负荷低谷 $P_{\mathrm{min},d}$ 的差值，计算公式如下：

$$L_{\mathrm{peakreq},d,t}=P_{\mathrm{netload},d,t}-P_{\mathrm{min},d} \tag{6-3}$$

系统具有的调峰容量 P_{reserve} 计算公式如下所示：

$$P_{\mathrm{reserve}}=\sum(P_{\mathrm{G\,max}}-P_{\mathrm{G\,min}}) \tag{6-4}$$

式中，$P_{\mathrm{G\,max}}$ 为系统发电机组的最大技术出力；$P_{\mathrm{G\,min}}$ 为系统发电机组的最小技术出力。

至此，可计算得到系统的净负荷曲线、峰谷差及其每天各个时段的调峰需求。基于此结果，利用核估计理论，将从以下两方面开展研究：①分别统计考虑风电以及不考虑风电两种情况下峰谷差的累积概率分布函数，并基于此对系统峰谷差特性进行分析。②建立净负荷分级水平和调峰需求分级水平，统计每个分级水平下的充裕性指标，从而计算系统整体的充裕性指标。

因此，下面首先介绍核估计理论以及基于核估计理论进行负荷分级。

4) 基于核估计理论的负荷/调峰需求分级模型

(1) 核估计理论。

核密度估计[1]是非参数密度估计法中较为常见的一种。设 $X_1,X_2,\cdots,X_n$ 是取自一元连续总体(设 $X_1, X_2, \cdots, X_n$ 表示历史的调峰需求数据)的样本,在任意点 x 处的总体密度函数 $\hat{f}(x)$ 和累积概率分布函数 $\hat{F}(x)$ 的核密度估计定义为

$$\hat{f}(x) = \frac{1}{nh} \sum_{i=1}^{n} K\left(\frac{x - X_i}{h}\right) \tag{6-5}$$

$$\hat{F}(x) = \frac{1}{n} \sum_{i=1}^{n} K\left(\frac{x - X_i}{h}\right) \tag{6-6}$$

$$K\left(\frac{x - X_i}{h}\right) = \frac{1}{\sqrt{2\pi}} \exp\left[-\frac{1}{2} \times \left[\frac{x - X_i}{h}\right]^2\right] \tag{6-7}$$

$$h = 1.06 S n^{-0.2} \tag{6-8}$$

式中,$K(\cdot)$ 称为核函数(kernel function);h 称为窗宽;S 为样本标准差;n 为样本总数。为了保证 $\hat{f}(x)$ 作为密度函数估计的合理性,要求核函数 $K(\cdot)$ 满足:

$$K(x) \geqslant 0, \int_x^{\infty} K(x)dx = 1 \tag{6-9}$$

即要求核函数 $K(\cdot)$ 是某个分布的密度函数。

(2)负荷/调峰需求分级模型。采用分级的模型对系统充裕性指标进行计算,如图 6-3 所示。

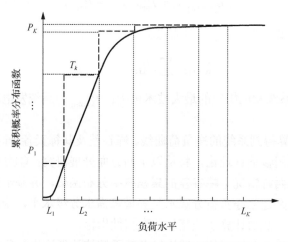

图 6-3　调峰需求/负荷水平分级模型示意图

将系统的调峰需求或负荷曲线平均划分为 K 个等级,曲线表示调峰需求或负荷的累积概率分布函数 F,函数 F 由历史的负荷或调峰需求数据通过上述核估计方法[1]获得,本书采用一年 365 天间隔 15min 共 96×365 点的负荷水平和调峰需

求进行累积。$L_1, L_2, \cdots, L_k$ 分别表示调峰需求/负荷水平，T_k 为第 k 级水平所持续的时间，其数值为生成曲线 F 时所采用的历史数据的时间长度除以 K，P_k 表示第 k 级调峰需求/负荷水平的概率，P_k 按式 (6-10) 进行取值，F^{-1} 为 F 的逆函数。

$$\begin{cases} P_1 = F^{-1}\left[\dfrac{L_1 + L_2}{2}\right] \\ P_k = F^{-1}\left[\dfrac{L_{k+1} + L_k}{2}\right] - F^{-1}\left[\dfrac{L_{k-1} + L_k}{2}\right], \quad k = 2, \cdots, K-1 \\ P_k = 1 - F^{-1}\left[\dfrac{L_K + L_{K-1}}{2}\right] \end{cases} \quad (6\text{-}10)$$

3. 含风电的电力系统的充裕性指标计算

1) 含风电的电力系统的充裕性指标

电力系统充裕性表现为系统的发电、输电等设备能否满足系统负荷和运行要求，一般采用发电不足概率、发电不足期望 2 个指标衡量[2, 3]。为了体现风电并网容量与系统调峰容量不足这一突出矛盾，本书引入了调峰不足概率和调峰不足期望指标量化风电接入容量对系统充裕性的影响程度，并据此来指导电网接纳风电能力的评估。

(1) 调峰不足概率 (peak-load regulation not enough probability，PRNEP) 和调峰不足期望[4] (peak-load regulation not enough expectation，PRNEE)，分别用变量 P_{PRNEP}、E_{PRNEE} 表示。

$$P_{\text{PRNEP}} = \sum_{k=1}^{K} P_{\text{PRNEP},k} \cdot P_k \quad (6\text{-}11)$$

$$E_{\text{PRNEE}} = \sum_{k=1}^{K}\left(\frac{T_k}{N_k}\sum_{i=1}^{N_k} P_{\text{RNE},k,i}\right) \quad (6\text{-}12)$$

式中，N_k 为计算第 k 级调峰需求水平的充裕性指标时蒙特卡罗抽样次数；$P_{\text{PRNEP},k}$ 为第 k 级调峰需求水平下的调峰不足概率；P_k 为第 k 级调峰需求水平的概率；$P_{\text{RNE},k,i}$ 表示第 k 级调峰需求水平下第 i 次抽样中的调峰不足容量。调峰不足期望的物理意义表示为，在某一风电容量下，系统为保证电力的供需实时平衡所切除的风电电量的期望。

(2) 发电不足概率 (loss of load probability，LOLP) 和发电不足期望 (loss of energy expectation，LOEE)，分别用变量 P_{LOLP}、E_{LOEE} 表示。

$$P_{\text{LOLP}} = \sum_{k=1}^{K} P_{\text{LOLP}, k} \cdot P_k \qquad (6\text{-}13)$$

$$E_{\text{LOEE}} = \sum_{k=1}^{K} \left(\frac{T_k}{N_j} \sum_{i=1}^{N_j} P_{\text{LNE}, k,i} \right) \qquad (6\text{-}14)$$

式中，N_j 为计算第 k 级负荷水平的充裕性指标时蒙特卡罗抽样次数；$P_{\text{LOLP}, k}$ 为第 k 级负荷水平下的发电不足概率；P_k 为第 k 级负荷水平的概率；$P_{\text{LNE},k,i}$ 表示第 k 级负荷水平下第 i 次抽样中的发电不足容量。发电不足期望的物理意义表示为，在某一风电容量下，系统出现电量短缺的期望值。

2）基于非序贯蒙特卡罗方法的充裕性指标计算

在系统的风电容量和储能容量给定的条件下，基于非序贯蒙特卡罗方法计算系统充裕性指标的基本思路[5]：首先计算获得系统的净负荷和调峰需求，从而采用核密度理论估计净负荷和调峰需求的累积概率分布函数，基于此结果建立净负荷分级水平和调峰需求分级水平。分别统计每一分级水平下的充裕性指标，最后将所有分级水平的充裕性指标进行求和，即得到系统的充裕性指标。具体步骤如图 6-4 所示。

步骤 1：输入所生成的风电场风功率序列、常规机组强迫停运率、机组调峰容量以及负荷时序曲线等系统原始数据。

步骤 2：建立净负荷分级水平和调峰需求分级水平。

步骤 3：从 $k=1$ 开始，对第 k 级水平充裕性指标进行计算。

步骤 3-1：对常规机组进行概率抽样。

步骤 3-2：根据发电机状态，由式(6-4)计算系统总的调峰容量 P_{reserve}。

比较第 k 级的调峰需求水平和系统总的调峰容量的大小，判断系统第 i 次抽样中是否会发生调峰不足，并记录调峰不足的容量。

步骤 3-3：根据发电机状态及其最大技术出力，计算系统机组的可用容量 P_G，$P_G = \sum P_{G\max}$。

比较第 k 级的负荷水平和系统总的容量，判断系统第 i 次抽样中是否会发生发电不足，并记录发电不足的容量。

步骤 3-4：假设第 k 级充裕性指标的计算过程中，抽样总数为 N_k 次，则按照式(6-15)～式(6-18)计算第 k 级的充裕性指标：

$$P_{\text{PRNEP},k} = \frac{1}{N_k} \sum_{i=1}^{N_k} I_i \qquad (6\text{-}15)$$

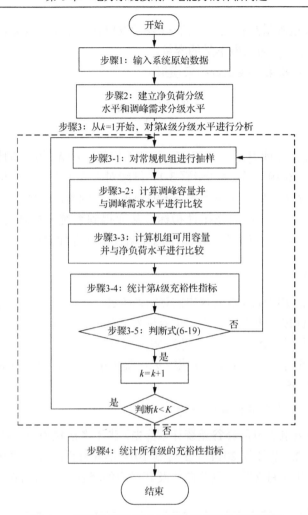

图 6-4　基于非序贯蒙特卡罗计算充裕性指标流程

$$E_{\mathrm{PRNEE},k} = \frac{T_k}{N_k} \sum_{i=1}^{N_k} P_{\mathrm{RNE},k,i} \tag{6-16}$$

$$P_{\mathrm{LOLP},k} = \frac{1}{N_k} \sum_{i=1}^{N_k} J_i \tag{6-17}$$

$$P_{\mathrm{LOEE},k} = \frac{T_k}{N_k} \sum_{i=1}^{N_k} P_{\mathrm{LNE},k,i} \tag{6-18}$$

式(6-15)~式(6-18)中，I_i 表示第 i 次抽样中调峰容量是否充足，$I_i = 1$ 表示调峰
容量不足，反之，$I_i = 0$ 表示调峰容量充足；$P_{\mathrm{RNE},k,i}$ 为调峰不足的容量；J_i 表示

第 i 次抽样中发电容量是否充足，$J_i = 1$ 表示发电容量不足，反之，$J_i = 0$ 表示发电容量充足；$P_{\text{LNE},k,i}$ 为发电不足的容量。

步骤 3-5：判断第 k 级是否结束模拟；

$$\frac{\sigma(X)}{\sqrt{N_k}\,E(X)} < 0.05 \tag{6-19}$$

式中，X 为 $P_{\text{PRNEP},k}$ 或 $P_{\text{LOLP},k}$；$E(X)$ 为 X 的均值；$\sigma(X)$ 为 X 的标准差。

若不满足式(6-19)，则返回步骤 3-1，继续对本级水平进行模拟；若式(6-19)满足，$k=k+1$，若 $k < K$，则进行下一级的模拟，否则继续步骤 4。

步骤 4：综合各分级的充裕性指标，从而得到系统的整体充裕性指标：由式(6-11)～式(6-14)，将所有分级水平的充裕性指标进行累加。

4. 算例分析

将上述方法应用于某个含有风电的算例系统进行充裕性指标的计算。算例中调峰机组有水电机组和火电机组，其中火电容量为 17008MW，水电容量为 644.56MW，按式(6-4)计算得到系统的总调峰容量为 5919.56MW。风电功率采用该系统 2014 年 1 月至 2014 年 6 月的风功率实际数据，风电最大出力为 4372.25MW。假设机组的强迫停运率为 0.05。

1) 风电对电网峰谷差的影响分析

(1)不考虑风电的电网峰谷差统计。首先，当不考虑风电时，基于该系统的负荷数据，运用 6.2.1 节计算 2014 年 1 月到 2014 年 6 月系统每天的峰谷差。下面给出该系统 2014 年 5 月 2 日的负荷曲线及其对应的峰谷差，如图 6-5 所示。

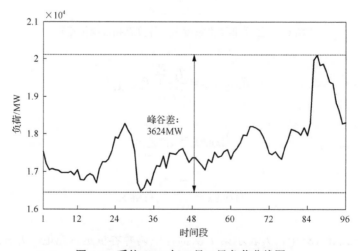

图 6-5　系统 2014 年 5 月 2 日负荷曲线图

由图 6-5 可知,当风电未接入系统时,系统的负荷出现 4 个高峰期,出现的时间分别为 6∶30、11∶00、14∶30、21∶30;该日系统的峰谷差为 3624MW。

然后,基于以上所得系统的峰谷差数据样本,利用式(6-5)~式(6-9)核估计理论,估计和拟合得到系统峰谷差概率密度函数如图 6-6 所示。

由图 6-6 可以看出,利用核估计函数估计的峰谷差概率密度函数与原频率直方图接近。系统峰谷差的累积概率分布函数如图 6-7 所示。

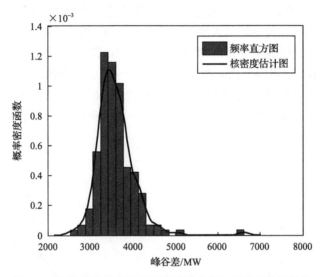

图 6-6　负荷峰谷差的概率密度函数曲线与频率直方图对比

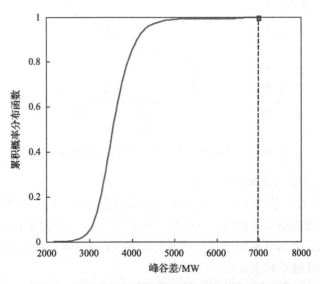

图 6-7　不考虑风电系统峰谷差的累积概率分布函数

　　根据图 6-7 所得的累积概率分布函数,取不同的概率水平 a 下系统可能出现的峰谷差,得到如表 6-1 所示的数据。

表 6-1　不考虑风电时不同概率 a 下系统对应的峰谷差

概率 a	0.80	0.85	0.90	0.95	0.98	0.99
峰谷差/MW	3891.7	3992.1	4121.6	4315.9	4642.8	5002.4

　　从表 6-1 可以看出:不考虑风电时,系统峰谷差小于 5002.4MW 的概率为 0.99,可以理解为系统可能发生的最大峰谷差数值为 5002.4MW。

　　为了进一步直观地了解系统峰谷差变化情况,图 6-8 给出了系统峰谷差变化趋势图。从图 6-8 中可以看出,在置信度为 0.8~0.95 区间内,系统的峰谷差缓慢增大;在置信度为 0.95~1 区间内,系统的峰谷差陡增,增加幅度明显大于 0.8~0.95 区间。可见,为了保证系统高置信度水平下的调峰需求,系统需配置较多的调峰容量。

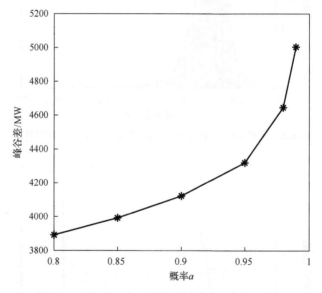

图 6-8　不考虑风电系统所需的峰谷差变化趋势图

　　(2)考虑风电的电网峰谷差统计。

　　首先,根据该系统 2014 年 1 月至 6 月的负荷数据和风电功率数据,运用 6.2.1 节计算得到系统的净负荷曲线。下面给出该系统 2014 年 5 月 2 日的净负荷曲线,如图 6-9 所示。图 6-9 对比了该日的净负荷曲线和负荷曲线。可见,当风电接入后,净负荷曲线波动较大。

　　然后,基于以上所得系统的净负荷曲线,利用 6.2.1 节的峰谷差定义,计算得到系统每天的峰谷差。图 6-9 给出了 2014 年 5 月 2 日该日的峰谷差,并与不含风电的电力系统峰谷差进行比较。

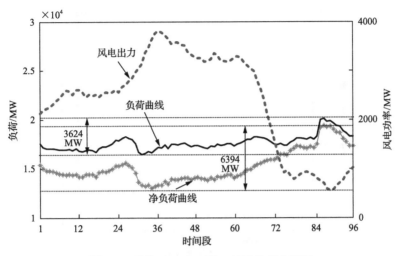

图 6-9 系统 2014 年 5 月 2 日净负荷曲线图

由图 6-9 可知,当风电未接入系统时,系统的峰谷差为 3624MW;当风电接入系统后,此时系统的峰谷差为 6394MW。由此可见,风电接入系统后,峰谷差变大,比未接入风电时增加 2770MW,相比增加 76.4%。

最后,利用所得的峰谷差数据样本,基于 6.2.1 节的核估计理论,估计和拟合得到系统峰谷差的概率密度函数如图 6-10 所示。由图 6-10,可以直观地看出,

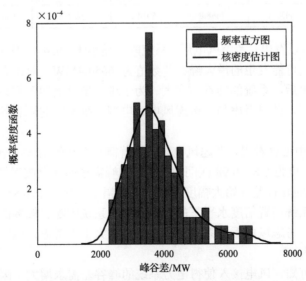

图 6-10 考虑风电系统峰谷差的概率密度函数曲线与频率直方图对比图

利用核估计函数估计的峰谷差概率密度函数与原频率直方图较为接近。系统峰谷差的累积概率分布函数如图 6-11 所示。

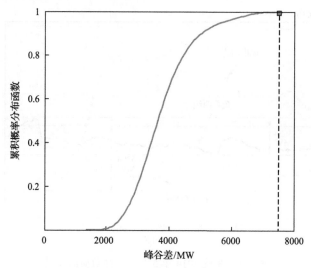

图 6-11　考虑风电系统峰谷差的累积概率分布函数

根据图 6-11 所得的累积概率分布函数，取不同的概率水平 a 下系统可能出现的峰谷差，得到如表 6-2 所示的数据。

表 6-2　考虑风电不同概率水平 a 下系统对应的峰谷差

概率 a	0.80	0.85	0.90	0.95	0.98	0.99
峰谷差/MW	4439.4	4668.8	5014.2	5640.1	6364.9	6654.4

从表 6-2 可以看出：考虑风电后，系统峰谷差小于 6654.4MW 的概率为 0.99，可以理解为系统可能发生的最大峰谷差数值为 6654.4MW。对比表 6-1 和表 6-2 可得，考虑风电后，系统的峰谷差增大。为了进一步直观地了解系统所需的日调峰需求变化情况，做出考虑与不考虑风电时电网系统所需的峰谷差变化趋势图，如图 6-12 所示。

从图 6-12 中可以看出，考虑风电时，随着概率水平的增大，电网呈现的峰谷差提高。在置信度为 0.8～0.98 区间内，系统调峰需求的比重缓慢增大，当概率达到 0.98 后系统的峰谷差开始大幅度增大，增加幅度明显大于 0.8～0.98 区间，可见，为了保证系统高置信度水平下的调峰需求，系统需配置较多的调峰容量；且通过对比可知，考虑风电后，系统的峰谷差明显大于未考虑风电时的情况，系统的调峰压力增大。

通过分析可知，风电接入使得电力系统的峰谷差需求增大。因此，有必要结合电力系统电源结构、负荷水平和负荷特性，计算电力系统的充裕性指标，继而指导风电的合理接入，保证电力系统安全稳定运行。

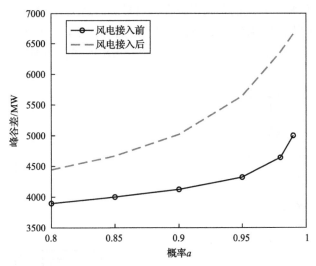

图 6-12　系统所需的峰谷差变化趋势对比

2) 计算含风电的电力系统的充裕性指标

下面，当风电容量为 4372MW 时，计算系统的净负荷曲线和调峰需求。

首先，采用该实际电网的负荷及风功率数据样本值，当风电容量为 4372MW 时，利用 6.2.1 节式 (6-1) 获得该风电容量下的风功率序列，再利用式 (6-2) 计算系统的净负荷曲线。如图 6-13 所示。

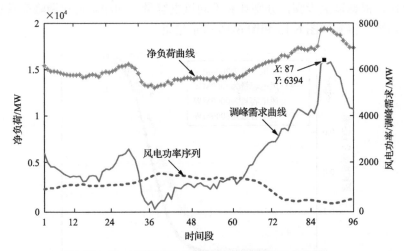

图 6-13　系统 2014 年 5 月 2 日的调峰需求曲线

基于此净负荷曲线，采用 6.2.1 节调峰需求的计算方法，获得系统 2014 年 1 月至 6 月的每天各个时刻的调峰需求，图 6-13 给出了系统 2014 年 5 月 2 日各个时刻的调峰需求。

由图 6-13 可知，系统的调峰需求在该日最大时达到 6394MW。

然后，基于以上所得的净负荷曲线和调峰需求数据，采用 6.2.1 节的核估计理论，分别估计和拟合得到系统的净负荷和调峰需求的累积概率分布函数如图 6-14 所示。

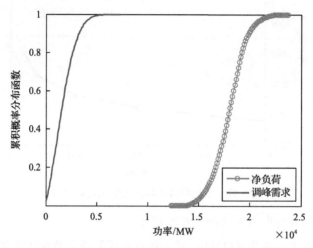

图 6-14　净负荷和调峰需求的累积概率分布函数

由图 6-14 可知，净负荷的累积概率分布函数位于调峰需求累积概率分布函数的右边。因此，在概率相同的条件下，净负荷水平大于调峰需求水平。

至此，根据以上步骤，分别计算不同风电容量下的净负荷和调峰需求累积概率分布函数，得到如图 6-15 和图 6-16 所示结果。

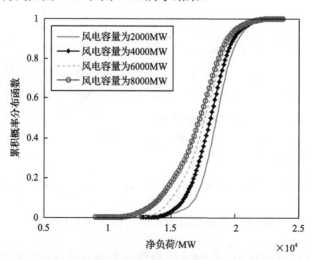

图 6-15　不同风电容量下净负荷的累积概率分布函数

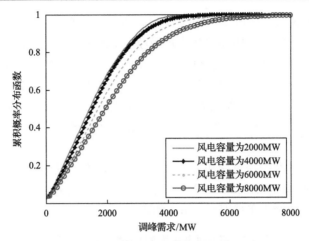

图 6-16　不同风电容量下调峰需求的累积概率分布函数

由图 6-15 所示可知，若在同等概率的条件下，风电容量较大的净负荷水平将小于风电容量小的净负荷水平。这是因为随着风电容量的增大，系统的风电出力序列增大，则导致净负荷(净负荷等于负荷减去风电出力)减小。

由图 6-16 可知，当风电容量不断增大时，在等概率的情况下，系统的调峰需求水平增大，由此可见，随着风电并网规模的增大，系统的调峰压力逐渐增大。

基于以上所得的净负荷和调峰需求累积概率分布函数，利用 6.2.1 节的方法获取净负荷和调峰需求分级水平。下面以风电容量为 4000MW 和 8000MW 时的净负荷分级水平的获取为例进行说明。

如图 6-17 所示，风电容量为 8000MW 的累积概率分布曲线位于风电容量为 4000MW 的累积概率分布函数曲线的左边，可见，风电容量为 8000MW，系统的净负荷小于风电容量为 4000MW 时的净负荷值。

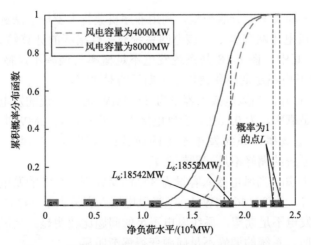

图 6-17　不同风电容量下的净负荷水平分级情况对比

首先，根据核估计获得满足 $\Pr(X \leqslant L) = 1$ 概率公式的净负荷 L，然后将其均分为 7 等份，取每一等份的中间值作为每级净负荷的分级水平。例如，图 6-17，当风电容量为 8000MW 时，根据核估计可得净负荷 L 为 23611MW，将其均分为 7 等份，每个分位点分别为 3373MW、6746MW、10119MW、13492MW、16865MW、20238MW、23611MW，则系统第 6 级净负荷水平为分位点 16865MW 与 20238MW 的中间值，即 18552MW；而当风电容量为 4000MW 时，系统第 6 级的净负荷水平为 18542MW。

因此，对该电网的净负荷和各个时段的调峰需求情况进行统计分析，假设将系统的净负荷和调峰需求水平均分为 7 个等级，不同风电并网容量下净负荷分级水平和调峰需求分级水平情况如表 6-3 和表 6-4 所示。

表 6-3　不同风电并网容量下净负荷水平分级情况　　　单位：MW

风电并网容量	L_1	L_2	L_3	L_4	L_5	L_6	L_7
2000	1688.9	5066.8	8444.6	11823	15200	18578	21956
4000	1685.7	5057.0	8428.4	11800	15171	18542	21914
6000	1685.3	5055.8	8426.4	11797	15168	18538	21909
8000	1686.6	5059.8	8432.9	11806	15179	18552	21926

表 6-4　不同风电并网容量下调峰需求水平分级情况　　　单位：MW

风电并网容量	L_1	L_2	L_3	L_4	L_5	L_6	L_7
2000	498.6	1495.8	2493.1	3490.3	4487.5	5484.7	6481.9
4000	496.3	1488.9	2481.4	3473.9	4466.5	5459.0	6451.6
6000	623.6	1870.8	3118.0	4365.2	5612.5	6859.7	8106.9
8000	760.4	2281.3	3802.1	5322.9	6843.8	8364.6	9885.4

根据表 6-3 和表 6-4 分级模型，利用非序贯蒙特卡罗模拟法进行充裕性指标计算，在不同风电并网容量下，该电网系统充裕性指标的计算结果如图 6-18 和图 6-19 所示。其中，图 6-18 是系统发电不足概率与调峰不足概率的对比图，图 6-19 为系统发电不足期望和调峰不足期望的对比图。

由图 6-18 可知，当风电接入容量为 3530MW 时，系统的发电不足概率等于系统的调峰不足概率，为 0.26%。当风电接入容量小于 3530MW 时，调峰不足概率小于发电不足概率，系统发电不足的问题比较明显。当风电接入容量大于 3530MW 时，系统的调峰不足问题较明显。

由图 6-19 可知，当风电接入容量为 3474.7MW 时，系统的发电不足期望与调峰不足期望相等，为 251460MW·h/a。当风电接入容量小于 3474.7MW 时，调峰不足期望小于发电不足期望，系统发电不足的问题比较明显。当风电接入容量大于 3474.7MW 时，系统的调峰不足问题变得逐渐明显。

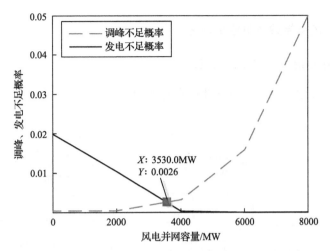

图 6-18　不同风电并网容量下的系统 PRNEP 和 LOLP

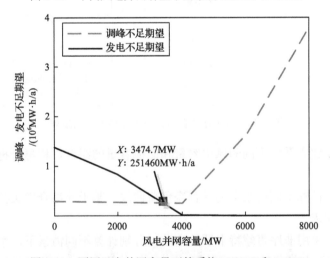

图 6-19　不同风电并网容量下的系统 PRNEE 和 LOEE

　　若在两个交点处，即设置发电不足概率和调峰不足概率为 0.26%，发电不足期望和调峰不足期望为 251460MW·h/a，为保证系统同时满足发电充裕性和调峰充裕性约束，系统的风电接入容量取为 3474.7MW 时。

　　由图 6-18 和图 6-19 可见，风电场接入电网后，随着系统中风电场容量的增加，系统的发电充裕性指标(发电不足期望和发电不足概率)逐渐减小，而系统的调峰充裕性指标(调峰不足期望和调峰不足概率)却不断增大，即增加风电可以在一定程度上改善系统发电充裕性，同时却给系统的调峰带来了更大的压力，使得调峰压力更为凸显。

6.2.2　电力系统可接纳风电容量评估

1. 系统可接纳风电容量评估思路

含风储联合运行系统充裕度评估步骤如图 6-20 所示，具体的基本计算过程如下所示。

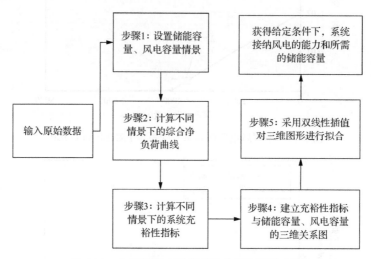

图 6-20　含风储联合运行系统充裕度评估步骤

步骤 1：建立系统不同的风电容量和储能容量的组合，称每一种组合为一个情景。

步骤 2：计算不同情景下的综合净负荷曲线，基于此综合净负荷曲线，计算系统的调峰需求。

步骤 3：采用非序贯蒙特卡罗的方法，分别计算不同情景下，系统的充裕性指标，从而得到与情景数量相同的(风电容量、储能容量、充裕性指标)向量样本。

步骤 4：基于步骤 3 所得向量样本，建立充裕性指标与储能容量、风电容量的三维关系图。

步骤 5：采用双线性插值方法拟合所得的向量样本，得到风电容量、储能容量、充裕性指标的函数关系，如图 6-21 所示。基于此函数关系，给定充裕性水平和系统所需配置的储能容量，即可计算得到系统可接纳风电的容量；同理，给定充裕性水平和系统接纳风电的容量，也可计算得到所需要的储能容量。

图 6-21 中，x 轴表示储能容量，y 轴表示系统风电容量，z 轴表示充裕性指标。点 A 为风电容量、储能容量、充裕性指标关系平面上的任意一点，其具有两方面含义。

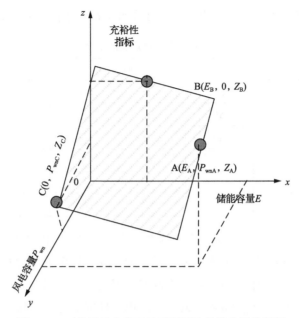

图 6-21　可接纳风电容量及需配置的储能容量分析图

一方面，表示在充裕性指标为 Z_A，系统接纳风电能力为 P_{wnA} 的条件下，系统需配置储能容量为 E_A。

另一方面，表示在充裕性指标为 Z_A，系统储能容量为 E_A 的条件下，系统可接纳的风电为 P_{wnA}。

特别地，当点位于 $x0z$ 平面时，点 B $(E_B,0,Z_B)$ 表示在未考虑风电的情景下，充裕性指标与储能容量之间的关系；当点位于 $y0z$ 平面时，点 C $(0,P_{wnC},Z_C)$ 则表示在未考虑储能系统的情景下，充裕性指标与电网接纳的风电容量之间的关系。

因此，通过此函数关系，可以方便地获得在满足给定充裕性指标的条件下，系统所需要的储能容量或可接纳的风电能力。

可见，情景的设置、模型的建立是关键，下面分别进行介绍。

2. 多情景的设置

令 ΔE 和 ΔP 分别为储能容量和风电容量的基本单位，则储能容量可能取值为 $E=0,\Delta E,2\Delta E,3\Delta E,\cdots,m\Delta E$；风电容量的可能取值为 $P_{wn}=0,\Delta P,2\Delta P,3\Delta P,\cdots,n\Delta P$，$m$ 和 n 分别限定了最大储能容量和最大风电容量的取值。ΔE 和 ΔP 可根据计算精度的要求选取，m 和 n 的大小则根据实际系统规划负荷容量的大小选取。综合考虑计算速度和精度，这里 m 和 n 取为 100。

组合储能容量和风电容量的大小，可得如表 6-5 所示的 4 种系统。

表 6-5 多情景设置的组合

储能容量	风电容量					
0	0	ΔP	$2\Delta P$	$3\Delta P$	$\cdots$	$n\Delta P$
ΔE	0	ΔP	$2\Delta P$	$3\Delta P$	$\cdots$	$n\Delta P$
$2\Delta E$	0	ΔP	$2\Delta P$	$3\Delta P$	$\cdots$	$n\Delta P$
$3\Delta E$	0	ΔP	$2\Delta P$	$3\Delta P$	$\cdots$	$n\Delta P$
$\vdots$	$\vdots$	$\vdots$	$\vdots$	$\vdots$	$\vdots$	$\vdots$
$m\Delta E$	0	ΔP	$2\Delta P$	$3\Delta P$	$\cdots$	$n\Delta P$

系统 1：$E=0$，$P_{wn}=0$ 表示常规系统，即未考虑风电和储能的传统电力系统。

系统 2：$E=0$，$P_{wn}\neq0$ 表示未计及储能，仅含风电的电力系统。

系统 3：$E\neq0$，$P_{wn}=0$ 表示含不同储能容量的常规系统。

系统 4：$E\neq0$，$P_{wn}\neq0$ 表示同时含风电、储能的电力系统。

3. 电网接纳风电能力所涉及的计算模型

1）综合净负荷曲线计算模型

一般采用净负荷表示含有风电的电力系统的负荷，即系统负荷减去风电出力。然而，这种净负荷的计算未能体现储能的作用。因此，本书提出一种综合净负荷模型，同时考虑了负荷、风电出力和储能 3 个方面。

假设计算情景中 $P_{wn}=l_1\Delta P$，$E=l_2\Delta E$，系统现有的风电容量为 P_{wn0}，历史风电出力数据为 $P_{wind0,d,t}$，历史负荷数据为 $P_{load,d,t}$，（d 表示天，$d=1,2,\cdots,D$；t 表示时段，$t=1,2,\cdots,T$，以下同），其中 $D=365$，$T=96$，综合净负荷的计算过程如下所示。

（1）利用 6.2.1 节的式（6-1）和式（6-2）分别产生风电容量为 $l_1\Delta P$ 的第 d 天 t 时段的风电功率数据 $P_{wind,d,t}$ 和净负荷 $P_{netload,d,t}$。

（2）采用储能 $E=l_2\Delta E$ 修正净负荷曲线，得到系统第 d 天 t 时段的综合净负荷。修正方法如图 6-22 所示。

假设第 d 天净负荷曲线低谷值为 $P_{min,d}$，通过将储能 E 应用于低谷附近的 r 个时段（r 取经验值，本书选取 $r=5$），如图 6-22 的阴影部分所示。净负荷的低谷值则从 $P_{min,d}$ 提高到 $P'_{min,d}$，从而降低该日净负荷的峰谷差。按照储能的容量与阴影部分面积相等的原则，修正后净负荷低谷值 $P'_{min,d}$ 可由式（6-20）求得

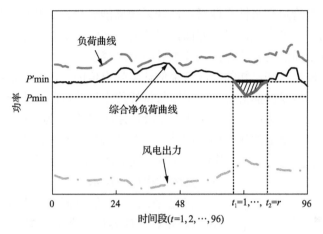

图 6-22　综合净负荷曲线示意图

$$\sum_{t_1=1}^{r} (P'_{\mathrm{min},d} - P_{\mathrm{netload},d,t_1})\Delta t = l_2 \Delta E \tag{6-20}$$

式中，Δt 为时间间隔，15min；$P_{\mathrm{netload},d,t_1}$ 表示低谷附近 r 个时段的净负荷值；$l_2 \Delta E$ 表示当前情景中储能的容量。利用储能修正后的净负荷曲线，称为综合净负荷曲线 $P_{\mathrm{comload},d,t}$。

2) 含风电、储能的电力系统调峰需求的计算

基于上述的计算方法，可得到系统综合净负荷。基于此，计算系统的调峰需求。计算方法如下：系统第 d 天 t 时段的调峰需求 $L_{\mathrm{peakreq},d,t}$ 等于该时段的综合净负荷值与当天综合净负荷低谷 $P'_{\mathrm{min},d}$ 的差值，计算公式如下：

$$L_{\mathrm{peakreq},d,t} = P_{\mathrm{comload},d,t} - P'_{\mathrm{min},d} \tag{6-21}$$

系统具有的调峰容量 P_{reserve} 计算公式如下：

$$P_{\mathrm{reserve}} = \sum (P_{G\max} - P_{G\min}) \tag{6-22}$$

式中，$P_{G\max}$ 为系统发电机组的最大技术出力；$P_{G\min}$ 为系统发电机组的最小技术出力。

至此，可计算得到系统每天各个时段的综合净负荷和调峰需求。

3) 风电容量、储能容量与充裕性指标的关系

采用 6.2.1 节的非序贯蒙特卡罗方法计算表 6-5 中所有场景的充裕性指标值，得到风电容量、储能容量和充裕性指标的一系列离散样本点。基于所得离散样本

点，一方面，当给定充裕性指标后，已知系统储能容量，可利用插值的方法评估系统可以接纳的风电容量；另一方面，当给定充裕性指标后，已知系统的风电容量，也可以利用插值的方法评估系统所需的储能容量。

插值就是根据这些已知的离散点来估计未知点值的方法。线性插值是一种简易的插值方法，但线性插值仅可以利用与待插值点最接近的 2 个点的关系，而本书所采用的方法可以利用 4 个点信息，得到的拟合结果更为准确。双线性插值[6]是由两个变量插值函数的线性插值的乘积，其核心思想是在两个方向分别进行一

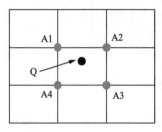

图 6-23　双线性插值格网示意图

次线性插值，选取离待求点最近的 4 个点进行内插值。具体过程如下所示。

首先采用双线性插值法对所得的向量样本（风电容量、储能容量、充裕性指标）进行拟合。如图 6-23 所示，点 Q 为待插值点，A1～A4 为已知样本中与插值点最靠近的点 A1(E_{A1}, P_{wnA1}, Z_{A1})、A2(E_{A2}, P_{wnA2}, Z_{A2})、A3(E_{A3}, P_{wnA3}, Z_{A3})、A4(E_{A4}, P_{wnA4}, Z_{A4})。

根据文献[6]，储能容量 E、风电容量 P_{wn}、充裕性水平 Z 的双线性插值函数如式(6-23)所示。

$$Z = (a \cdot E + b)(c \cdot P_{wn} + e) \tag{6-23}$$

式中，a、b、c、e 为待定系数。

将与插值点最靠近的点 A1～A4 坐标值代入式(6-23)，得到 4 个方程，联立求解可得 4 个待定系数 a、b、c、e 的值，从而得到反映插值点风电容量、储能容量、充裕性水平 3 者的函数关系。此时，若待插值点 Q 已知充裕性水平、储能容量，将其代入式(6-23)，即可求解得系统可接纳的风电容量；或若已知待插值点 Q 的充裕性水平、风电容量，代入式(6-23)，则可获得系统所需配置的储能容量。

4. 算例分析

1) 算例说明

本书采用的仿真算例系统中，系统总装机容量为 26577.01MW，其中火电装机容量为 17008MW，占总装机容量的 64%，风电装机容量为 6785.66MW，占总装机容量的 25.5%，水电装机容量为 644.56MW，占总装机容量的 2.4%。选取该系统 2014 年 1 月至 6 月的负荷数据，其中年最大负荷为 25900MW。根据常规机组的最大最小技术出力，按式(6-22)计算得到系统的总调峰容量为 5919.56MW。风电功率采用某省风功率实际数据，该省相应年风电最大出力为 4372.25MW。假设机组的强迫停运率为 0.05。

2) 不含储能情景下的电网接纳风电能力仿真分析

首先，根据 6.2.2 节的综合净负荷曲线的计算方法，获得不同风电容量下系统的综合净负荷曲线。图 6-24 给出了系统某日在不同风电容量并网情况下的综合净负荷曲线。

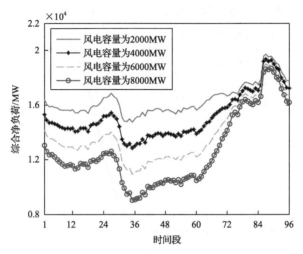

图 6-24　不同风电容量情景下的综合净负荷曲线

由图 6-24 可知，当风电容量增大时，系统的风电功率输出也随之增大，则相应的综合净负荷曲线不断减小。

然后，根据以上所得综合净负荷曲线数据，基于 6.2.2 节调峰需求的定义计算系统各个时段的调峰需求。图 6-25 为系统某日在不同风电容量并网情况下的调峰需求情况。

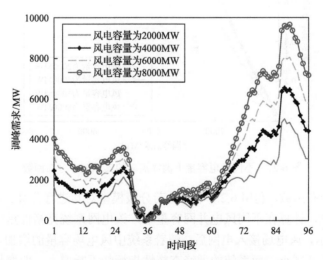

图 6-25　不同风电容量情景下的调峰需求曲线

　　由图 6-25 可知，当风电容量增大时，系统的调峰需求不断增大，可见，风电并网在一定程度上增大了系统的调峰压力。

　　基于所得综合净负荷曲线和调峰需求曲线，对该电网的负荷水平和各个时段的调峰需求情况进行统计分析，计算得到系统不同风电容量下的综合净负荷曲线和调峰需求净负荷曲线的累积概率分布函数，如图 6-26 和图 6-27 所示。

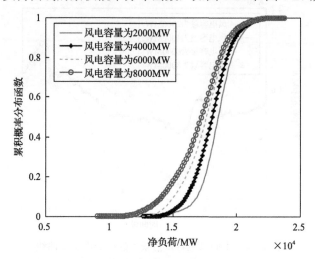

图 6-26　不同风电容量下综合净负荷的累积概率分布函数

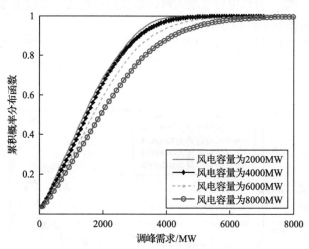

图 6-27　不同风电容量下调峰需求的累积概率分布函数

　　基于此分布函数，利用 6.2.1 节的负荷分级模型对其进行分级。采用非序贯蒙特卡罗模拟法，计算在不同风电并网容量下，该电网系统充裕性指标，计算结果如图 6-28 所示，风电场接入电网后，随着系统中风电场容量的增加，系统的发电充裕性指标逐渐减小，而系统的调峰充裕性指标却不断增大，即增加风电可以在一定程度上改善系统发电充裕性，同时却给系统的调峰带来了更大的压力，使得调峰压力更为凸显。

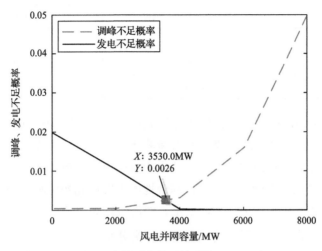

图 6-28　不同风电并网容量下的系统 PRNEP 和 LOLP

以系统的调峰充裕性和发电充裕性指标的交点(或交线)为界。为了方便说明，以图 6-28 为对象，将满足发电不足充裕性指标的风电容量、满足调峰不足充裕性指标的风电容量、交点或交线上的风电容量分别记为 $P_{wn}^{发电}$、$P_{wn}^{调峰}$、$P_{wn}^{交}$，按如下方法确定最终风电容量的规划方案。

(1)当 $P_{wn}^{发电}$ 大于 $P_{wn}^{调峰}$，且 $P_{wn}^{发电}$ 小于 $P_{wn}^{交}$，此时取 $P_{wn}^{发电}$ 为最终方案；因为在风电容量小于 $P_{wn}^{交}$ 时，调峰充裕性不满足的程度比较小且变化微小。此时，以 $P_{wn}^{发电}$ 为最终方案，虽然调峰充裕性不满足，但对结果影响不大。

(2)当 $P_{wn}^{发电}$ 大于 $P_{wn}^{调峰}$，且 $P_{wn}^{发电}$ 大于 $P_{wn}^{交}$，此时取 $P_{wn}^{调峰}$ 为最终方案；因为在风电容量小于 $P_{wn}^{交}$ 时，发电充裕性不满足的程度比较小且变化微小。此时，以 $P_{wn}^{调峰}$ 为最终方案，虽然发电充裕性不满足，但对结果影响不大。

(3)当 $P_{wn}^{发电}$ 小于 $P_{wn}^{调峰}$，且 $P_{wn}^{发电}$ 小于 $P_{wn}^{交}$，此时取 $P_{wn}^{发电}$ 为最终方案；因为风电容量越小，调峰充裕性的指标就越小。此时，取 $P_{wn}^{发电}$ 为最终方案，可以同时满足两种指标。

(4)当 $P_{wn}^{发电}$ 小于 $P_{wn}^{调峰}$，且 $P_{wn}^{发电}$ 大于 $P_{wn}^{交}$，此时取 $P_{wn}^{调峰}$ 为最终方案；因为风电容量越大，发电充裕性的指标就越小。此时，取 $P_{wn}^{调峰}$ 为最终方案，可以同时满足两种指标。

表 6-6 对比了考虑不同充裕性指标的系统接纳风电能力(调峰不足概率不大于1.3%，调峰不足期望不大于 1000000MW·h/a，发电不足概率不大于 0.01%，发电不足期望不大于 10MW·h/a)。

表 6-6　不含储能情景下系统的可接纳风电能力

充裕性指标	电网接纳风电能力	
	电网接纳风电能力/MW	占最大负荷百分比/%
考虑调峰充裕性	3288	12.7
考虑发电充裕性	3851	14.9
综合考虑 2 种指标	3288	12.7

由表 6-6 可知，若单独考虑发电充裕性指标，所得的电网接纳风电能力偏大，当按此风电容量接入系统，则增加系统调峰压力，导致电网为了全额接纳风电，将可能迫使部分火电机组启停调峰，严重影响火电调峰机组运行的安全经济性。本章所提评估风电接纳能力的方法，综合地考虑发电充裕性和调峰充裕性，致使所得风电容量接入系统更为可靠、安全、经济且客观合理。

3) 含储能情景下的电网接纳风电能力仿真分析

首先，根据 6.2.2 节的综合净负荷曲线的计算模型，获得不同风电容量和不同储能情景下的综合净负荷曲线。当风电容量为 2000MW，储能容量取值为 2000MW·h、4000MW·h、6000MW·h、8000MW·h。计算系统的综合净负荷曲线，图 6-29 给出了系统某日在含不同储能情景下的综合净负荷曲线。由图 6-29 可知，当风电容量一定时，随着储能容量的增加，系统的综合净负荷低谷值在不断地增大，可见，储能容量有效地改善了系统的低谷值。

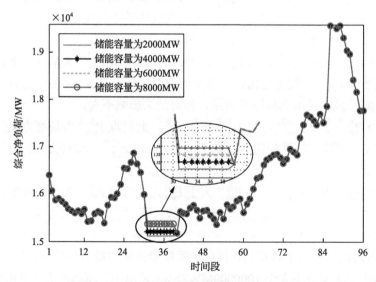

图 6-29　不同储能容量下的综合净负荷曲线

然后，基于以上所得不同储能情景下的综合净负荷数据，根据 6.2.2 节计算系统每天各个时刻的调峰需求，图 6-30 给出了系统某日在含不同储能情景下的调峰需求。

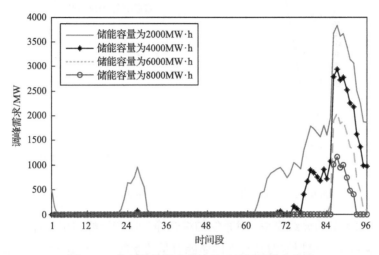

图 6-30　含不同储能容量情景下的调峰需求曲线

由图 6-30 可见，随着储能容量的不断增大，系统的调峰需求曲线也在不断地减小，使得系统的峰谷差也在不断地减小。因此，储能可以有效地改善系统的峰谷差特性，从而缓解系统的调峰压力。

基于以上所得系统的综合净负荷曲线和调峰需求曲线，利用核估计理论，对系统的综合净负荷水平和调峰需求水平进行统计，得到系统含不同储能情景下的综合净负荷曲线和调峰需求水平的累积概率分布函数，如图 6-31 和图 6-32 所示。

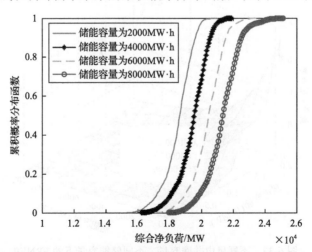

图 6-31　不同储能容量下综合净负荷的累积概率分布函数

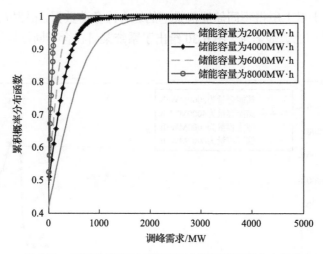

图 6-32　不同储能容量下调峰需求的累积概率分布函数

利用 6.2.1 节的分级模型，对系统的综合净负荷和调峰需求进行分级，继而采用非序贯蒙特卡罗模拟法对具有不同储能容量的系统充裕性进行研究。图 6-33 和图 6-34 分别是 PRNEP、PRNEE 与储能容量和风电容量的关系图。

由图 6-33 和图 6-34 可知，随着风电并网容量的不断增大，系统的调峰不足概率及调峰不足期望不断增大，说明随着风电并网规模的增大，系统的调峰压力越来越大；加入储能（ESS）系统后，随着储能容量的增大，系统 PRNEP、PRNEE 不断减小，表明加入 ESS 有利于改善系统调峰。

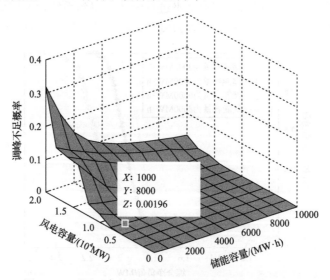

图 6-33　不同风电并网容量，不同储能容量下的 PRNEP

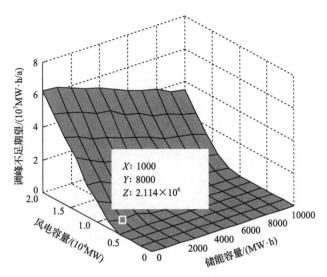

图 6-34　不同风电并网容量、不同储能容量下的 PRNEE

从图 6-33 和图 6-34 的调峰充裕性指标与风电容量与储能容量的三维图形中，当设置充裕性指标的阈值时，可以方便地得到满足一定充裕性指标的风电最大接入容量及其储能容量。例如，假设设置调峰不足概率的阈值为 0.196%，当设置调峰不足期望的阈值为 $2.114×10^6 MW·h/a$ 时，则得到储能容量为 $1000MW·h$，风电接入容量为 8000MW，占年最大负荷的 30.9%。

图 6-35 和图 6-36 为不同风电并网容量、不同储能容量下的充裕性指标计算结果。图 6-35 和图 6-36 中，当储能容量和风电接入容量在交线 1、2 处时，表示

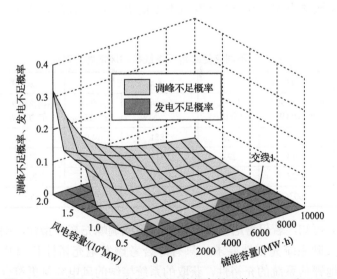

图 6-35　不同风电并网容量，不同储能容量下的 PRNEP 和 LOLP

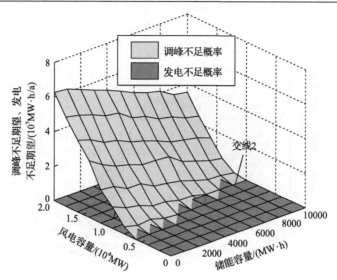

图 6-36 不同风电并网容量，不同储能容量下的 PRNEE 和 LOEE

此时的调峰充裕性指标等于发电充裕性指标。从图 6-35 和图 6-36 可以看出，在该风电-储能算例系统中，当风电容量小于 5000MW 时，发电充裕性指标和调峰充裕性指标均较小，其中，发电充裕性指标略大于调峰充裕性指标，此时，仅考虑发电充裕性指标或调峰充裕性指标均可；而当风电接入容量大于 5000MW 时，调峰需求急剧增大，此时需要综合考虑发电充裕性指标和调峰充裕性指标评价系统充裕性。

表 6-7 对比了当调峰不足概率不大于 1.3%，调峰不足期望不大于 1000000MW·h/a 时，发电不足概率不大于 0.01%，发电不足期望不大于 10MW·h/a 时，含储能系统风电接纳能力情况。

表 6-7 不同储能容量下系统接纳风电能力对比

储能容量 /(MW·h)	考虑调峰充裕性		考虑发电充裕性		综合考虑 2 种指标	
	电网接纳风电能力/MW	占负荷百分比/%	电网接纳风电能力/MW	占负荷百分比/%	电网接纳风电能力/MW	占负荷百分比/%
0	3288	12.7	3851	14.9	3288	12.7
1000	7713	29.8	7111	27.5	7113	29.8
5000	9725	37.5	19115	35.2	9725	37.5
10000	16036	61.9	18540	71.6	16036	61.9

由表 6-7 可知，若仅考虑发电充裕性指标或调峰充裕性指标，则所得的结果不能完全地反映系统充裕性要求。只有综合考虑发电充裕性和调峰充裕性，才能较为全面地评估系统的充裕性，获取的系统接纳的风电容量更符合实际运行需

要。此外，通过表 6-7 可以看出，增加储能后，系统接纳风电的能力得到了明显地提高。

6.3　兼顾技术性和经济性的储能辅助调峰的组合方案优化制定

6.3.1　组合调峰方案的优化制定实用方法

组合调峰方案优化制定的基本思想：首先，形成储能与常规调峰手段组合方案的场景集合。其次，分别建立了评估调峰方案的技术性和经济性评估模型。并利用所建立的模型，计算得到基于常规调峰手段、储能容量、调峰不足概率的技术性评估三维向量样本和基于常规调峰手段、储能容量、年调峰费用的经济性评估三维向量样本。然后，采用双线性插值方法[7,8]分别拟合所得的三维向量样本，得到如图 6-37 所示的曲面。最后，取技术性曲面和经济性曲面的交界点作为优化的组合方案。

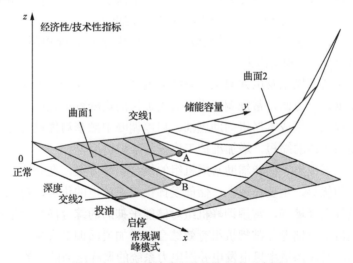

图 6-37　组合调峰方案的优化制定示意图

图 6-37 中，x 轴表示常规调峰模式，y 轴表示储能容量，z 轴表示技术性/经济性指标（调峰不足概率/年调峰费用）。技术性评估三维向量样本拟合得到曲面 1，经济性评估三维向量样本拟合得到曲面 2，两个曲面的交线为兼顾技术性与经济性的组合调峰优化方案，如交线 1 与交线 2 所示，交线 1/交线 2 分别表示一定容量的储能辅助深度/投油调峰模式形成组合调峰方案进行调峰。值得注意的是，交线 1/交线 2 上调峰不足概率最小的点位于交线末端的 A/B 处，实际处理中需综合分析两类组合调峰方案得到组合调峰优化方案。

下面，分别对组合调峰方案设置、技术性和经济性指标曲面计算模型、组合调峰方案优化制定方法的流程进行介绍。

6.3.2　储能辅助常规调峰手段的组合方案的设置

1. 常规调峰手段的概述

常规调峰机组一般有火电机组、气电机组和水电机组等。根据火电机组具体运行状态，可将其调峰模式分为正常调峰、深度调峰、投油调峰和启停调峰[9]。此外，气电、水电等机组的调峰能力为最小技术出力到最大技术出力的范围，在本书中将其纳入正常调峰。火电机组调峰手段的定义及调峰范围如下所示。

正常调峰：在额定出力与最小技术出力之间按照机组正常升降出力速度进行调峰。调峰范围为70%额定出力～100%额定出力。

深度调峰：向下调节时，缓慢调整火电机组运行状态使其出力略低于最小技术出力。调节范围为65%额定出力～100%额定出力。

投油调峰：投油助燃以使火电机组出力小于深度调峰最小技术出力或者快速降低出力。调节范围为55%额定出力～100%额定出力。

启停调峰：负荷尖峰时段对调峰机组进行快速开启或停运。调节范围为0%额定出力～100%额定出力。

面对高渗透率风电发电并网电力系统的调峰压力，仅采用上述常规调峰手段难以满足要求。一方面，常规调峰手段所能提供的调峰容量有限；另一方面，投油调峰需要投入大量成本昂贵的助燃油，启停调峰中频繁启停机会导致汽轮机转子等部件使用寿命的缩短，增加维护工作量与维护费用[10]。

因此，本书提出了储能辅助常规机组的组合调峰方案，充分地利用储能与常规机组结合的优势，主要体现在：储能发挥快速充放电的优势，对风电电力系统尖峰负荷进行削峰填谷，常规调峰机组对储能平抑后的综合净负荷进行调峰。组合调峰方案旨在将储能与常规机组有效结合，增加灵活调节容量，提高系统调峰能力，达到应对高渗透率风电发电并网电力系统的调峰压力的目的。

2. 组合调峰方案的设置

组合调峰方案是指储能容量与调峰手段的不同的组合。在储能配置容量方面，令 ΔE 为系统储能容量的基本单位，系统储能容量可能取值为 $E = 0, \Delta E, 2\Delta E, \cdots,$ $m\Delta E$，m 限定了最大储能容量，ΔE 可根据计算精度的要求选取，m 的大小则根据实际系统规划负荷容量的大小选取。在常规调峰手段方面，考虑火电机组的正常调峰、深度调峰、投油调峰和启停调峰；考虑水电机组、燃气和核电机组的正常调峰。

结合储能调峰与常规调峰手段，可得到以下 $4(m+1)$ 个组合调峰手段。

组合调峰手段 1：正常调峰、$E=0$，表示仅通过常规机组正常调峰手段进行调峰。

组合调峰手段 2：深度调峰、$E=0$，表示通过常规机组深度调峰手段进行调峰。

组合调峰手段 3：投油调峰、$E=0$，表示通过常规机组投油调峰手段进行调峰。

组合调峰手段 4：启停调峰、$E=0$，表示通过常规机组启停调峰手段进行调峰。

组合调峰手段 $5\sim5+(m-1)$：正常调峰$+E=\Delta E,\cdots,m\Delta E$ 进行调峰。

组合调峰手段 $5+m\sim5+m+(m-1)$：深度调峰$+E=\Delta E,\cdots,m\Delta E$ 进行调峰。

组合调峰手段 $5+2m\sim5+2m+(m-1)$：投油调峰$+E=\Delta E,\cdots,m\Delta E$ 进行调峰。

组合调峰手段 $5+3m\sim4(m+1)$：启停调峰$+E=\Delta E,\cdots,m\Delta E$ 进行调峰。

下面分别介绍每一种组合调峰方案的技术性与经济性评估模型。

6.3.3　组合调峰方案的评估模型

1. 技术性评估模型

本节以年调峰不足概率[7,8]作为组合调峰方案的技术性评估指标。

调峰不足概率的基本计算思路：假设系统第 d 天第 t 时段的调峰需求为 $P_{\text{peakreq},d,t}$，系统该天调峰能力为 $P_{\text{peakabi},d}$，可包含正常调峰能力 $P_{\text{regular},d}$、深度调峰能力 $P_{\text{deep},d}$、投油调峰能力 $P_{\text{oil},d}$ 和启停调峰能力 $P_{\text{on-off},d}$。若 $P_{\text{peakreq},d,t} > P_{\text{peakabi},d}$，则表示第 d 天第 t 时段调峰不足，反之，表示调峰充足。统计一年 8760 个时间点（以 1 个小时为时间间隔）中调峰不足的时间点个数 N，则该调峰手段下的系统调峰不足概率可由式 (6-24) 计算：

$$p = N / 8760 \tag{6-24}$$

可见，计算年调峰不足概率需要已知系统第 d 天第 t 时段的调峰需求为 $P_{\text{peakreq},d,t}$ 和该天的调峰能力 $P_{\text{peakabi},d}$。下面分别对调峰需求与调峰能力的计算进行介绍。

在调峰需求计算方面，参考文献[7]和[8]计算方法。以第 d 天为例，将第 d 天的负荷曲线减去风电出力曲线，得到净负荷曲线。分别根据 $E=0,\Delta E,2\Delta E,\cdots,m\Delta E$ 等不同的储能容量，参考文献[7]和[8]的方法，对净负荷曲线进行修正，得到第 d 天的综合净负荷曲线。系统第 d 天第 t 时段的调峰需求 $P_{\text{peakreq},d,t}$ 即等于该时段的综合负荷值与当天综合净负荷低谷的差值。在调峰能力计算方面，系统所具有的调峰能力等于各类机组具有的调峰能力之和。机组调峰能力的计算如 6.3.2 节所述。

综上，根据 6.3.2 节组合调峰方案的设置与本节调峰不足概率的计算，可得到 $4(m+1)$ 个技术性评估三维样本（常规调峰手段、储能容量、调峰不足指标）。

2. 经济性评估模型

本节从年调峰费用角度建立经济性评估模型，对不同组合调峰方案的年调峰费用进行计算和分析。年调峰费用评估模型中包含常规调峰机组年调峰费用评估、储能年调峰费用评估、调峰效益三部分。常规调峰机组年调峰费用与储能年调峰费用之和减去调峰效益为组合调峰手段的年调峰费用[11]。

下面从常规机组年调峰费用、储能年调峰费用以及储调峰经济效益三个方面对组合调峰方案的经济性进行评估。

1) 常规机组年调峰费用评估模型

常规机组的调峰费用包括正常调峰费用、深度调峰费用、投油调峰费用以及启停调峰费用四个部分。

令 $P_{\text{peakreq},d,t}$ 为第 d 天第 t 时段的系统调峰需求，$P_{\text{regular},d}$ 为系统第 d 天的正常调峰能力，$P_{\text{deep},d}$ 为系统第 d 天的深度调峰能力，$P_{\text{oil},d}$ 为系统第 d 天的投油调峰能力，$P_{\text{on-off},d}$ 为系统第 d 天的启停调峰能力。根据以下情况计算机组调峰费用。

(1) 当 $P_{\text{peakreq},d,t} < P_{\text{regular},d}$ 时，调峰费用为 0。

(2) 当 $P_{\text{regular},d} < P_{\text{peakreq},d,t} < P_{\text{deep},d}$ 时，调峰费用为

$$C_{\text{tiaofeng}} = (P_{\text{peakreq},d,t} - P_{\text{regular},d})\Delta t C_{\text{deep}} \tag{6-25}$$

式中，C_{tiaofeng} 为调峰费用；Δt 为调峰时间；C_{deep} 为深度调峰单位费用。

(3) 当 $P_{\text{deep},d} < P_{\text{peakreq},d,t} < P_{\text{oil},d}$ 时，调峰费用为

$$C_{\text{tiaofeng}} = (P_{\text{deep},d} - P_{\text{regular},d})\Delta t C_{\text{deep}} + (P_{\text{peakreq},d,t} - P_{\text{deep},d})\Delta t C_{\text{oil}} \tag{6-26}$$

式中，C_{oil} 为投油调峰单位费用。

(4) 当 $P_{\text{oil},d} < P_{\text{peakreq},d,t} < P_{\text{on-off},d}$ 时，调峰费用为

$$\begin{aligned}
C_{\text{tiaofeng}} = {} & (P_{\text{deep},d} - P_{\text{regular},d})\Delta t C_{\text{deep}} + (P_{\text{oil},d} - P_{\text{deep},d})\Delta t C_{\text{oil}} \\
& + C_{\text{on-off}} N_{\text{on-off}} (P_{\text{peakreq},d,t} - P_{\text{oil},d}) / P_{\text{on-off}}
\end{aligned} \tag{6-27}$$

式中，$C_{\text{on-off}}$ 为启停调峰单次费用；$N_{\text{on-off}}$ 为启停次数；$P_{\text{on-off}}$ 为启停机组容量。

2) 储能年调峰费用评估模型

储能成本包括初始投资成本和运行维护成本。假设储能系统在使用周期内正常运行，即不考虑其设备更换。本书将投资等年值作为初始投资成本的指标，即

考虑储能系统的使用寿命和投资收益率,将储能系统的总投资成本在寿命周期内进行分摊。

采用式(6-28)~式(6-30)计算储能系统的投资等年值:

$$C_{B} = f_{cr} \cdot C_{B0} \tag{6-28}$$

$$C_{B0} = C_{E}E_{BN} + C_{P}P_{BN} \tag{6-29}$$

$$f_{cr} = \frac{r(1+r)^{n}}{(1+r)^{n}-1} \tag{6-30}$$

式中,C_{B} 为储能系统的投资等年值;C_{B0} 为储能系统的初始投资成本;f_{cr} 为资本回收系数;C_{E} 为储能的容量单价;E_{BN} 为储能的额定容量;C_{P} 为储能的功率单价;P_{BN} 为储能的额定功率;r 为折旧率;n 为电池储能的使用年限。

采用式(6-31)计算储能系统的年维护成本:

$$C_{OM} = \lambda_{1}C_{B} \tag{6-31}$$

式中,C_{OM} 为储能系统单位容量的年运行维护费用;C_{B} 为储能系统的折旧成本;λ_{1} 为系数。

3)储调峰经济效益评估模型

调峰经济效益包括延缓投资成本、常规机组调峰价格补偿收益和储能调峰价格补偿收益。

延缓投资成本即通过储能辅助调峰,实现常规调峰机组设备设施的延缓投资,其包括等效火电装机成本、等效火电机组维护成本、等效系统发电燃料成本和等效系统发电排污成本,通过式(6-32)~式(6-35)计算延缓投资成本。

机组调峰价格补偿收益中,根据"三北"中西北地区调峰辅助服务现行结算方法:机组因提供深度调峰服务造成的比基本调峰少发的电量,按照 100 元/MW·h进行补偿,机组启停调峰一次,按启停机组容量每 MW 补偿 1600 元。储能调峰价格补偿收益中,根据国家能源局 2016 年发布的《关于推动电储能参与"三北"地区调峰辅助服务工作的通知》的规定:建设在发电端的储能设施,储能与机组联合参与调峰或作为独立主体参与调峰辅助服务市场交易,放电电量按照发电厂相关合同电价结算。调峰补偿效益按式(6-36)计算。

(1)等效火电装机成本投资等年值

$$P_{1} = P_{thermal} \cdot \frac{\sum_{i=1}^{365} E_{i}}{T \cdot k} \cdot \frac{r(1+r)^{M}}{(1+r)^{M}-1} \tag{6-32}$$

式中，E_i 为储能在第 i 天内的调峰放电电量；T 为火电年运行时间；$P_{thermal}$ 为单位容量装机成本；k 为火电基本调峰能力与最大出力的比值；r 为折旧率；M 为火电机组的使用年限。

(2)等效火电机组维护成本

$$P_2 = P_1 \cdot \lambda_2 \tag{6-33}$$

式中，P_1 为等效火电装机成本投资等年值；λ_2 为系数。

(3)等效系统发电燃料成本

$$P_3 = \sum_{i=1}^{365} E_i \cdot W_{fuel} \cdot P_{fuel} \tag{6-34}$$

式中，W_{fuel} 为每度电所需燃料量；P_{fuel} 为燃料单价。

(4)等效系统发电排污成本

$$P_4 = \sum_{i=1}^{365} E_i \cdot (P_{NO_x} + P_{SO_2} + P_{Soot} + P_{CO_2}) \tag{6-35}$$

式中，P_{NO_x}、P_{SO_2}、P_{Soot}、P_{CO_2} 分别为每发单位电量所需氮氧化物、二氧化硫、烟尘、二氧化碳的排污费用。

(5)机组和储能调峰价格补偿收益

$$P_5 = \sum_{j=1}^{365} E_j \cdot 100 + \sum_{j=1}^{365} P_{t_j} \cdot 1600 + e \cdot \sum_{i=1}^{365} E_i \tag{6-36}$$

式中，P_5 为全年常规机组和储能调峰价格补偿收益；E_j 为第 j 天内机组因提供深度、投油调峰服务造成的比正常调峰少发的电量；P_{t_j} 为第 j 天启停容量；e 为发电厂合同电价。

综上，总经济收益为

$$P = P_1 + P_2 + P_3 + P_4 + P_5 \tag{6-37}$$

结合 6.3.2 节组合调峰方案的设置与本节调峰费用的计算，可得到 $4(m+1)$ 个经济性评估三维样本(常规调峰手段、储能容量、经济性评估指标)。

基于 6.3.3 节的技术性样本和经济性样本，通过双线性插值[7,8]的方法得到技术性曲面和经济性曲面，两曲面的交界即优化方案。

综上，组合调峰方案的优化制定流程如图 6-38 所示。

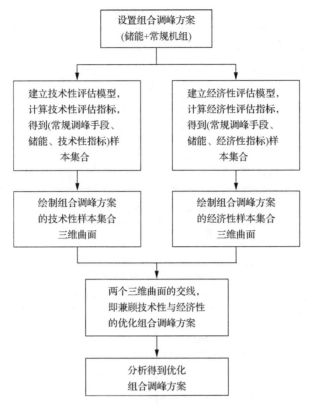

图 6-38 组合调峰方案优化制定的流程

6.3.4 算例分析

1. 算例说明

本节以区域型电力系统(算例 1)和规划的全国系统(算例 2)为例,分析和制定组合调峰优化方案。

算例 1：在某区域型电力系统中，总装机容量为 930MW，其中火电机组为 300MW，水电机组为 120MW，核电机组为 160MW，燃气机组为 70MW，风电、光伏发电机组为 280MW，非水风力发电渗透率约为 30%。

算例 2：根据我国中长期能源电力供需及传输的预测和对策[12]的分析结果，2050 年我国装机容量将达到 38 亿 kW，用电需求量将达到 11.6 万～15 万亿 kW·h，人均年用电需求量将达到 8000～10345kW·h/人。基于此，以 2050 年年用电需求量为 12 万亿千瓦时构建长期规划的电力系统,考虑非水风电渗透水平为 5%、10%、15%、20%、25%、30%、35%七种情况，具体的电源结构如表 6-8 所示。所采用的技术性与经济性评估参数如表 6-9 所示。

表 6-8　电源结构　　　　　　　　　　单位：万亿 kW·h

情景	用电需求量	非水风电渗透率/%	非水风电发电	水电发电量	核电发电量	气电发电量	火电发电量
1	12	5	0.6	1.5	2.1	0.9	6.9
2	12	10	1.2	1.5	2.1	0.9	6.3
3	12	15	1.8	1.5	2.1	0.9	5.7
4	12	20	2.4	1.5	2.1	0.9	5.1
5	12	25	3	1.5	2.1	0.9	4.5
6	12	30	3.6	1.5	2.1	0.9	3.9
7	12	35	4.2	1.5	2.1	0.9	3.3

表 6-9　相关参数及数值

参数	数值	参数	数值
火电年运行时间/h	5000	储能容量单价/(元/W)	1.5
核电年运行时间/h	7000	储能功率单价/(元/W·h)	1
气电年运行时间/h	4500	储能使用寿命/年	10
水电年运行时间/h	3500	折旧率	0.06
风电、光电运行时间/h	1800	系数 λ_1	0.15
正常调峰成本	0	系数 k	0.3
深度调峰成本/(元/kW·h)	0.1	系数 λ_2	0.1
投油调峰成本/(元/kW·h)	0.2	燃料单价/(元/t)	400
启停调峰成本/(万元/30MW)	1	煤耗量/(kg/kW·h)	0.35
火电装机成本/(元/kW)	3700	污染成本/(元/kW·h)	0.03
火电机组寿命/年	30	发电厂合同电价/(元/kW·h)	0.5

2. 区域型电力系统组合调峰方案的优化制定

以区域型电力系统为例，根据 6.3.3 节给出的技术性与经济性评估模型，计算得到技术性评估样本(常规调峰手段、储能、技术性指标)和经济性评估样本(常规调峰手段、储能、经济性指标)两组集合。图 6-39 为该系统的技术性评估三维向量样本与经济性评估三维向量样本曲面图。

基于 6.3.1 节所提组合调峰方案的优化制定实用方法，图 6-39 中的交线 1 和交线 2 为该系统兼顾技术性与经济性的组合调峰方案，其储能容量、调峰不足概率、年调峰费用如表 6-10 所示。可以看出，交线 1 上 A 点所对应的组合调峰方案为"深度调峰+90MW·h 储能"，其调峰不足概率为 0.45%，年调峰费用为 1959.61 万元，交线 2 上 B 点所对应的组合调峰方案为"投油调峰+45MW·h 储能"，其调峰不足概率为 0.21%，年调峰费用为 2168.90 万元。在年调峰费用差距不大的情况

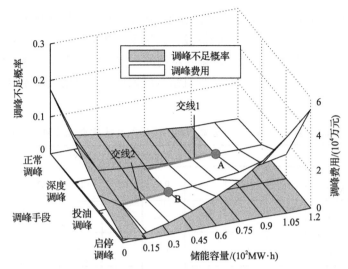

图 6-39　区域型电力系统的组合调峰方案

表 6-10　区域型电力系统组合调峰方案的调峰不足概率\调峰费用　　单位：万元

常规机组	储能/(MW·h)								
	0	15	30	45	60	75	90	105	120
深度调峰	—	—	—	1.29%\1031.14	0.80%\1276.33	0.62%\1337.82	0.45%\1959.61		
投油调峰	—	0.88%\1246.51	0.41%\1738.76	0.21%\2468.90	—	—	—		

下，"深度调峰+90MW·h 储能"组合调峰方案的调峰不足概率大很多，故选择"投油调峰+45MW·h 储能"组合调峰方案。

　　为说明所选组合调峰方案的合理性，选取"正常调峰+120MW·h 储能"和"启停调峰+0MW·h 储能"两种方案进行对比分析。"正常调峰+120MW·h 储能"调峰方案的年调峰费用为 592.37 万元，远小于上述方案，但考虑到其调峰不足概率达到了 1.26%，故不可取。同样，"启停调峰+0MW·h 储能"方案的调峰不足概率和年调峰费用分别为 2.53%和 1468.90 万元，技术性与经济性均不占优。综上，在本书所提区域型电力系统中，"投油调峰+45MW·h 储能"是能同时满足技术性与经济性的组合调峰方案。

3. 规划的全国系统组合调峰方案的优化制定

　　根据我国长期规划的电力系统数据，计算 5%、10%、15%、20%、25%、30%、35%等 7 种非水风电渗透率系统的技术性评估三维向量样本曲面图与经济性评估三维向量样本曲面图，各交线为系统兼顾技术性与经济性的组合调峰方案。不同比例下，系统储能容量、调峰不足概率、年调峰费用如表 6-11 所示。由于篇幅的原因，表 6-11 仅列出部分渗透率下的结果。可以看出：高比例风电发电接入电力系统后，给系统调峰带来了巨大的挑战，系统需要花费大量成本配置储能且充分地挖掘常规机组的调峰能力来实现调峰。例如，在非水风电发电渗透率为 35%的系统中，200000MW·h 储能配合常规机组深度调峰时，系统调峰不足概率仍然较大(0.52%)。

表 6-11　我国规划系统组合调峰方案的调峰不足概率\调峰费用　　　　　单位：亿元

渗透率		组合调峰优化方案的调峰不足概率\调峰费用								
5%	储能/(×10³MW·h)	0	0.2	0.4	0.6	0.8	1	1.2	1.4	1.6
	正常调峰	0%\0	—	—	—	—	—	—	—	—
15%	储能/(×10³MW·h)	0	0.5	1	1.5	2	2.5	3	3.5	4
	正常调峰	—	—	0.00%\0.31	—	—	—	—	—	—
	深度调峰	0.01%\0.10	0.002%\0.26	—	—	—	—	—	—	—
25%	储能/(×10⁵MW·h)	0	0.15	0.3	0.45	0.6	0.75	0.9	1.05	1.2
	深度调峰	—	—	—	—	0.38%\149.36	0.21%\192.51	0.07%\250.28	—	—
	投油调峰	0.78%\85.91	0.35%\113.61	0.21%\150.56	0.10%\201.40	0.04%\270.76	—	—	—	—
35%	储能/(×10⁵MW·h)	0	0.25	0.5	0.75	1	1.25	1.5	1.75	2
	深度调峰	—	—	—	—	—	1.00%\762.86	0.84%\909.16	0.67%\1063.17	0.52%\1270.46
	投油调峰	—	—	2.06%\879.77	1.68%\1173.18	0.78%\1497.46	0.18%\1960.31	—	—	—

利用本书所提的方法，得到规划的全国系统在 7 种非水风电渗透水平下的优化组合调峰方案如下所示。

(1)非水风电渗透率达到 5%时，优化的调峰方案为正常调峰。

(2)非水风电渗透率达到 10%时，优化的调峰方案为正常调峰。

(3)非水风电渗透率达到 15%时，优化的调峰方案为正常调峰+100MW·h储能。

(4)非水风电渗透率达到 20%时，优化的调峰方案为深度调峰+75000MW·h储能。

(5)非水风电渗透率达到 25%时，优化的调峰方案为深度调峰+90000MW·h储能。

(6)非水风电渗透率达到 30%时，优化的调峰方案为投油调峰+80000MW·h 储能。

(7)非水风电渗透率达到 35%时，优化的调峰方案为投油调峰+125000MW·h 储能。

6.4　提高风电消纳能力的源荷互动调峰模式研究

6.4.1　考虑风电随机特性的源荷互动调峰模型

1. 源荷互动模型需考虑的关键因素分析

1)考虑可中断负荷参与调峰

需求侧参与系统调峰能够起到削峰填谷的作用，其主要角色如图 6-40 所示。

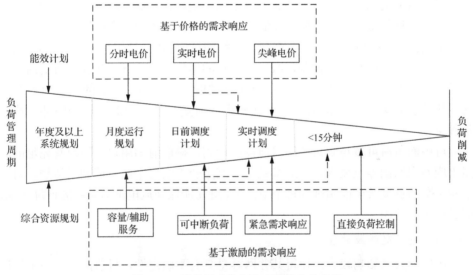

图 6-40　需求侧响应在电力系统中的应用

在需求侧响应措施中，基于价格响应的激励措施，主要需要电力用户根据提前收到的价格信息选择用电时段，这在一定程度上对电力用户起到引导合理用电的作用。但相比较而言，价格响应措施对缓解调峰压力的作用强度和直接性不如基于激励的需求响应措施。在基于价格的需求响应中，用户只能被动地响应电网制定的电价，用户和电网之间缺乏信息沟通，这种措施对用户没有惩罚的约束，完全依靠用户的用电意愿，不能保证负荷响应的时间和响应的电量，用户响应电价的用电行为不一定能精准地达到电网的预期理想的调峰效果。

在基于激励的需求响应中，电网根据系统需求负荷、风电并网容量等综合分析系统的调峰需求,并与需求侧用户信息共享和协调沟通,通过电网公司和电力用户签订合同的形式来确定用户可调用的负荷量、可调用时间、负荷响应停电措施后获得的补偿和不能响应时所受到的惩罚等,这种措施带有惩罚性质,可靠性较高。根据图 6-40 可知直接负荷控制的提前通知时间只有 15min,其随机性会冲击用户正常的生活和生产,短时间内用户难以调整生产来应对停电要求,严重的情况下可能会造成生产事故,因此大部分用户不愿意接受这一响应方式,限制了直接负荷控制的应用范围。

本书采用可中断负荷作为负荷侧的调峰资源,与发电侧共同参与风电系统的调峰。其实施机制:可中断负荷措施执行时需要提前向用户发出中断请求,经用户同意后中断供电。在对可中断负荷用户调用之前,必须要与用户协商和签订中断负荷合约,包括用户响应的时间、中断的负荷量、对用户的补偿费用等[13];由于在电网发出调用请求时,也存在着用户不响应电网的中断请求的情况,这时电网将对不响应的用户进行经济惩罚。鉴于此,电网在实施该项目之前必须要对用户的信用度进行审查,放弃信用度低的用户,确保系统的可靠运行。

根据图 6-40 可知,可中断负荷参与系统的日前调度,给用户准备的时间较长,是有一定准备的中断负荷控制,减少了用户的损失。参与这一响应项目的用户主要是一些大型的工业用户、商业用户和对供电可靠性要求不高的三级负荷等,这些用户愿意降低自身供电的可靠性和电能质量来获取相对应的经济补偿或电价优惠。

可中断负荷可参与到系统的日前调度计划,提前通知用户,用户有充足的时间来应对电网的停电要求,在此基础上,制定合理的可中断负荷调用计划,对可中断负荷的调度甚至能精确到每个节点上,进而能保证风电电力系统的调峰需求,促进风电的消纳。

2) 考虑风电的波动性

风电受天气影响较大,使得其并网容量具有不确定性,目前的预测技术精度不能满足系统的需求,对于未来时段内风电并网容量难以准确预测。相对于常规能源结构的电力系统,含风电的系统负荷变化较大,传统的静态调度方式难以调节波动性较大的风电。火力发电机组由于自身的约束,如爬坡约束、出力上下限约束等,不能快速地跟踪含风电系统等效负荷的变化,调峰能力有限,系统可能会出现切负荷或者放弃风电并网,限制了风电的消纳,故在含随机特性的风电系统中需要考虑动态调峰模型。为了解决风电的不确定性给电力系统带来的冲击,文献[14]利用风速和负荷预测误差的概率分布来描述系统的波动性,提出动态经济调度模型,仿真结果验证了该调度模型的可行性。文献[15]基于场景分析法,根据是否考虑随机变量的相关性,将风电场景细化为静态场景和动态场景两方面来论述场景生成的方法,以部分场景模拟风电出力的波动性。

传统确定性调峰模式中为了应对风电的波动性,增加了系统的备用容量,这在一定程度上确保了系统运行的可靠性。但是系统所预留的备用容量不易准确确定,备用预留过多,在保证系统可靠性的基础上牺牲了经济性,预留过少则不能保证系统的安全运行,难以把握好准确的"度"。随着风电并网容量日益增加,电力系统运行中扰动因素增多,电力系统的调峰压力逐渐增加,系统调峰由静态调峰模式转变为动态模式已成必然[16]。

2. 考虑风电并网的源荷互动调峰模型

源荷互动调峰模型的主要工作:结合火电、风电和可中断负荷,在电网运行状态的约束下,确定机组的最优出力和可中断负荷的最优中断量,提高系统接纳风电的能力。基本的优化模型如下:

$$\min \ f(x) \tag{6-38}$$

$$\text{s.t.} \quad h(x) = 0 \tag{6-39}$$

$$\underline{g} \leqslant g(x) \leqslant \overline{g} \tag{6-40}$$

式中,x 为变量,$f(x)$ 为目标函数;$h(x)$ 为等式约束;$g(x)$ 为不等式约束。

1) 目标函数

在传统的调度模式中,目标函数中只考虑了发电侧的优化,在含风电的源荷互动模式中,必须要考虑到需求侧用户的参与,对于可中断负荷用户的调用,还必须考虑其补偿费用,因此,目标函数中应包含源荷两侧的运行成本,模型以机组的运行成本和可中断负荷的补偿费用之和最小为目标函数。

$$\min F = \sum_{t=1}^{T} \left[\sum_{i=1}^{N_G} f_{Gi}(t) + \sum_{j=1}^{N_{IL}} J_{ILj}(t) \right] \tag{6-41}$$

$$f_{Gi}(t) = (a_i P_{Gi}^2(t) + b_i P_{Gi}(t) + c_i) \times u_i(t) \tag{6-42}$$

$$J_{ILj}(t) = \alpha_j P_{ILj}(t) v_j(t) \tag{6-43}$$

式中,T 为调度总时间;N_G 为机组的总台数;f_{Gi} 为机组燃料费用;a_i、b_i、c_i 为机组 i 的燃料费用特性参数;$P_{Gi}(t)$ 为机组 i 在时段 t 的出力值;$u_i(t)$ 为机组出力状态,取值为 0 或 1;J_{ILj} 为可中断负荷补偿费用,α_j 为用户 j 的补偿系数,P_{ILj} 为用户 j 在 t 时段调用的负荷量;$v_j(t)$ 为用户 j 的调用状态,取值为 0 或 1;N_{IL} 为参与可中断负荷项目的用户数。

2) 约束条件

模型约束中主要考虑了三个部分的因素，其一是机组的运行约束，如机组出力上下限约束、爬坡约束等，其二是可中断负荷的相关约束，如可中断负荷的调用量、调用时间等，其三是考虑风电波动性的场景约束。

(1) 系统的运行约束。

① 系统负荷平衡约束：系统在运行的过程中必须要保持负荷的供需平衡。

$$\sum_{i=1}^{N_G} P_{Gi}(t) + \sum_{j=1}^{N_{IL}} P_{ILj}(t) + P_{W,f}(t) = P_L(t) \tag{6-44}$$

式中，$P_{W,f}(t)$ 为 t 时段的风电出力预测值；$P_L(t)$ 为 t 时段的系统负荷量。

② 系统旋转备用约束。

$$\sum_{i=1}^{N_G} \overline{P_{Gi}}(t) \times u_i(t) + \sum_{j=1}^{N_{IL}} \overline{P_{ILj}}(t) \times v_j(t) + P_{W,f}(t) \geqslant P_L(t) + R_L(t) \tag{6-45}$$

式中，$\overline{P_{Gi}}(t)$ 为机组出力上限；$\overline{P_{ILj}}(t)$ 为可中断负荷上限；$R_L(t)$ 为旋转备用，从保证可靠供电和良好的电能质量考虑，预留的备用越多越好，但考虑到系统运行的经济性，过多的备用会提高系统的运行成本，通常选取为负荷的 10%，即

$$R_L(t) = \left[P_L(t) - \sum_{j=1}^{N} P_{ILj}(t) - P_W(t) \right] \times 10\% \tag{6-46}$$

(2) 机组的运行约束。

① 机组出力上下限约束。

在运行时机组出力不能超出最大和最小出力限定范围。

$$u_i(t)\underline{P_{Gi}} \leqslant P_{Gi}(t) \leqslant u_i(t)\overline{P_{Gi}} \tag{6-47}$$

式中，$\underline{P_{Gi}}$ 为机组 i 的最小出力值；$\overline{P_{Gi}}$ 为机组 i 的最大出力值。

② 机组最小启停时间约束。

机组在启动运行后，必须要在规定时间内维持开机状态，才能允许机组停机，同理，停机后也不能立即开机，本书采用文献[17]中所提出的机组最小启停时间约束。

a. 机组最小持续开机时间约束

$$\sum_{k=1}^{G_i}[1-u_i(k)]=0, \quad \forall i \in \{1,2,\cdots,N_G\} \tag{6-48}$$

$$\sum_{n=k}^{k+T_{\mathrm{UG}i\min}-1}u_i(n) \geqslant T_{\mathrm{UG}i\min}[u_i(k)-u_i(k-1)], \quad \forall i \in \{1,2,\cdots,N_G\},$$
$$\forall k=G_i+1,\cdots,T-T_{\mathrm{UG}i\min}+1 \tag{6-49}$$

$$\sum_{n=k}^{T}\{u_i(n)-[u_i(k)-u_i(k-1)]\} \geqslant 0, \quad \forall i \in \{1,2,\cdots,N_G\}, \quad \forall k=T-T_{\mathrm{UG}i\min}+2,\cdots,T \tag{6-50}$$

$$G_i=\min\{T,[T_{\mathrm{UG}i\min}-U_i(0)]u_i(0)\} \tag{6-51}$$

式中，$T_{\mathrm{UG}i\min}$ 为机组 i 的最小开机时间；G_i 为机组 i 在初始时刻必须连续开机的时间；$U_i(0)$ 为机组 i 在初始时刻累积已开机的时间；$u_i(0)$ 为机组 i 在初始时刻的开停机状态。

b. 机组最小停机时间约束

$$\sum_{k=1}^{L_i}u_i(k)=0, \quad \forall i \in \{1,2,\cdots,N_G\} \tag{6-52}$$

$$\sum_{n=k}^{k+T_{\mathrm{DG}i\min}-1}[1-u_i(n)] \geqslant T_{\mathrm{DG}i\min i}[u_i(k-1)-u_i(k)], \quad \forall i \in \{1,2,\cdots,N_G\},$$
$$\forall k=L_i+1,\cdots,T-T_{\mathrm{DG}i\min}+1 \tag{6-53}$$

$$\sum_{n=k}^{T}\{1-u_i(n)-[u_i(k-1)-u_i(k)]\} \geqslant 0, \quad \forall i \in \{1,2,\cdots,N_G\}, \forall k=T-T_{\mathrm{DG}i\min}+2,\cdots,T \tag{6-54}$$

$$L_i=\min\{T,[T_{\mathrm{DG}i\min}-V_i(0)][1-u_i(0)]\} \tag{6-55}$$

式中，$T_{\mathrm{DG}i\min}$ 为机组 i 最小停机时间；L_i 为机组 i 在初始时刻必须连续停机的时间；$V_i(0)$ 为机组 i 在初始时刻累积已停机的时间。

③机组的爬坡约束。

机组在相邻时段内出力的增加或削减都需要限定在一定范围内。

$$\begin{cases}u_i(t)P_{Gi}(t)-u_i(t-1)P_{Gi}(t-1) \leqslant r_{ui}\\u_i(t-1)P_{Gi}(t-1)-u_i(t)P_{Gi}(t) \leqslant r_{di}\end{cases} \tag{6-56}$$

式中，r_{ui}、r_{di} 分别为机组 i 的上下爬坡速率。

(3)可中断负荷约束条件。

①可中断负荷出力约束。

在本章所建立的源荷互动调峰模型当中，需求侧的可中断负荷视为另一种形式的发电资源，每个用户都有最大最小可调用的负荷量，需要考虑可中断负荷的调用量的约束，不能超出其限定范围。

$$v_j(t)\underline{P_{\mathrm{IL}j}} \leqslant P_{\mathrm{IL}j}(t) \leqslant v_j(t)\overline{P_{\mathrm{IL}j}} \tag{6-57}$$

式中，$\underline{P_{\mathrm{IL}j}}$ 为可中断用户 j 的最小可中断量；$\overline{P_{\mathrm{IL}j}}$ 为可中断用户 j 的最大可中断量。

②最大调用时间约束。

为了避免可中断负荷长时间被调用，影响用户的正常用电，因此需要对可中断负荷的最大调用时间进行约束。

$$\sum_{t=1}^{T_{j\max}-T_j(0)+1} v_j(t) \leqslant T_{j\max}-T_j(0), \quad \forall j \in \{1,2,\cdots,N_{\mathrm{IL}}\}, t \in T \tag{6-58}$$

$$\sum_{n=k}^{k+T_{j\max}} v_j(n) \leqslant T_{j\max}, \quad \forall j \in \{1,2,\cdots,N_{\mathrm{IL}}\}, k=1,\cdots,T-T_{j\max} \tag{6-59}$$

式中，$T_{j\max}$ 为用户 j 的最大连续调用时长；$T_j(0)$ 为用户 j 在初始调用时刻已累积的调用时长。式(6-58)保证了除去初始时刻累积调用的时长，该次调用时长应小于规定的最大时长，式(6-59)保证了在任意时段内调用可中断负荷，其总时长应小于规定的最大时长。

③可中断负荷的最小调用间隔时间约束。

像机组启停的最小启停时间约束一样，可中断负荷的最小调用间隔时间也有相应约束，在解除对用户的控制后，在规定的最小时间间隔内不允许再对其进行调用。

$$\sum_{k=1}^{L_j} v_j(k) = 0, \quad \forall j \in \{1,2,\cdots,N_{\mathrm{IL}}\} \tag{6-60}$$

$$\sum_{n=k}^{k+T_{\mathrm{DIL}j\min}-1} [1-v_j(n)] \geqslant T_{\mathrm{DIL}j\min}[v_j(k-1)-v_j(k)], \quad \forall j \in \{1,2,\cdots,N_{\mathrm{IL}}\},$$
$$\forall k = L_j+1,\cdots,T-T_{\mathrm{DIL}j\min}+1 \tag{6-61}$$

$$\sum_{n=k}^{T}\left\{1-v_j(n)-[v_j(k-1)-v_j(k)]\right\}\geqslant 0,\quad \forall j\in\{1,2,\cdots,N_{\mathrm{IL}}\},\forall k=T-T_{\mathrm{DIL}j\min}+2,\cdots,T$$

$$(6\text{-}62)$$

$$L_j=\min\left\{T,[T_{\mathrm{DIL}j\min}-V_j(0)][1-v_j(0)]\right\}\tag{6-63}$$

式中，$T_{\mathrm{DIL}j\min}$ 为可中断负荷用户 j 的最小调用时间间隔；L_j 为可中断负荷用户 j 在初始时刻距上次调用时必须间隔的时间；$V_j(0)$ 是用户 j 在初始时刻已累积调用时间；$v_j(0)$ 为可用户 j 在初始时刻调用状态。

④中断次数约束。

对用户的调用次数在一天之中不能超过限定值，频繁的调用会影响用户的正常用电，因此，需要根据用户的可调用情况签订用户的调用次数。

$$\sum_{t=1}^{T}[1-v_j(t-1)]v_j(t)\leqslant N_j\tag{6-64}$$

式中，N_j 为可中断负荷 j 在调度周期 T 内最大中断次数。

(4) 基于各个场景的约束。

式 (6-68) 是额外的爬坡约束，它是随机性模型和确定性模型之间的主要差异。

$$\sum_{i=1}^{N_G}P_{Gi,h}(t)+P_{W,h}(t)+\sum_{j=1}^{N_{\mathrm{IL}}}P_{\mathrm{IL}j}(t)=P_L(t)\tag{6-65}$$

$$u_i(t)\underline{P_{Gi}}\leqslant P_{Gi,h}(t)\leqslant u_i(t)\overline{P_{Gi}}\tag{6-66}$$

$$\sum_{i=1}^{N_G}\overline{P_{Gi}}(t)\times u_i(t)+\sum_{j=1}^{N_{\mathrm{IL}}}\overline{P_{\mathrm{IL}j}}(t)\times v_j(t)+P_{W,h}(t)\geqslant P_L(t)+R_L(t)\tag{6-67}$$

$$|P_{Gi}(t)-P_{Gi,h}(t)|\leqslant \Delta_i\tag{6-68}$$

式中，$P_{W,h}(t)$ 为场景 h 下 t 时刻的风电功率；$P_{Gi,h}(t)$ 为场景 h 下 t 时刻的机组 i 的出力；Δ_i 为机组 i 的允许调整量，为火电机组的爬坡能力。式 (6-65) 为模拟场景中的功率平衡约束，式 (6-66) 为模拟场景中火电机组出力上下限约束，式 (6-67) 为旋转备用约束。

在每个时段中，风电的是随机变化的，为了保持系统的稳定性，必须采取实时调度。然而，通过日前机组出力计划所得到的调度计划，由于机组的爬坡限制可能不能实时地调整调度计划。因此，在随机模型中增加式 (6-68) 来确保机组出力能够应对风电的波动性。在风电出现波动时，火电机组 i 的出力调节范围需在 Δ_i 之内将 $P_{Gi}(t)$ 迅速调节至 $P_{Gi,h}(t)$，以满足风电的波动性。

至此，式(6-41)～式(6-68)构成了含有风电和可中断负荷的源荷互动调峰模型，该优化问题为混合整数随机性规划。

6.4.2 基于场景分析方法的源荷互动调峰模型的求解

1. 源荷互动模型求解的总体思路

模型求解的基本思路如图 6-41 所示。首先建立含风电和可中断负荷的调峰模型；其次，对于确定性模型，模型不考虑场景约束，即模型由式(6-41)～式(6-64)组成，此时模型直接利用软件 GAMS 求解；对于考虑风电波动性的不确定性模型，即不确定性模型由式(6-41)～式(6-68)组成，需要将不确定性的模型转化为确定性的模型进行求解，最后利用 GAMS 软件求解模型。

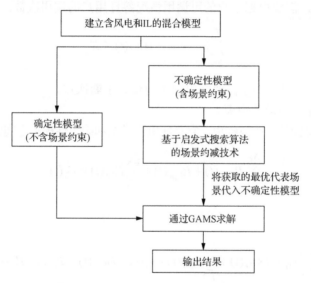

图 6-41　含风电和 IL 模型的求解流程图

2. 考虑风电波动性的源荷互动模型的求解

考虑风电波动性的不确定性模型由式(6-41)～式(6-68)组成，其属于混合整数非线性不确定性模型，不能直接利用优化软件进行求解，需要将该不确定性模型转换为确定性模型，再利用优化软件编程求解。本书采用基于启发式搜索算法的场景约减技术，消除小概率场景，聚合相似场景，选取最优风电功率代表场景来模拟风电的波动性。

1)基于启发式搜索算法的场景约减技术

基于启发式搜索算法的场景约减技术的数学模型是以原始场景和最优场景之

间的矩距离最小为目标函数，满足一定的约束条件，将最优约减场景集来近似代表原始场景集，步骤如图 6-42 所示。

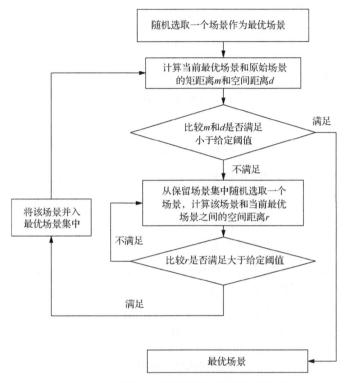

图 6-42　基于启发式搜索算法的场景约简步骤

第一步，从原始场景集 $\boldsymbol{P}\{\zeta_{1,\cdots,T,s},p_s\}_{s=1,\cdots,S}$ 中随机选取一个场景 $\{\zeta_{1,\cdots,T,i},p_i\}$ 作为代表最优约减场景集 $\tilde{\boldsymbol{P}}^{\mathrm{opt}}$。最优场景集 $\tilde{\boldsymbol{P}}^{\mathrm{opt}}$ 的初始概率 $\tilde{p}$ 为 1。

第二步：利用式(6-69)～式(6-72)计算最优场景和原始场景的矩距离 m 和空间距离 d。然后比较矩距离 m 和空间距离 d 是否满足小于预设阈值 ε_m 和 ε_d，若满足，则程序中断，当前场景集为最优场景集；若不满足则继续进行下一步；

$$M_t^q = \sum_{s=1}^{S} p_s \left(\zeta_{s,t} - \sum_{s=1}^{S} p_s \zeta_{s,t} \right)^q, \quad t=1,\cdots,T \tag{6-69}$$

$$\tilde{M}_t^q = \sum_{\tilde{s}=1}^{\tilde{S}} \tilde{p}_{\tilde{s}} \left(\tilde{\zeta}_{\tilde{s},t} - \sum_{\tilde{s}=1}^{\tilde{S}} \tilde{p}_{\tilde{s}} \tilde{\zeta}_{\tilde{s},t} \right)^q, \quad t=1,\cdots,T \tag{6-70}$$

$$m = \max_{q\in\{1,\cdots,Q\}} \left\{ \left(\frac{1}{T}\sum_{t=1}^{T}(M_t^q) - \frac{1}{T}\sum_{t=1}^{T}(\tilde{M}_t^q) \right)^2 \right\} \tag{6-71}$$

$$d = \frac{1}{T} \sum_{k1 \in \{P - \tilde{P}^{\mathrm{opt}}\}} p_{k1} \min_{k2 \in \tilde{P}^{\mathrm{opt}}} |\zeta_{1,\cdots,T,k1} - \zeta_{1,\cdots,T,k2}| \qquad (6\text{-}72)$$

$$r = \min_{\tilde{\zeta}_{1,\cdots,T,l} \in \tilde{P}^{\mathrm{opt}}} p_j \sum_{t=1}^{T} |\zeta_{1,\cdots,T,j} - \tilde{\zeta}_{1,\cdots,T,l}| \qquad (6\text{-}73)$$

其中，M_t^q 和 $\tilde{M}_t^q$ 是第 t 周期内第 q 阶中心距 $q = 1, 2, \cdots, Q$；P 和 $\tilde{P}$ 是原始场景和最优场景集；$\zeta_{1,\cdots,T,s}$、$\tilde{\zeta}_{1,\cdots,T,\tilde{s}}$ 是场景集 P 和 $\tilde{P}$ 在时间周期 T 内的风电功率时间序列场景，$s = 1, 2, \cdots, S$，$\tilde{s} = 1, 2, \cdots, \tilde{S}$；$p_s$ 和 $\tilde{p}_{\tilde{s}}$ 分别是场景 ζ_s 和 $\tilde{\zeta}_{\tilde{s}}$ 的概率，$\zeta_{s,t}$、$\tilde{\zeta}_{\tilde{s},t}$ 分别是场景 ζ_s、$\tilde{\zeta}_{\tilde{s}}$ 在第 t 周期的场景值。

第三步：从保留场景集中随机选取一个场景，利用式(6-73)计算所选择场景和最优约减场景的空间距离 r，然后比较 r 是否满足大于预设阈值，若满足则将该场景移至最优场景集中，若不满足则保持最优场景集不变，返回第二步循环计算。

2) 基于场景分析方法的模型求解

本节首先给出基本的不确定性优化模型的求解过程，然后介绍了基于场景分析方法求解不确定性模型的主要过程。

不确定性基本模型的求解过程如下所示。

电力系统优化调度运行中，随机优化的基本的优化模型如下：

$$\min f(x, y, u) \qquad (6\text{-}74)$$

$$\text{s.t.} \quad h_0(x, y) = 0 \qquad (6\text{-}75)$$

$$\underline{g}_0 \leqslant g_0(x, y) \leqslant \overline{g}_0 \qquad (6\text{-}76)$$

$$h_1(x, u) = 0 \qquad (6\text{-}77)$$

$$\underline{g}_1 \leqslant g_1(x, u) \leqslant \overline{g}_1 \qquad (6\text{-}78)$$

式中，x、y 为确定性参数变量；u 为不确定性参数变量，$u \in U_1$，U_1 为不确定性参数 u 的集合；$f(x, y, u)$ 为目标函数；$h_0(x, y)$ 和 $g_0(x, y)$ 为确定性等式和不等式约束；$h_1(x, u)$ 和 $g_1(x, u)$ 为不确定性等式和不等式约束。

模型中含有不确定性参数，使得模型是不确定性的，而不确定性的模型难以根据传统的确定性模型的求解方法进行求解，因此需要对模型中的不确定性等式约束和不等式约束进行优化处理，将该随机性模型转化为确定性模型，再根据传统方法求解模型。过程如下所示。

第一步：建立不确定性模型，明确确定性约束和不确定性约束，如式(6-75)

和式(6-76)是确定性约束；式(6-77)和式(6-78)是不确定性约束。

第二步：对不确定性约束式(6-77)和式(6-78)进行处理。利用处理随机性问题的方法，如机会约束规划、场景法等将模型转化为确定性模型。下面以场景法为例说明不确定性模型的转换过程。

(1)利用场景法从大规模不确定性参数的数据中获取最优代表场景。

(2)将所获取的最优场景代入不确定性约束，即式(6-77)和式(6-78)，得到式(6-79)和式(6-80)。

$$h_1'(x, u') = 0 \tag{6-79}$$

$$\underline{g}_1' \leqslant g_1'(x, u') \leqslant \overline{g}_1' \tag{6-80}$$

式中，$u' \in U_2$，U_2 为最优代表场景中 u' 的集合，$h_1'(x, u')$ 和 $g_1'(x, u')$ 为不确定性约束 $h_1(x, u)$ 和 $g_1(x, u)$ 转化后的等价确定性约束。

(3)至此，不确定性模型转化为确定性模型。

第三步：采用传统的优化方法对确定性模型进行求解。

根据上述不确定性优化模型求解的步骤，对于考虑风电波动性的源荷互动调峰模型的求解，首先要处理不确定性约束，下面根据场景分析方法对本书所建立的不确定性约束进行转化。

根据 6.4.2 节获取风电最优代表功率场景，将所获取的最优代表功率场景代入不确定性的场景约束(式(6-65)~式(6-68))。至此，考虑风电波动性的不确定性模型转换为确定性的模型，根据 6.4.2 节的不考虑风电波动性的源荷互动模型的求解方法对确定性的模型进行求解。

3. 不考虑风电波动性的源荷互动模型的求解

对于不考虑风电波动性的确定性模型和在 6.4.2 节中基于场景分析法所得到的确定性模型，利用 GAMS 优化软件编程实现模型。

由于模型为混合整数凸规划，不易求解，在利用 GAMS 优化软件求解时机组出力状态得不到整数解。而机组的运行状态只有开机“1”和停机“0”两种，非“1”即“0”，机组出力状态值不能为小数点，因此，根据四舍五入数学方法优化机组各个时段的出力状态，将其确定为“0”“1”状态。先确定机组的运行状态，然后将确定好的出力状态作为已知量代入模型，最终求解模型。具体的求解过程如图 6-43 所示。

第一步：模型中设机组的输出功率及其运行状态、可中断负荷的调用量和调用状态、系统的运行费用和系统的备用等为变量，将机组参数、可中断负荷的调用参数、系统的负荷需求、风电功率四个部分的数据代入模型求解。

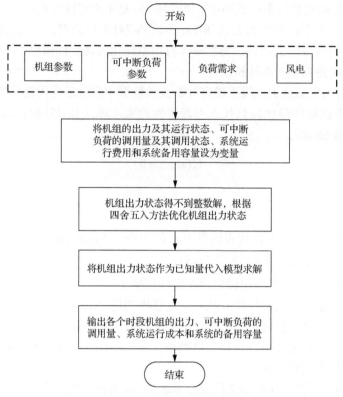

图 6-43 模型的求解过程

第二步：模型输出的结果中机组的运行状态得不到整数解，需要优化机组的运行状态，根据四舍五入方法将其转化为整数。

第三步：将优化为"0""1"状态的机组运行状态作为已知量重新代入模型求解。

第四步：输出各个时段机组的出力、可中断负荷的调用量、系统的运行成本和系统的预留备用容量的参数。

6.4.3 源荷互动调峰模型的仿真分析

首先是考虑了风电的波动性，分析确定性模型和不确定性模型中，即不考虑风电的波动性和考虑风电的波动性两种情况下，机组出力计划和可中断负荷调用量的波动情况；其次是分析可中断负荷的调峰效果，主要从模型的经济性、系统峰谷差变化、机组出力特性等方面分析。

本书设置了 2 个仿真方案，如表 6-12 所示。

表 6-12　仿真方案表

序号	仿真内容	仿真描述
方案 1	考虑风电波动性前后系统的运行情况	主要对比分析了考虑风电波动性前后系统的日前调度计划和可中断负荷的调度计划
方案 2	可中断负荷参与含风电系统的调峰前后系统的运行情况	主要通过分析可中断负荷前后系统的峰谷差、系统运行的经济性、机组出力特性、备用容量四个因素评价可中断负荷参与含风电系统调峰的效果

1. 模型的评价指标

1) 确定性模型和不确定性模型的调度计划的对比

比较两种模型中，机组出力的调度计划。假设在确定性模型中机组 i 在时刻 t 的出力为 $P_{Gi,t}$，用户 j 在 t 时刻的可中断负荷调用量为 $P_{ILj,t}$，在不确定性模型中，机组 i 在时刻 t 的出力为 $P_{Ghi,t}$，用户 j 在 t 时刻的可中断负荷调用量为 $P_{ILjh,t}$，则两种模型下机组出力的差值 $\Delta P_{Gi,t}$ 和可中断负荷的调用量差值 $\Delta P_{ILj,t}$ 为

$$\begin{cases} \Delta P_{Gi,t} = |P_{Ghi,t} - P_{Gi,t}| \\ \Delta P_{ILj,t} = |P_{ILjh,t} - P_{ILj,t}| \end{cases} \tag{6-81}$$

2) 风电并网前后及可中断负荷参与调峰前后的峰谷差对比

具有较大的峰谷差的风电功率并网后使得系统的等效负荷峰谷差也相应地发生了改变，而系统日负荷的峰谷差又影响着电网的调峰能力，因此需要评估风电并网后系统峰谷差的变化。

本书引入风电和可中断负荷接入前后系统的峰谷差、峰谷差变化、峰谷差变化率等多个指标评价风电接入前后系统负荷峰谷差变化[18]。设 P_{max} 与 P_{min} 为系统原始负荷最大值与最小值，P'_{max} 与 P'_{min} 为接入风电后系统等效负荷最大值与最小值，P''_{max} 与 P''_{min} 为接入风电和可中断负荷后系统等效负荷最大值与最小值，P_V、P'_V、P''_V 分别表示原始负荷、加入风电、加入风电和可中断负荷后系统等效负荷峰谷差，则

$$\begin{cases} P_V = P_{max} - P_{min} \\ P'_V = P'_{max} - P'_{min} \\ P''_V = P''_{max} - P''_{min} \end{cases} \tag{6-82}$$

系统最大峰谷差变化(max peak-valley difference variation，MPV)定义为系统接入风电或可中断负荷前后峰谷差的绝对变化，即

$$\begin{cases} \Delta P_{MPV} = P'_V - P_V \\ \Delta P'_{MPV} = P''_V - P_V \end{cases} \tag{6-83}$$

系统最大峰谷差变化率(max peak-valley difference variation rate，MPVR)定义为系统接入风电、可中断负荷前后峰谷差的相对变化，即

$$\begin{cases} \sigma_{\mathrm{MPVR}} = 100\%(P'_{\mathrm{V}} - P_{\mathrm{V}})/P_{\mathrm{V}} \\ \sigma'_{\mathrm{MPVR}} = 100\%(P''_{\mathrm{V}} - P_{\mathrm{V}})/P_{\mathrm{V}} \end{cases} \tag{6-84}$$

式中，ΔP_{MPV} 与 σ_{MPVR} 表示系统接入风电前后最大峰谷差的变化，反映了风电系统对常规机组调峰容量的需求；$\Delta P'_{\mathrm{MPV}}$ 与 σ'_{MPVR} 表示系统接入风电和可中断负荷前后最大峰谷差的变化。

3) 比较可中断负荷参与调峰前后系统运行的经济性

具体比较过程如图 6-44 所示，根据目标函数，可获知可中断负荷参与系统调峰前后的系统的运行费用，比较不含可中断负荷和含可中断负荷两种情形下系统的运行成本，假设不含可中断负荷模型中系统运行成本为 C，含可中断负荷模型中系统运行成本为 C_{IL}，则两者的差值 ΔC 为

$$\Delta C = C - C_{\mathrm{IL}} \tag{6-85}$$

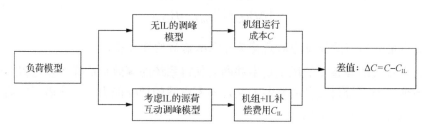

图 6-44　可中断负荷参与调峰前后的经济性比较

4) 比较可中断负荷参与调峰前后系统的备用容量

具体比较过程如图 6-45 所示，假设加入可中断负荷前含风电系统的预留备用容量为 R，加入可中断负荷参与系统调峰后，系统的预留备用为 R_{IL}，则两者的差值 ΔR 为

$$\Delta R = R - R_{\mathrm{IL}} \tag{6-86}$$

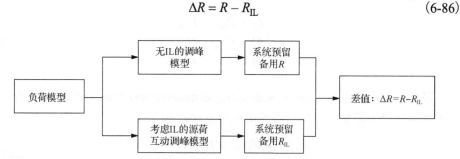

图 6-45　可中断负荷参与调峰前后的备用容量比较

2. 调峰模型仿真结果分析

采用了 10 机系统进行仿真计算，该系统含有 10 台火电机组、1 个风电场和 10 个可中断负荷用户。

1)考虑风电波动性和不考虑风电波动性的模型比较分析

对于确定性模型和不确定性模型的比较主要通过比较两种情况下机组的调度计划和可中断负荷的调用计划，分析机组的调度计划和可中断负荷的调用计划是否受到不确定性因素风电的影响。

(1)比较确定性模型和不确定性模型机组的调用计划。

根据模型运算结果得到确定性模型和不确定性的机组调度计划分别如表 6-13 和表 6-14 所示。

表 6-13　不考虑风电波动性的机组发电计划　　　　单位：MW

时段/h	机组编号									
	1	2	3	4	5	6	7	8	9	10
1	401	509	0	0	0	0	0	0	0	0
2	182	168	0	0	0	0	0	0	0	0
3	437	563	60	60	0	0	0	0	0	0
4	464	606	60	60	0	0	0	0	0	0
5	551	739	60	60	40	0	0	0	0	0
6	655	800	60	75	40	0	0	0	0	0
7	699	800	65	86	40	20	0	0	0	0
8	720	800	70	90	40	20	0	0	0	0
9	800	800	213	225	40	20	20	10	10	0
10	800	800	178	192	40	20	20	10	10	0
11	800	800	144	160	40	20	20	0	0	0
12	800	800	265	274	40	20	20	0	0	0
13	800	800	196	210	40	20	20	0	0	0
14	800	800	203	217	40	20	20	0	0	0
15	800	800	91	109	40	20	20	0	0	0
16	800	800	137	153	40	0	0	0	0	0
17	800	800	121	139	40	0	0	0	0	0
18	800	800	193	207	40	20	0	0	0	0
19	800	800	131	147	40	20	20	0	0	0
20	800	800	262	272	40	20	20	0	0	0
21	800	800	111	129	40	20	20	0	0	0
22	760	800	80	100	40	20	20	0	0	0
23	582	788	60	60	40	0	20	0	0	0
24	696	800	64	0	0	0	0	0	0	0

表 6-14 考虑风电波动性的机组发电计划 单位：MW

时段/h	机组编号									
	1	2	3	4	5	6	7	8	9	10
1	401	509	0	0	0	0	0	0	0	0
2	182	168	0	0	0	0	0	0	0	0
3	437	563	60	60	0	0	0	0	0	0
4	464	606	60	60	0	0	0	0	0	0
5	566	764	60	60	0	0	0	0	0	0
6	638	800	60	72	40	20	0	0	0	0
7	699	800	65	86	40	20	0	0	0	0
8	706	800	67	87	40	20	20	0	0	0
9	800	800	223	235	40	20	20	0	0	0
10	800	800	188	202	40	20	20	0	0	0
11	800	800	144	160	40	20	20	0	0	0
12	800	800	265	274	40	20	20	0	0	0
13	800	800	196	210	40	20	20	0	0	0
14	800	800	203	217	40	20	20	0	0	0
15	800	800	91	109	40	20	20	0	0	0
16	800	800	137	153	40	0	0	0	0	0
17	800	800	121	139	40	0	0	0	0	0
18	800	800	193	207	40	20	0	0	0	0
19	800	800	131	147	40	20	20	0	0	0
20	800	800	262	272	40	20	20	0	0	0
21	800	800	111	129	40	20	20	0	0	0
22	760	800	80	100	40	20	20	0	0	0
23	582	788	60	60	40	0	20	0	0	0
24	696	800	64	0	0	0	0	0	0	0

由表 6-13 和表 6-14 可知，相比不确定性模型的调度计划，在确定性模型的调度计划中，每天的两个负荷高峰时段需要开启 8 和 9 号机组来保持负荷平衡，当高峰时段过后，又要关闭这两台机组，频繁的启停增加了机组的机械损耗和燃料的浪费。

两种模型下机组的出力差异不大，为了更直观地观察它们的差异，利用式(6-81)，根据表 6-13 和表 6-14 中的机组出力，计算确定性和不确定性模型中各个时段内每个机组的出力绝对差值，如表 6-15 所示，作图如图 6-46 所示。

表 6-15　确定性和不确定性模型中机组出力差值　　　　单位：MW

时段/h	机组编号									
	1	2	3	4	5	6	7	8	9	10
1	0	0	0	0	0	0	0	0	0	0
2	0	0	0	0	0	0	0	0	0	0
3	0	0	0	0	0	0	0	0	0	0
4	0	0	0	0	0	0	0	0	0	0
5	16	24	0	0	40	0	0	0	0	0
6	16	0	0	4	0	20	0	0	0	0
7	0	0	0	0	0	0	0	0	0	0
8	14	0	3	3	0	0	20	0	0	0
9	0	0	10	10	0	0	0	10	10	0
10	0	0	10	10	0	0	0	10	10	0
11	0	0	0	0	0	0	0	0	0	0
12	0	0	0	0	0	0	0	0	0	0
13	0	0	0	0	0	0	0	0	0	0
14	0	0	0	0	0	0	0	0	0	0
15	0	0	0	0	0	0	0	0	0	0
16	0	0	0	0	0	0	0	0	0	0
17	0	0	0	0	0	0	0	0	0	0
18	0	0	0	0	0	0	0	0	0	0
19	0	0	0	0	0	0	0	0	0	0
20	0	0	0	0	0	0	0	0	0	0
21	0	0	0	0	0	0	0	0	0	0
22	0	0	0	0	0	0	0	0	0	0
23	0	0	0	0	0	0	0	0	0	0
24	0	0	0	0	0	0	0	0	0	0

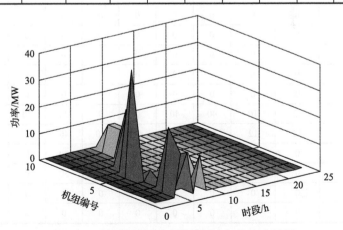

图 6-46　确定性和不确定性模型中机组出力差别

考虑风电波动性的不确定性模型中的机组启停策略和机组出力不仅要满足风电的预测值，同时需要满足风电场景的随机变化，即当风电波动时，机组可迅速地调节出力满足风电的波动性，以安全可靠地持续向电网供电。根据表 6-15 和图 6-46 可以看出，在 5～10 时段内的个别机组的调用计划发生了变化，少量的机组出力由于风电的波动性和可中断负荷的调用情况不同而发生变化。

(2)比较确定性模型和不确定性模型可中断负荷调用的计划。

根据模型计算得到确定性模型和不确定性的可中断负荷的调用计划分别如表 6-16 和表 6-17 所示。

表 6-16 不考虑风电波动性的 IL 的调用计划 　　单位：MW

时段/h	用户编号									
	1	2	3	4	5	6	7	8	9	10
1	0	0	0	0	0	0	0	0	0	0
2	0	0	0	0	0	0	0	0	0	0
3	0	0	0	0	0	0	0	0	0	0
4	0	0	0	0	0	0	0	0	0	0
5	0	0	0	0	0	0	0	0	0	0
6	0	0	0	0	0	0	0	0	0	0
7	0	0	0	0	0	0	0	0	0	0
8	0	0	0	0	0	0	0	0	0	0
9	12	0	0	0	0	0	0	0	0	0
10	0	0	0	0	0	0	0	0	0	0
11	12	12	12	40	0	0	40	30	0	0
12	12	12	12	10	40	40	40	30	30	30
13	12	12	10	0	0	0	0	0	0	0
14	0	0	0	0	0	0	0	0	0	0
15	0	0	0	0	0	0	0	0	0	0
16	0	0	0	0	0	0	0	0	0	0
17	0	0	0	0	0	0	0	0	0	0
18	0	0	0	0	0	0	0	0	0	0
19	12	10	40	40	0	0	30	30	30	0
20	12	12	12	10	40	40	40	0	0	0
21	0	0	0	0	0	0	30	0	0	0
22	0	0	0	0	0	0	30	0	0	0
23	0	0	0	0	0	0	0	0	0	0
24	0	0	0	0	0	0	0	0	0	0

表 6-17 考虑风电波动性的 IL 的调用计划 单位：MW

时段/h	用户编号									
	1	2	3	4	5	6	7	8	9	10
1	0	0	0	0	0	0	0	0	0	0
2	0	0	0	0	0	0	0	0	0	0
3	0	0	0	0	0	0	0	0	0	0
4	0	0	0	0	0	0	0	0	0	0
5	0	0	0	0	0	0	0	0	0	0
6	0	0	0	0	0	0	0	0	0	0
7	0	0	0	0	0	0	0	0	0	0
8	0	0	0	0	0	0	0	0	0	0
9	12	0	0	0	0	0	0	0	0	0
10	12	12	12	40	0	0	0	0	0	0
11	12	12	12	10	40	40	40	30	0	0
12	12	12	10	0	0	0	40	30	30	30
13	0	0	0	0	0	0	0	0	0	0
14	0	0	0	0	0	0	0	0	0	0
15	0	0	0	0	0	0	0	0	0	0
16	0	0	0	0	0	0	0	0	0	0
17	0	0	0	0	0	0	0	0	0	0
18	0	0	0	0	0	0	0	0	0	0
19	12	10	40	40	0	0	30	30	30	0
20	12	12	12	10	40	40	40	0	0	0
21	0	0	0	0	0	0	30	0	0	0
22	0	0	0	0	0	0	30	0	0	0
23	0	0	0	0	0	0	0	0	0	0
24	0	0	0	0	0	0	0	0	0	0

根据表 6-16 和表 6-17 可知，可中断负荷的调用主要集中在 9～13 和 19～22 两个负荷高峰期，在非负荷高峰期不对其进行调用，削减了高峰负荷，缓和了系统的调峰压力，起到了有效的调峰作用。两种模型下调用的可中断负荷量有一定的差异，利用式(6-81)，根据表 6-16 和表 6-17 中的可中断负荷调用量，计算确定性和不确定性模型中各个时段内每个用户的可中断负荷调用差值，得到的结果如表 6-18 所示，作图如图 6-47 所示。

从表 6-18 和图 6-47 可以看出，确定性和不确定性模型对可中断负荷的调用存在一定的差异，个别用户在 10～13 时段内的调用情况发生了改变，确定性模型与不确定性模型主要的调用差异在时段 10～14 内的负荷高峰期，考虑了风电的波动性后，可中断负荷的调用由于风电的波动和机组的爬坡影响，其在一定程度上发生了改变。

表 6-18　确定性和不确定性模型中可中断负荷差值　　　　单位：MW

时段/h	用户编号									
	1	2	3	4	5	6	7	8	9	10
1	0	0	0	0	0	0	0	0	0	0
2	0	0	0	0	0	0	0	0	0	0
3	0	0	0	0	0	0	0	0	0	0
4	0	0	0	0	0	0	0	0	0	0
5	0	0	0	0	0	0	0	0	0	0
6	0	0	0	0	0	0	0	0	0	0
7	0	0	0	0	0	0	0	0	0	0
8	0	0	0	0	0	0	0	0	0	0
9	0	0	0	0	0	0	0	0	0	0
10	12	12	12	40	0	0	0	0	0	0
11	0	0	0	30	40	40	0	0	0	0
12	0	0	2	10	40	40	0	0	0	0
13	12	12	10	0	0	0	0	0	0	0
14	0	0	0	0	0	0	0	0	0	0
15	0	0	0	0	0	0	0	0	0	0
16	0	0	0	0	0	0	0	0	0	0
17	0	0	0	0	0	0	0	0	0	0
18	0	0	0	0	0	0	0	0	0	0
19	0	0	0	0	0	0	0	0	0	0
20	0	0	0	0	0	0	0	0	0	0
21	0	0	0	0	0	0	0	0	0	0
22	0	0	0	0	0	0	0	0	0	0
23	0	0	0	0	0	0	0	0	0	0
24	0	0	0	0	0	0	0	0	0	0

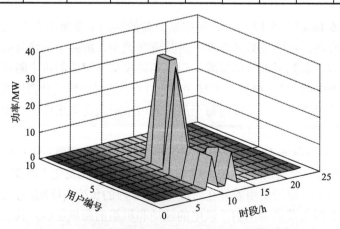

图 6-47　确定性模型和不确定性模型的 IL 调用量差别

2)考虑可中断负荷参与系统调峰的调峰效果

主要比较和分析可中断负荷参与系统调峰后,等效负荷的峰谷差变化、机组的调度计划、系统预留的备用容量等。

(1)风电并网前后,可中断负荷参与调峰前后系统峰谷差变化分析。

根据日负荷曲线和风电功率出力曲线,分别计算①原始负荷的负荷峰谷差;②负荷与风电相减后的等效负荷的峰谷差;③负荷与风电、可中断负荷相减后的等效负荷的峰谷差,如表 6-19 所示。表 6-20 为评价指标的计算结果。

表 6-19　风电及可中断负荷接入前后电网系统峰谷差变化　　　单位:MW

P_{max}	2500	P'_{max}	2475	P''_{max}	2219
P_{min}	1700	P'_{min}	350	P''_{min}	350
P_V	800	P'_V	2125	P''_V	1869

表 6-20　风电及可中断负荷接入前后电网系统峰谷差变化率

$\Delta P_{MPV}/MW$	$\Delta P'_{MPV}/MW$	$\sigma_{MPVR}/100\%$	$\sigma'_{MPVR}/100\%$
1325	1061	1.66	1.33

根据表 6-19 可作图如图 6-48 所示,可以看出,系统风电接入后电网等效负荷峰谷差为原始负荷平均峰谷差的近 3 倍,系统调度运行将面临严峻考验。一般火电机组能够调节的峰谷差变化率为 1/0.7=1.42,由表 6-20 可以看出,风电加入后其峰谷差变化率为 1.66,超过了火电机组的调节范围,此时电网为了自身的安全不得不放弃一部分的风电。加入可中断负荷后系统的峰谷差降低了 256MW,其峰谷差变化率降至 1.33,在火电机组的可调节范围内。利用可中断负荷调节系统的峰谷差,可有效地降低系统因风电的接入导致等效负荷峰谷差骤升的恶劣影响,缓解系统的调峰压力,促进风电的消纳。

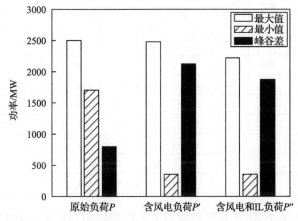

图 6-48　风电及可中断负荷接入前后电网系统峰谷差变化

(2)可中断负荷参与调峰后的经济性。

可中断负荷参与系统调峰之前模型的运行费用为 816390 美元，可中断负荷参与系统调峰之后模型的运行费用为 804190 美元，根据式(6-85)，由计算结果可知可中断负荷参与系统调峰后的运行成本降低了：816390–804190=12200 美元，在可中断负荷参与调峰后，系统具有更好的经济性。

(3)比较可中断负荷参与调峰前后机组调度计划。

可中断负荷参与系统调峰前，机组的调用计划如表 6-21 所示。

表 6-21　不含 IL 模型的机组调用计划　　　　　　　单位：MW

时段/h	机组编号									
	1	2	3	4	5	6	7	8	9	10
1	401	509	0	0	0	0	0	0	0	0
2	182	168	0	0	0	0	0	0	0	0
3	421	539	60	60	40	0	0	0	0	0
4	448	582	60	60	40	0	0	0	0	0
5	551	739	60	60	40	0	0	0	0	0
6	655	800	60	75	40	0	0	0	0	0
7	713	800	69	89	40	0	0	0	0	0
8	733	800	73	93	40	0	0	0	0	0
9	800	800	224	236	40	20	20	10	0	0
10	800	800	183	197	40	20	20	10	0	0
11	800	800	214	226	40	20	20	10	0	0
12	800	800	381	384	40	20	20	10	10	10
13	800	800	198	212	40	20	20	10	10	10
14	800	800	188	202	40	20	20	10	10	10
15	800	800	111	129	40	0	0	0	0	0
16	800	800	137	153	40	0	0	0	0	0
17	800	800	121	139	40	0	0	0	0	0
18	800	800	183	197	40	20	20	0	0	0
19	800	800	214	226	40	20	20	10	10	10
20	800	800	332	338	40	20	20	10	10	10
21	800	800	147	163	40	0	0	0	0	0
22	800	800	116	134	0	0	0	0	0	0
23	622	800	60	68	0	0	0	0	0	0
24	630	800	60	70	0	0	0	0	0	0

由表 6-14 和表 6-21 得到两种情形下机组的出力对比图，如图 6-49 所示。

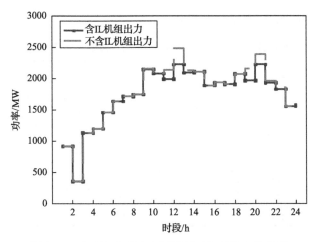

图 6-49　可中断负荷参与调峰前后机组的出力比较

由图 6-49 可以看出,可中断负荷参与调峰后在 11~14 和 19~22 两个负荷需求高峰时段内机组的出力减少,可中断负荷起到了削峰的作用,减小的峰谷差,降低了机组在高峰时期的调峰压力。

根据图 6-50 可以看出,在可中断负荷参与调峰后,8~10 号机组的启动状态都发生了改变,机组启动次数明显减少,其在可中断负荷加入前需要在负荷高峰时段启动 2 次调峰,加入可中断负荷后这三台机组不需要启动,减少了机组的机械损耗,降低了系统的运行成本。

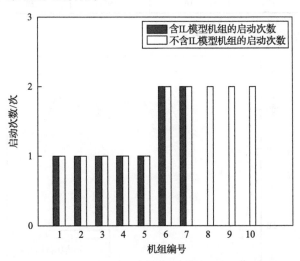

图 6-50　可中断负荷参与调峰前后机组的启动次数比较

(4)比较可中断负荷参与调峰前后系统所需配置的备用容量。

根据不含可中断负荷和含可中断负荷的模型,求解后得到两种情形下系统的预留备用，分别如表 6-22 和表 6-23 所示。

表 6-22　考虑风电波动性的不含 IL 模型的预留备用　　　单位：MW

时间	容量	时间	容量	时间	容量
1	91	9	215	17	190
2	35	10	207	18	206
3	112	11	213	19	215
4	119	12	248	20	238
5	145	13	212	21	195
6	163	14	210	22	185
7	171	15	188	23	155
8	174	16	193	24	156

表 6-23　考虑风电波动性的含 IL 模型的预留备用　　　单位：MW

时间	容量	时间	容量	时间	容量
1	91	9	214	17	190
2	35	10	207	18	206
3	112	11	198	19	196
4	119	12	222	20	221
5	145	13	208.6	21	192
6	163	14	210	22	182
7	171	15	188	23	155
8	174	16	193	24	156

根据表 6-22 和表 6-23 作图 6-51。

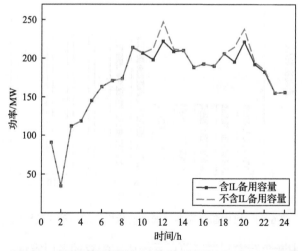

图 6-51　可中断负荷参与调峰前后系统的备用容量比较

由表 6-22、表 6-23 和图 6-51 可知,可中断负荷参与系统调峰前后电网预留的备用容量发生了改变,其差异主要在 9~13 和 18~22 两个负荷高峰期,可中断负荷加入后,系统的备用容量降低了,在保证系统安全稳定运行的基础上其预留较少的备用容量,在一定程度上减小了系统的运行费用。

6.5　本 章 小 结

本章主要讲述了如何评估电力系统接纳风电的能力。首先,6.2 节围绕大型风电并网对系统充裕性的影响开展研究工作,主要总结了有关系统接纳风电的基本问题,阐述了传统电力系统充裕性评估的方法,分别对含风电的电力系统和含风电、储能的电力系统进行充裕性评估。其次,6.3 节提出了一种制定组合调峰方案(储能+常规调峰手段)的实用方法,通过对技术性指标和经济性指标的综合权衡,优化了组合调峰方案并根据算例分析结果供区域型及以上系统选择调峰方案时参考。最后,6.4 节针对如何提高系统的调峰能力,来减少风电并网后其反调峰特性给电力系统带来的峰谷差增大等恶劣影响,避免电力系统由于风电的波动性带来的恶性冲击而产生弃风,促进风电的消纳展开研究。在此基础上建立了考虑风电波动性的源荷互动调峰模型,利用基于启发式搜索算法的场景约减技术处理风电的波动性,提高系统消纳风电的能力。

参 考 文 献

[1] 韦艳华, 张世英. Copula 理论及其金融分析上的应用[M]. 北京: 中国环境科学出版社, 2008: 10-23.

[2] 孙荣富, 张涛, 梁吉. 电网接纳风电能力的评估及应用[J]. 电力系统自动化, 2011, 35(4): 70-76.

[3] Billinton R, Karki R, Yi G, et al. Adequacy assessment considerations in wind integrated power systems[J]. IEEE Transactions on Power Systems, 2012, 27(4): 2297-2305.

[4] Billinton R, Li W Y. Reliability Assessment of Electric Power Systems Using Monte Carlo Method[M]. New York and London: Plenum Press, 1994.

[5] 黎静华, 左俊军, 汪赛. 大规模风电并网电力系统运行风险评估与分析[J]. 电网技术, 2016, 40(11): 3503-3513.

[6] 李志林, 朱庆. 数学高程模型[M]. 武汉: 武汉大学出版社, 2003: 125-139.

[7] 黎静华, 龙裕芳, 文劲宇, 等. 满足充裕性指标的电力系统可接纳风电容量评估[J]. 电网技术, 2014, 38(12): 3396-3404.

[8] 龙裕芳. 计及充裕性指标的电网接纳风电能力评估[D]. 南宁: 广西大学, 2015.

[9] 曹昉, 张粒子. 抽水蓄能电厂的调峰服务分析及效益评估[J]. 现代电力, 2005, 4: 25-28.

[10] 吕学勤, 刘刚, 黄自元. 电力调峰方式及其存在的问题[J]. 电站系统工程, 2007, 5: 37-40.

[11] 汪赛. 储能辅助电力系统调峰的容量需求研究[D]. 南宁: 广西大学, 2018.

[12] 能源革命中电网技术发展预测和对策研究项目组, 中国中长期能源电力供需及传输的预测和对策项目组. 我国中长期能源电力供需及传输的预测和对策咨询报告[M]. 北京: 科学出版社, 2015.

[13] 王建学, 王锡凡, 王秀丽. 电力市场可中断负荷合同模型研究[J]. 中国电机工程学报, 2005, 25(9): 11-16.

[14] 周玮, 孙辉, 顾宏, 等. 计及风险备用约束的含风电场电力系统动态经济调度[J]. 中国电机工程学报, 2012, 32(1): 47-55.

[15] 马溪原. 含风电电力系统的场景分析方法及其在随机优化中的应用[D]. 武汉: 武汉大学, 2014.

[16] 符子星. 提高新能源消纳能力的源荷互动调峰模式研究[D]. 南宁: 广西大学, 2016.

[17] Carrión M, Arroyo J M. A computationally efficient mixed-integer linear formulation for the thermal unit commitment problem[J]. IEEE Transactions on Power Systems, 2006, 21(3): 1371-1378.

[18] 张宁, 周天睿, 段长刚, 等. 大规模风电场接入对电力系统调峰的影响[J], 电网技术, 2010, 34(1): 152-158.